面向 21 世纪课程教材

"十二五"普通高等教育本科国家级规划教材
高校土木工程专业指导委员会规划推荐教材
（经典精品系列教材）

砌 体 结 构

（第三版）

东南大学　同济大学　郑州大学　合编

蓝宗建　主编

中国建筑工业出版社

图书在版编目（CIP）数据

砌体结构/蓝宗建主编．—3版．—北京：中国建筑工业出版社，2013.1
面向21世纪课程教材．"十二五"普通高等教育本科国家级规划教材．高校土木工程专业指导委员会规划推荐教材
（经典精品系列教材）
ISBN 978-7-112-15391-6

Ⅰ.①砌… Ⅱ.①蓝… Ⅲ.①砌体结构-教材 Ⅳ.①TU209

中国版本图书馆CIP数据核字（2013）第084609号

本教材是根据《砌体结构》课程教学的要求和《砌体结构设计规范》GB 50003—2011以及《建筑抗震设计规范》GB 50011—2010编写的。主要内容有：绪论，砌体材料及砌体的力学性能，砌体结构设计的基本原则，砌体结构的承载力计算，混合结构房屋墙体设计，过梁、墙梁、挑梁及墙体的构造措施，混合结构房屋抗震设计等。为便于学生复习，书中编入了思考题和习题。

本教材既可作为高等学校土木工程专业及相关专业的教材，也可供土建工程技术人员参考。

* * *

责任编辑：朱首明　吉万旺
责任设计：董建平
责任校对：王雪竹　赵　颖

面 向 21 世 纪 课 程 教 材
"十二五"普通高等教育本科国家级规划教材
高校土木工程专业指导委员会规划推荐教材
（经典精品系列教材）

砌体结构（第三版）
东南大学　同济大学　郑州大学　合编
蓝宗建　主编

*

中国建筑工业出版社出版、发行（北京西郊百万庄）
各地新华书店、建筑书店经销
北京红光制版公司制版
北京建筑工业印刷厂印刷

*

开本：787×960毫米　1/16　印张：16　字数：330千字
2013年7月第三版　2017年7月第二十三次印刷
定价：**32.00**元
ISBN 978-7-112-15391-6
（23453）

版权所有　翻印必究
如有印装质量问题，可寄本社退换
（邮政编码 100037）

出 版 说 明

1998年教育部颁布普通高等学校本科专业目录，将原建筑工程、交通土建工程等多个专业合并为土木工程专业。为适应大土木的教学需要，高等学校土木工程学科专业指导委员会编制出版了《高等学校土木工程专业本科教育培养目标和培养方案及课程教学大纲》，并组织我国土木工程专业教育领域的优秀专家编写了《高校土木工程专业指导委员会规划推荐教材》。该系列教材2002年起陆续出版，共40余册，十余年来多次修订，在土木工程专业教学中起到了积极的指导作用。

本系列教材从宽口径、大土木的概念出发，根据教育部有关高等教育土木工程专业课程设置的教学要求编写，经过多年的建设和发展，逐步形成了自己的特色。本系列教材投入使用之后，学生、教师以及教育和行业行政主管部门对教材给予了很高评价。本系列教材曾被教育部评为面向21世纪课程教材，其中大多数曾被评为普通高等教育"十一五"国家级规划教材和普通高等教育土建学科专业"十五"、"十一五"、"十二五"规划教材，并有11种入选教育部普通高等教育精品教材。2012年，本系列教材全部入选第一批"十二五"普通高等教育本科国家级规划教材。

2011年，高等学校土木工程学科专业指导委员会根据国家教育行政主管部门的要求以及新时期我国土木工程专业教学现状，编制了《高等学校土木工程本科指导性专业规范》。在此基础上，高等学校土木工程学科专业指导委员会及时规划出版了高等学校土木工程本科指导性专业规范配套教材。为区分两套教材，特在原系列教材丛书名《高校土木工程专业指导委员会规划推荐教材》后加上经典精品系列教材。各位主编将根据教育部《关于印发第一批"十二五"普通高等教育本科国家级规划教材书目的通知》要求，及时对教材进行修订完善，补充反映土木工程学科及行业发展的最新知识和技术内容，与时俱进。

高等学校土木工程学科专业指导委员会
中国建筑工业出版社
2013年2月

第三版前言

本教材为普通高等教育"十二五"国家级规划教材，是根据 2011 年颁布的国家标准《砌体结构设计规范》GB 50003—2011 和 2010 年颁布的国家标准《建筑抗震设计规范》GB 50011—2010，并以本书前版，即《砌体结构》（第二版）为基础进行编写的。《砌体结构》（第二版）为普通高等教育"十一五"国家级规划教材，并于 2012 年被评为国家级优秀教材。

根据国家标准《砌体结构设计规范》GB 50003—2011 及我国工程建设的新经验，本教材的主要修订内容有如下几方面：(1) 增补了近年来砌体结构领域的新材料及有关的材料性能计算指标；(2) 补充了砌体结构的耐久性要求；(3) 改进或补充了砌体结构（构件或部件）的设计方法；(4) 加强了砌体结构的裂缝控制措施；(5) 修改和补充了砌体结构的抗震设计方法。

为了更好地适应我国高等教育事业的发展，便于教师的授课和读者的阅读，本书编有适量的计算实例，每章还编写了思考题、习题和参考文献。

本教材是东南大学、同济大学和郑州大学合编，由蓝宗建主编。编写分工如下：第 1 章至第 4 章由东南大学蓝宗建和邰扣霞编写，第 5 章由郑州大学刘立新编写，第 6 章由同济大学苏小卒编写，第 7 章由蓝宗建编写。

由于我们水平所限，时间又较仓促，书中欠妥和错误之处，恳请读者批评指正。

蓝宗建于东南大学

2013 年 3 月

第 二 版 前 言

本教材的最早版本是 1981 年出版的《砖石结构》。《砖石结构》教材是根据 1973 年颁布的国家标准《砖石结构设计规范》GBJ 3—73 编写的。《砖石结构》教材出版两版（一版、二版）。

1988 年颁布的国家标准《砌体结构设计规范》GBJ 3—88 将《砖石结构设计规范》改称为《砌体结构设计规范》，因此，本教材在 1990 出版时也相应地改称为《砌体结构》。《砌体结构》教材出版了两版（一版、二版）。2004 年，本教材被列为《普通高等教育土建学科专业"十五"规划教材》，虽作为第一版出版，实为本教材的第五版。

《砖石结构》教材出版后，一版和二版的印数达 29 万册，于 1993 年获建设部科技进步三等奖。《砌体结构》教材于 1996 获建设部优秀教材一等奖。至今，《砌体结构》教材的印数已近 10 万册。

2004 年，本教材根据国家标准《砌体结构设计规范》GB 50003—2001 进行了修订，并作为《普通高等教育土建学科专业"十五"规划教材》出版后，至今已有 6 年，根据这几年来的教学实践和砌体结构学科的新进展，我们对本教材又进行了修订。

目前，国家标准《砌体结构设计规范》GB 50003—2001 尚在修订中，而新的国家标准《建筑抗震设计规范》GB 50011—2010 已经颁布，为了更密切地结合我国工程建设的实际情况，本教材有关内容（尤其是有关砌体结构抗震的内容）均按新颁布的《建筑抗震设计规范》GB 50011—2010 和砌体结构工程近几年的新进展进行了修改和补充。

为了更好地适应普通高等教育的新情况和新要求，本教材的内容及其编排等方面也作了修改和补充，力求内容更精练，文字更简明，更便于教学和读者自学。

本教材是东南大学、同济大学和郑州大学合编，由丁大钧和蓝宗建主编。编写分工如下：第 1 章至第 4 章由东南大学丁大钧和蓝宗建编写，第 5 章由郑州大学刘立新编写，第 6 章由同济大学苏小卒编写，第 7 章由蓝宗建编写。

由于我们水平所限，时间又较仓促，书中错误和欠妥之处，敬请读者批评指正。

本教材可作为高等院校土木工程专业及相关专业的教材，也可供土木工程技术人员阅读和参考。

蓝宗建于东南大学
2010 年 9 月

第 一 版 前 言

本教材实为 1981 年出版的《砖石结构》教材的第三版。《砖石结构》教材是根据 1973 年颁布的《砖石结构设计规范》（GBJ 3—73）编写的。1988 年颁布了《砌体结构设计规范》（GBJ 3—88）（因加入有关砌块砌体内容，故改称"砌体结构"），新规范对原规范作了很多的修改与补充，特别是从单一安全系数设计方法改为极限状态设计方法，故 1990 年修订了原教材，并依据规范也将教材名称改为《砌体结构》。2001 年重新颁布的《砌体结构设计规范》（GB 50003—2001）根据生产和科研的发展，又修改和增补了很多内容，这必须在新教材上有所反映，因此又修订了第二版教材《砌体结构》。

《砖石结构》教材出版后印数达 29 万册，1993 年获建设部科技进步三等奖；《砌体结构》获 1996 年建设部优秀教材一等奖，印刷量亦达 7 万余册。

这次新修订的《砌体结构》主要有下列几项特点：

1. 为了宣传政府有关政策法令，除散见有关内容，如在大中城市首先禁止使用烧结实心黏土砖（禁实）等内容外，还增加了一些节次，如第 1 章中增加了第 5 节 "关于墙体改革" 和在第 4 章中增加了第 5 节 "配筋砌块砌体简述"。

2. 根据新规范的增补，适当增加了砌块砌体的有关内容，这在例题中也有所反映。

3. 对新的材料，如对（南京）凌佳加气轻混凝土 ALC 砌块和板材、（大连）装配式轻型砖和（上海）模卡砌块等作了适当的介绍，以使学生了解新的事物和趋向。

4. 为了入世与世界接轨，每章增加了有关参考文献，同时为了与国际交流，也适当引入一些外文资料。这有利于培养学生查找有关参考文献的方法，扩大知识面；"顺藤摸瓜"，也扩大有关资料的范围。

5. 继承第二版的做法，增加复习思考题、深入思考题和习题，并作了适当修改与补充。

6. 适当引入一些对新规范的有关讨论，以启发引导学生思考问题的思路。

7. 首次在教材中提出如何利用教材发挥积极地、创造性地 "教好与学好" 这一尚未提到过的问题。

新教材是由东南大学、同济大学和郑州大学合编的，编写分工如下：第 1 章至第 4 章由东南大学丁大钧执笔，蒋永生作了第 4 章全部例题和编写了书后复习思考题和习题，丁大钧拟了深入思考题，第 5 章由郑州大学刘立新执笔，第 6 章由同济大学苏小卒执笔，第 7 章由东南大学蓝宗建执笔。新作者也向原作者交换了意见。丁大钧担任主编。

由于我们水平所限，对有关政策和新规范中的内容学习领会不够，书中错误和欠妥处，敬请批评指正，以便在今后得到更正，幸甚。

丁大钧于东南大学
2003 年 7 月

目 录

第1章 绪论 ··· 1
§1.1 砌体结构发展简史 ··· 1
§1.2 砌体结构的优缺点 ·· 12
§1.3 砌体结构的应用范围 ·· 13
§1.4 砌体结构的发展趋势 ·· 14
思考题 ··· 15
习题 ··· 15
参考文献 ·· 16

第2章 砌体材料及砌体的力学性能 ······································ 17
§2.1 块体材料和砂浆 ··· 17
§2.2 砌体种类 ··· 26
§2.3 砌体的抗压强度 ··· 32
§2.4 砌体轴心抗拉强度、弯曲抗拉强度和抗剪强度 ················ 38
§2.5 砌体的弹性模量、摩擦系数和线膨胀系数 ······················ 40
思考题 ··· 43
参考文献 ·· 43

第3章 砌体结构设计的计算方法 ··· 45
§3.1 历史的回顾 ·· 45
§3.2 极限状态设计方法 ·· 47
§3.3 耐久性设计 ·· 56
思考题 ··· 58
参考文献 ·· 59

第4章 砌体结构的承载力计算 ··· 60
§4.1 受压构件 ··· 60
§4.2 局部受压 ··· 73
§4.3 轴心受拉、受弯和受剪 ··· 83
§4.4 配筋砖砌体构件 ··· 87
§4.5 配筋砌块砌体构件简述 ··· 98
思考题 ·· 100
习题 ·· 101

参考文献 ………………………………………………………………… 102
第 5 章　混合结构房屋墙体设计 ……………………………………… 105
　§ 5.1　混合结构房屋的组成及结构布置方案 …………………………… 105
　§ 5.2　混合结构房屋的静力计算方案 …………………………………… 108
　§ 5.3　墙柱高厚比验算 …………………………………………………… 114
　§ 5.4　刚性方案房屋计算 ………………………………………………… 123
　§ 5.5　弹性和刚弹性方案房屋计算 ……………………………………… 135
　§ 5.6　地下室墙 …………………………………………………………… 145
　　思考题 …………………………………………………………………… 152
　　习题 ……………………………………………………………………… 152
　　参考文献 ………………………………………………………………… 154
第 6 章　过梁、墙梁、挑梁及墙体的构造措施 ……………………… 155
　§ 6.1　过梁 ………………………………………………………………… 155
　§ 6.2　墙梁 ………………………………………………………………… 161
　§ 6.3　挑梁 ………………………………………………………………… 189
　§ 6.4　墙体构造措施 ……………………………………………………… 195
　　思考题 …………………………………………………………………… 206
　　习题 ……………………………………………………………………… 207
　　参考文献 ………………………………………………………………… 208
第 7 章　混合结构房屋抗震设计简述 ………………………………… 210
　§ 7.1　混合结构房屋的震害及抗震构造措施 …………………………… 210
　§ 7.2　多层混合结构房屋的抗震验算 …………………………………… 227
　　思考题 …………………………………………………………………… 240
　　习题 ……………………………………………………………………… 241
　　参考文献 ………………………………………………………………… 241

第1章 绪 论

§1.1 砌体结构发展简史

砌体结构原指用砖、石材和砂浆砌筑的结构，故称砖石结构，由于在工程中已采用砌块结构，故统称砌体结构。

砖石结构在我国有悠久的历史。

考古发掘资料表明，我国在新石器时代末期（约6000～4500年前），已有地面木构架建筑和木骨泥墙建筑。到公元前20世纪时（约相当夏代）则发现有夯土的城墙。商代（公元前1783年～前1122年）以后，逐渐开始采用黏土做成的版筑墙。自殷商（公元前1388年～前1122年）以后逐渐改用日光晒干的黏土砖（土坯）来砌筑墙[1.1]~[1.3]。到西周时期（公元前1134年周武王继位，至公元前1122年纣王兵败自杀，商亡，直至公元前771年）已有烧制的瓦。在战国时期（一种说法为周元王元年即公元前475年，至秦始皇统一中国，即公元前221年，这样与春秋时期衔接起来）的墓中发现有烧制的大尺寸空心砖，这种空心砖盛行于西汉（公元前206年～公元8年），但由于制造复杂，至东汉（公元25～219年）末年似已不再生产。六朝时，（实心）砖的使用已很普遍，有完全用砖造成的塔。

石料在我国的应用是多方面的。我们的祖先曾用石料刻成各种建筑装饰用的浮雕，用石料建造台基和制作栏杆，也采用石料砌筑建筑物。

琉璃瓦的制造始于北魏（公元336～534年）中叶，到明代（公元1368～1644年）又在瓦内掺入陶土以提高其强度。同时琉璃砖的生产亦自明代开始有较大的发展。

我国拱券建筑最早用于墓葬，虽说洛阳北郊东周墓中已有发现，但非正式记载。根据现有资料和实物证明，早在西汉中期已采用[1.1]~[1.3]。

砖砌体大多用于建筑物中承受垂直荷载的部分，如墙、柱、桥墩和基础等。洞口上的结构通常用整块的大石跨过，约在公元前3000年才开始建造拱券。

早期砖石砌体的体积都是很大的。为了节约材料和减轻砌筑工作量，要求减小构件的截面尺寸。因此，对砌筑材料提出较高的要求，但是改进和发展的过程是很缓慢的。

水泥发明后，有了高强度的砂浆，进一步提高了砖石结构的质量，促进了砖石结构的发展。19世纪在欧洲建造了各式各样的砖石建筑物，特别是多层房屋。

我国早期建筑采用木结构的构架，墙壁仅作填充防护之用。鸦片战争后，我国建筑受到欧洲建筑的影响,开始采用砖墙承重。这时砖石砌体已成为工程结构中不可分割的一环。研究和确定其计算方法,自是必然的趋势。

砌体结构在我国的发展过程大致如下[1.1]~[1.3]:

第一阶段:在清朝(1644~1911年)末年、19世纪中叶以前,我国的砖石建筑主要为城墙、佛塔和少数砖砌重型穹拱佛殿以及石桥和石拱桥等。我国古代劳动人民对这些建筑是有着相当高的成就的。我国历史上有名的工程——万里长城(图1-1),它是古代劳动人民勇敢、智慧与血汗的结晶。长城原为春秋(春秋时期一般说法为周平王元年即公元前770年周敬王44年即公元前476年)、战国时期各国诸侯为了互相防御各在形势险要处修建的城墙。秦始皇统一全国后为了防御北方匈奴贵族的南侵,于公元前214年将秦、赵、燕三国的北边长城,予以修缮、连贯为一,故址西起临洮(甘肃岷县)、北傍阴山、东至辽东。明代(1368~1644年)为了防御鞑靼瓦剌族的侵扰,自洪武(1368~1398年)至万历(1572~1620年)时,前后修筑长城达18次,西起嘉峪关,东至山海关,称为"边墙"。宣化、大同二镇之南,直隶、山西界上,并筑有内长城称为"次边",总长6700km,称"万里长城"(图1-2a)。大部分至今仍基本完好。旧长城原为黏土拌合乱石建造的。现在河北、山西北部的长城在明代中叶改用大块精制城砖重建。根据近三十多年来考证,明辽东镇(明九边之一)长城,从山海关起,向东,再折向东北迤逦曲折至镇北关,转而向南延伸至鸭绿江边(图1-2b)是石砌城墙,为辽东镇长城,长约1050km[1.4]~[1.7]。这段长城明显是明代防御后金(1636年改国号为清)而筑,清代讳之,险被湮没。

隋代(公元581~617年)李春所造的河北赵县安济桥(图1-3),距今已约1400年,净跨为37.02m,宽约9m,为单孔敞肩式石拱桥,外形十分美观。据

图1-1 万里长城

§1.1 砌体结构发展简史 3

图 1-2 长城平面图
(a) 山海关至嘉峪关段；(b) 山海关至鸭绿江边段

图 1-3 安济桥

考证，该桥实为世界上最早的敞肩式拱桥。拱上开洞，既可节约石材，且可减轻洪水期的水压力，故它无论在材料的使用上，结构受力上，艺术造型上和经济上，都达到了高度的成就。1991年安济桥被美国土木工程师学会（ASCE）选为第12个国际历史上土木工程里程碑，这对弘扬我国历史文物具有重要意义[1.8],[1.9]。

我国古桥分布区域很广，浙江省绍兴市（包括市区、绍兴县、新昌县、嵊州市、诸暨市、上虞市）最为集中，尤以市区为最。现全绍兴市共存古桥604座，其中宋（960～1279年）及以前13座，元（1279～1368年）、明（1368～1644年）41座和清（1644～1911年）550座。现存最早的石拱桥则始建于东晋年间

(317～419年)。据清光绪十九年（1893年）绘制的《绍兴府城街路图》[1.10]所示，绍兴市区每1km²面积内桥梁数较有"东方威尼斯"之称的江苏苏州多一倍，较威尼斯和德国桥市汉堡都多很多。据1993年底统计，绍兴市拥有10610座桥（包括新建桥），故绍兴有"万桥市"之称[1.10]。

绍兴市区的广宁桥，为7折石拱桥（图1-4），桥南北分别设16级和20级石台阶，各长25.30m和26.30m，桥跨径6.25m。广宁桥在南宋宁宗嘉泰年间（1201～1204年）之前建造，明、清时重修过[1.11]。于此可见，我国在800年前即已知用折线形拱代替圆形拱以简化施工，又一次证明我国古代建造石拱桥技术的先进。

图1-4　广陵7折石拱桥（编者自拍摄）

在广宁桥桥孔下两边各设纤道，供纤夫拉纤之用，也可供行走，是中国、也可能是世界立交桥的雏形。该桥是浙江省文物保护单位。

图1-5所示为南京灵谷寺无梁殿后面走廊的砖砌穹窿，系明洪武年间（1368～1398年）建造，它显示出我国古代应用砖石结构的一个方面。苏州开元寺无梁殿建于明万历四十六年（1618年）。四川峨眉万年寺亦有明万历三十年（1602年）建造的砖砌穹顶。

第二阶段：19世纪中叶以后至新中国成立前大致100年左右的时期内，我国广泛采用承重墙，但砌体材料主要仍是黏土砖。这一阶段对砌体结构的设计系按容许应力法粗略进行估算，而对静力分析则缺乏较正确的理论依据。

纵观历史可见，尽管我国劳动人民对砖石建筑作出了伟大的贡献，但由于在封建制度和后来在半封建、半殖民地制度的束缚下，不可能很好地总结提高和进

图 1-5 南京无梁殿后走廊

行必要的科学研究,因此在前两个阶段里,虽然经过漫长的岁月,砌体结构的实践和理论的发展却是极缓慢的。

第三阶段:新中国成立以后,砌体结构有了较快的发展。这可分为三个方面。

(1) 在原有基础上的发展。如石砌拱桥的跨度已显著加大,厚度减薄,同时桥的高度和承载力都有了很大的发展,并广泛采用砖砌多层房屋代替钢筋混凝土框架建筑;改进非承重的空斗墙为承重墙,用来建造 2~4 层(少数达 5 层)房屋,在这一历史阶段起了节约用砖,也即节约烧砖占用农田的作用;因地制宜地扩大了石结构的应用范围等等。

在 21 世纪以前,我国建成的跨度为 100~120m 的石拱桥已有 10 座。这 10 座桥的跨度都超过 1904 年的石拱桥原世界纪录,跨度为 90m 的德国 Syratal 桥[1.12]。2001 年,在山西晋城至河南焦作的高速公路上建造的新的丹河石拱桥,其主跨度为 146m(图 1-6)。该桥的建成,将石料在桥梁结构中的利用推向一个崭新的水平。这表明我国石拱桥建设居于世界领先地位。

(2) 新的发展,这包括新结构、新材料和新技术的采用。在新结构方面,曾研究和建造了各种形式的砖薄壳。在新材料方面,如硅酸盐和泡沫硅酸盐砌块、混凝土空心砌块和各类大板以及各种承重和非承重空心砖的采用和不断改进。在新技术方面,如采用振动砖(包括空心砖)墙板及各种配筋砌体,包括预应力空心砖楼板等等。

20 世纪 60~70 年代,混凝土小型砌块在我国南方城乡得到推广和应用,并取得显著的社会和经济效益。这是替代实心黏土砖的有效措施之一。改革开放后

图 1-6 146m 跨新丹河石拱桥（牛学勤高工提供）

迅速由乡镇推向城市，由南方推向北方，由低层推向中、高层，从单一功能发展到多功能，如承重、保温、装饰块。20世纪70年代后在重庆用砖和混凝土砌块砌筑了高层住宅，局部达12层，但只1~4层采用了混凝土砌块承重内墙。据1996年统计，全国砌块总产量2500万块，砌块建筑面积5000万 m^2，每年以20%的速度递增，1998年统计已达3500万块，各类砌块建筑总面积达 $8000m^2$。砌块建筑在节土、节能、利废等方面具有巨大的社会和经济效益。

1983年、1986年广西南宁已修建了配筋砌块10层住宅楼和11层办公楼试点房屋，但由于MU20高强混凝土砌块的生产工艺没有解决，未能推广。1997年在辽宁盘锦修建了15层配筋砌块剪力墙点式住宅楼，所用MU20砌块是用从美国引进的砌块成型机生产的。1998年上海建成一栋配筋（小型）砌块剪力墙18层塔楼——园南新村（图1-7a）。MU20混凝土砌块也是用美制设备生产的[1.12]。这标志着我国配筋混凝土砌块高层建筑已达到国际先进水平，这也必然推动混凝土砌块多、中、高层建筑的发展。21世纪初在哈尔滨阿继科技园建成的两栋18层高层住宅楼[1.13]（图1-7b）是用190mm和90mm宽的混凝土小型空心砌块作内外壁，中空100mm填以80mm厚苯板的空腔墙（cavity wall），是作为我国北方寒冷地区采用普通混凝土小型空心砌块的高层建筑试点工程。黑龙江省还制订了地方标准《普通混凝土小型空心砌块夹心苯板复合墙体建筑技术规程》DB 23/T 698—2001，以利推广这种墙体。

图1-8所示为唐山市地震后大面积建造的5层大板房屋。在这种建筑中，内墙采用140mm（内横墙）和160mm（内纵墙）厚、强度等级为C15的混凝土现

§1.1 砌体结构发展简史　　7

(a)

(b)

图1-7　18层配筋砌块建筑（承唐岱新教授惠赠）
（a）上海园南新村；（b）哈尔滨阿继科技园住宅楼（两栋）

图 1-8 唐山大板建筑

浇大板;外墙采用由 C10 加气混凝土及混凝土组成的预制复合大板,总厚度为 280mm。为了提高房屋的抗震能力,在混凝土板内采用较多的构造钢筋。采用这种形式的大板也是墙体改革的另一项措施。

采用承重空心黏土砖也是取代实心黏土砖的一个途径。南京市曾用承重空心砖建成 8 层旅馆建筑,其中 1~4 层墙厚为 300 (实际 290) mm,5~8 层墙厚 200 (实际 190) mm。由于砖的厚度减薄,墙体重量减轻,达到了较好的经济效益,同时房间使用面积也有所增大。

在城市进行小区建设,使服务设施配套,创造了方便的生活条件,是城市规划中的一个重要组成部分。这些年来,在这方面取得巨大的成绩。图 1-9 所示为建成的无锡市沁园新村小区建设的全貌[1,14]。小区占地 11.4hm² (公顷),其中住宅 57 幢,建筑面积 11.2 万 m²,公共配套设施 20 项,建筑面积 1.3 万 m²;提供商品房 2102 套,可居住 7300 余人。沁园新村总体规划新颖别致,它体现在布局合理活泼,设施配套齐全,环境优美舒适,绿化覆盖率达 42%,同时改变了方盒子、灰墙面、平屋顶景观,建筑造型各异,典雅别致,外墙色调清洁淡雅,不仅整个小区建筑高低错落,而一幢中也做到这点,即建成多座台阶式建筑。此外,多项科研成果也在此获得很好推广应用。

十一届三中全会后,在我国城市和农村兴建了大量的混合结构居住房屋,大大改善了我国人民的居住条件。我们既需要重视住宅的新建,也应重视对旧房屋的改造和利用,合理挖潜,贯彻新建和改造相结合的方针。进入 21 世纪以来,我国一些地区推广、应用了混凝土普通砖和混凝土多孔砖,以取代实心黏土砖,这是墙体改革的一种新举措。

图 1-9 无锡沁园新村小区

(3) 逐步建立了具有我国特色的砌体结构设计计算理论。如根据大量试验和调查研究资料,提出砌体各种强度计算公式,偏心受压构件连续的(即不分大小——偏心受压)计算公式[1.15]、[1.16]和考虑风荷载下房屋空间工作的计算方法[1.2]等等。1973年制订了适合我国情况并反映当时国际先进水平的《砖石结构设计规范》GBJ 3—73;1988年进行了修订,颁布了《砌体结构设计规范》GBJ 3—88(该规范中包括砌块结构,故改称《砌体结构设计规范》)。在这本规范中,采用以近似概率为理论基础的、各种结构统一的极限状态设计方法,并做了如下几个方面的修改:将各种砌体强度计算公式统一,将偏心受压承载力计算中三个系数综合为一个系数,改进了局部受压计算,将考虑房屋空间工作计算推广于多层房屋,提出墙梁和挑梁的新计算方法等,同时我国和国际标准化组织砌体技术委员会(ISO/TC179)建立了紧密的联系和合作,并担任了配筋砌体的秘书国。在2001年,我国对《砌体结构设计规范》GBJ 3—88进行了修订,并颁布了《砌体结构设计规范》GB 50003—2001,2011年我国又对GB 50003—2001进行修订,颁布了《砌体结构设计规范》GB 50003—2011,这是当前国际上最先进的砌体结构设计规范之一。

砖石结构在国外也有悠久的历史。在古代,国外也有许多宏伟的建筑物。

在欧洲,大约在8000年前已开始采用晒干的土坯。大约在5000~6000年前,已采用经凿琢的天然石。大约在3000年前,已采用烧制的砖。现存最古老的石建筑为希腊帕特农神庙(图1-10)

图1-10 帕特农神庙

现存世界最古老的石砖结构系公元前3000年埃及第三王朝第二个国王乔赛尔为自己所修建的陵墓——金字塔。埃及金字塔和我国长城一样,举世闻名。目前已发现约80座金字塔,其中最大的金字塔为吉萨胡夫金字塔(图1-11),高达149.59m,底部为正方形,边长230.25m。吉萨胡夫金字塔近旁还建有著名的斯芬克斯石雕像(狮面人身像)。与吉萨胡夫金字塔齐名的还有齐夫林和孟卡尔金字塔。

古罗马大角斗场建于公元70~82年间,它是一座平面为椭圆形的建筑物(图1-12),长轴为188m,短轴为156m,周长527m,总共有60排座位,可容纳5万~8万人。

著名的意大利比萨斜塔于1350年建成(图1-13)。在比萨马拉尼广场众多建筑中以其建筑造型与和谐风姿而闻名,尤以其倾斜度著称。

图 1-11　吉萨胡夫金字塔

图 1-12　古罗马大角斗场

图 1-13　比萨斜塔

图 1-14　巴黎圣母院

巴黎圣母院于 1250 年建成，宽约 47m，深约 125m，内部可容纳万人（图 1-14）。

君士坦丁堡（今土耳其伊斯坦布尔）圣索菲亚大教堂建于公元 532～537 年。平面为长方形，东西长 77.0m，南北长 71.7m，中间部分屋盖高 15m，整个屋盖由一个直径为 32.6m 的圆形窟窿和前后各一个半圆形窟窿组合而成（图1-15）。

印度泰吉·玛哈尔陵（即泰姬陵）建于 1631～1653 年，是伊斯兰建筑的精品，被称为印度古建筑的明珠（图 1-16）。

柬埔寨吴哥寺（又称吴哥窟）为高棉国王苏耶跋摩二世（1113～1150 年在位）时所建，是柬埔寨古代石建筑和石刻艺术的代表作（图 1-17）。

在近代，国外砖石结构的发展也很快，也有不少知名的建筑。

图 1-15 圣索菲亚大教堂

图 1-16 泰姬陵

在国外,砌体结构广泛地用于建造低层或多层居住和办公等建筑。在地广而人口并非稠密的国家,住宅建筑往往采取低层化的方案,即使人口稠密的国家,也有不少住宅是采用低层的方案。19 世纪末和 20 世纪以来,欧美和前苏联都建造了不少高层砌体结构房屋。1889 年在美国芝加哥建造了第一幢高层砌体结构房屋,即 Monadnock 大楼,17 层,高 66m,它是用砖砌体和铁两种材料建成的。1952～1953 年,前苏联在莫斯科建造了 16 层的居住房屋。20 世纪 60～70 年代,美国匹兹堡市建造了一幢配筋砌体高层建筑(图 1-18)。20 世纪 70 年代,英国伦敦建造了一幢 28 层石结构高层建筑。

图 1-17 柬埔寨吴哥寺

图 1-18 美国 20 世纪 70 年代在匹兹堡建造的一幢配筋高层建筑

国外也用砌体结构建造了不少桥梁，德国在1903～1904年建成的Syratal Plauen桥是一座结构较先进的石拱桥（图1-19）。

图1-19 德国Syratal石拱桥

§1.2 砌体结构的优缺点

1. 优点

砌体结构之所以如此广泛地被应用，是因为它有着下列几项主要优点：

（1）采用砖石结构较易就地取材。天然石材、黏土、砂等几乎到处都有，同时我国砖产量很大，如1995年墙体材料产量折合普通砖6300亿块，因此来源方便，也较经济。

（2）砌体结构具有很好的耐火性，以及较好的化学稳定性和大气稳定性。

（3）采用砌体结构一般较钢筋混凝土结构可以节约水泥和钢材，并且砌筑砌体时不需模板及特殊的技术设备，可以节约木材。新铺砌体上即可承受一定荷载，因而可以连续施工；在寒冷地区，必要时还可以用冻结法施工。

（4）当采用砌块或大型板材作墙体时，可以减轻结构自重，加快施工进度，进行工业化生产和施工。采用配筋混凝土砌块高层建筑，较现浇钢筋混凝土高层建筑可节省模板，加快施工进度。

2. 缺点

除上述优点外，砌体结构也有下列一些缺点：

（1）砌体结构的自重大。因为砖石砌体的强度较低，故必须采用较大截面的构件，其体积大，自重也大（在一般砖石混合结构居住建筑中，砖墙重约占建筑物总重的一半），材料用量多，运输量也随之增加。因此，应加强轻质高强材料的研究，以减小截面尺寸和减轻自重。

（2）砌体结构砌筑工作相当繁重（在一般砖石混合结构居住建筑中，砌砖用工量占1/4以上）。在一定程度上这是由于砌体结构的体积大而造成的。在砌筑时，应充分利用各种机具来搬运砖石和砂浆，以减轻劳动量；但目前的砌筑操作基本上还是采用手工方式的，因此必须进一步推广砌块和墙板等工业化施工方法，以逐步克服这一缺点。

（3）砂浆和砖石间的粘结力较弱，因此无筋砌体的抗拉、抗弯及抗剪强度都是很低的。由于粘结力较弱，无筋砖石砌体抗震能力亦较差，因此有时需采用配筋砌体。

(4) 砖砌结构的黏土砖用量很大，往往占用农田，影响农业生产，例如1990年为生产黏土砖，便毁农田近7万亩。现在我国一些大城市已禁止使用实心黏土砖。

§1.3 砌体结构的应用范围

由于砌体结构有着上述优点，因此，应用范围很广泛。但由于它的缺点，也限制了它在某些场合下的应用。

一般民用建筑中的基础、内外墙、柱、过梁、屋盖和地沟等构件都可用砌体结构建造。由于砖质量的提高和计算理论的进一步发展，对一般5~6层房屋，用砖墙承重已很普遍。20世纪70年代后在重庆建筑了10~12层（局部12层）的砌体墙承重房屋，用砖和混凝土砌块砌筑的高层住宅，其中10~12层为180mm砖承重内墙，8~9层为240mm砖承重内墙，5~7层为300mm砖承重内墙，1~4层为300mm混凝土砌块承重内墙。

在国外有建成20层以上的砖墙承重房屋。

在我国某些产石材的地区，也可用毛石承重墙建造房屋，目前有高达5层的。

在工业厂房中，砌体往往被用来砌筑围护墙。此外，工业企业中的烟囱、料仓[1.5]~[1.7]、地沟、管道支架、对渗水性要求不高的水池（也有用石砌酒精池或建造预应力砖砌圆池的）等特种结构也可用砌体建造；对砖砌水池（包括地下清水池），在池壁内外面各加设30mm厚钢丝网水泥防渗层，效果很好[1.17]。江苏省镇江市用砖砌筑的60m高的烟囱，上下口外径分别为2.18m和4.78m；共分四段，自上而下各段高度顺次为10、17、17和16m，相应厚度为240、370、490和620mm。此外，该烟囱还采用了砖薄壳基础，直接在烟囱筒身下面采用一砖厚倒球壳，外面部分采用倾角为50°的$1\frac{1}{2}$砖厚的配筋砖锥壳；在球、锥壳交接处和角锥下部，分别设置钢筋混凝土支承环以承受壳体所产生的水平推力。采用砖薄壳基础，较采用钢筋混凝土圆板可节约水泥70%，节约钢材45%，降低造价41.3%。

农村建筑如猪圈、粮仓等，也可用砖石砌体建造。

在交通运输方面，砌体结构除可用于桥梁、隧道外，各式地下渠道、涵洞、挡墙也常用石材砌筑。

在水利建设方面，可以用石料砌筑坝、堰和渡槽等。

应该注意，砌体结构是用单块块体和砂浆砌筑的，目前大多是用手工操作，

图 1-20 加设构造柱的唐山新华旅馆经 10 度地震后安然屹立

质量较难保证均匀，加上砌体的抗拉强度低、抗震性能差等缺点，在应用时应遵守有关规定的使用范围。如在地震区采用砌体结构，应采取一定的措施。用砌体砌筑新型结构时，应抱着既积极、又慎重的态度，一定要贯彻一切通过试验和确保工程质量的原则。

唐山地震震害调查表明，在多层砖房中加设钢筋混凝土构造柱是提高房屋抗震能力的一项有效措施[1.12]、[1.18]。图 1-20 所示唐山砖砌 8 层旅馆（新华旅馆），在该地区经受 10 度地震后，其附近层数较低的砖房很多倒塌，而它由于加设构造柱，虽亦震裂，但却安然屹立。后经北京建筑设计院等单位的研究，也证明构造柱的抗震作用。唐山市于地震后新建造的 5 层砖砌体房屋中墙角（或内外墙交接处）都加设了构造柱。

§1.4 砌体结构的发展趋势

随着社会经济的发展和科学技术的进步，砌体结构也在不断发展。

在墙体材料方面，采用轻质高强材料，即轻质高强的块体和高强度的砂浆，尤其是高粘结强度的砂浆，是一个重要的发展方向。目前，我国生产的砖强度不高，所以结构尺寸大，自重大，砌筑工作繁重，生产效率低下，以致施工进度慢，建设周期长，这显然不符合现代化建设的需要。但是，我国幅员广大，有些地区黏土和石材资源丰富，工业废料也需处理，因此，砌体结构在很多领域内仍需继续使用。由此可见，发展轻质高强材料具有重要的意义。

从国外近些年来的发展情况看，由于生产了高强度砖和高强度砂浆，砌体强度大大提高。在 20 世纪末，砌体抗压强度已达 20MPa。目前国外空心砖强度一般为 40~60MPa，因而可采用薄墙，大大地减轻了自重。

采用空心砖替代黏土实心砖也是墙体材料发展的一个重要方向。

空心砖，尤其是高孔洞率，高强度的大块空心砖，对于减轻建筑物自重、提高砌筑效率、节约材料、减少运输量和降低工程造价有着重要作用。目前我国承重空心砖孔洞率一般在30%以内，抗压强度一般在10MPa左右，少数可达30MPa，而且生产量少。采用高孔洞率、高强度的大块空心砖也是国外黏土砖发展的一个重要趋向。在国外，承重空心砖抗压强度达30～60MPa的已很普遍，有些国家已达更高的水平，空心砖的孔洞率达40%以上，空心砖的尺寸也较大，如500mm×150mm×300mm（法国），400mm×300mm×240mm（德国）。

制作高性能墙板也是值得重视的一个发展方向，在房屋建筑中应用板材有一系列优点，因此发达国家都将建筑板材作为推进住宅产业现代的首选墙材产品。20世纪90年初国外板材应用情况的调查表明，板材在墙体材料中所占的比例很大，例如，在日本，板材占墙材总量的64%；在美国，占47%；在波兰，占41%；在东南亚，占30%。在我国，2001年板材生产总量是3.23亿m^2，占墙材总量1.8%，与发达国家相比，差距还很大。因此，今后应加速这方面的发展。

在墙体材料方面，采用与环境相适应的材料，也是一个重要的发展方向。发展非烧结材料，采用工业废料和节能保温材料，将有利于生态环境的保护，有利于可持续发展。砌体结构的黏土砖用量很大，往往损毁农田，影响农业生产。因此，应采用工业废料来替代黏土，以保护农田。目前，我国大城市已禁止使用实心黏土砖。

在墙体的受力性能方面，加强墙体的抗震性能具有重要的意义。20世纪70年代以来，我国已在砌体抗震措施方面进行了不少研究，并取得显著的成绩。例如，在墙体中设置构造柱，就是一种很有效地抗震构造措施。我国许多地区都属于地震设防地区，因此，提高墙体的抗震能力也是砌体结构的一个重要发展方向。

在砌体结构的施工方面，采用新的施工技术和采用机械化、工业化的施工工艺，以加快施工进度和减轻劳动量，也是一个重要的发展趋向。

思 考 题

1.1 你认为今后砌体发展特点和趋向是什么？

1.2 目前，我国的砌体结构与一些先进国家有哪些差距？

习 题

1.1 你的家庭或你上学的学校所在省或地区，有哪些较为有价值的砌体结构房屋或建筑？它们有哪些特点？

1.2 你的家庭或你上学的学校所在省或地区的砌体结构应用现状如何？

参 考 文 献

[1.1] 丁大钧. 简明砖石结构. 上海：科学技术出版社，1957：187.

[1.2] 南京工学院土木系建筑结构工程专业教研组编（丁大钧主编）. 砌体结构学 [M]. 北京：中国建筑工业出版社，1997：400.

[1.3] 南京工学院土木系建筑结构工程专业教研组编（丁大钧主编）. 简明砖石结构 [M]. 上海：科学技术出版社，1981：183.

[1.4] 刘谦. 明辽东镇长城及防御考 [M]. 北京：文物出版社，1989：236.

[1.5] 丁大钧. 中国的砖石结构 [J]. 砖瓦，(6)，1996：38～44.

[1.6] Ding Dajun. Mauerwerksbauten in China [J]. Bautechnik 70, Heft. 6, 1993: 339～348.

[1.7] Ding Dajun. Masonry Structures in China [J]. Masonry International, 1994, 8 (1): 9～15.

[1.8] 丁大钧. 中国古桥与现代化桥 [J]. 土木工程学报，1993，26 (4)：69～76.

[1.9] Ding Dajun. Ancient and Modern Chinese Bridges [J]. Structural Engineering International. IABSE, 1994 (1): 41～43.

[1.10] 钱茂竹，罗关洲. 绍兴桥文化 [M]. 上海：交通大学出版社，1997.

[1.11] 屠剑虹. 绍兴古桥（画册）（上册）[M]. 杭州：中国美术学院出版社，2001.

[1.12] 丁大钧，蒋永生. 土木工程概论. 北京：中国建筑工业出版社，2003：410.

[1.13] 瞿希梅，唐岱新. 哈尔滨 18 层配筋砌块住宅设计简介[J]. 建筑砌块与砌块建筑. 2004 (3)：5～7.

[1.14] 建设部建设杂志社编. 中国实验住宅小区（说明有英译）[M]. 北京：中国建筑工业出版社，1991：57.

[1.15] Ding Dajun. Semiempirical Theory of Masonry Strength [J]. Acta Technica Acad. Sci. Hung. 107 (3～4) 1995～1996 (delayed to be published in 1999)：181～194.

[1.16] Ding Dajun. A Theory of Masonry Strength Based on Research in China [J]. Masonry International. Autumn. Vol. 14, 2000, No. 2: 35～40.

[1.17] Ding Dajun. Ferrocement Structures in China [J]. Journal of Ferrocement. Vol. 23, No. 3, July 1993: 213～223.

[1.18] Ding Dajun. Aseismic Measures of Multi-Story Masonry Dwelling Buildings in Seismic Regions [J]. International Journal for Housing Science and Its Applications. Vol. 20, No. 1, 1996: 001～010.

第2章 砌体材料及砌体的力学性能

§2.1 块体材料和砂浆

2.1.1 块体材料

组成砌体结构的体块材料大体分为砖、砌块和石材。它们的主要力学指标为强度。《砌体结构设计规范》GB 50003—2011[2.1]（以下简称为《规范》）规定：块体材料的强度等级符号以"MU"表示，单位为MPa。现将我国工程实践中常用的块体材料及其强度等级介绍如下。

1. 砖

用于建筑结构中的砖有烧结砖和非烧结硅酸盐砖两大类。

(1) 烧结砖

烧结砖分为烧结普通砖、烧结多孔砖和烧结空心砖等。

烧结普通砖（fired common brick）指由煤矸石、页岩、粉煤灰或黏土为主要原料，经过焙烧而成的实心砖，分烧结煤矸石砖、烧结页岩砖、烧结粉煤灰砖、烧结黏土砖等。

目前，我国生产的标准实心砖的规格为240mm×115mm×53mm。

烧结多孔砖（fired perforated brick）指由煤矸石、页岩、粉煤灰或黏土为主要原料，经焙烧而成、空洞率不小于35%，孔的尺寸小而数量多，主要用于承重部位的砖，简称多孔砖。目前多孔砖分为P型砖和M型砖，此处P、M分别表示普通和模数，即前者为普通多孔砖，后者为模数多孔砖。

除烧结普通砖和烧结多孔砖外，在工程中还有采用烧结空心砖和微孔砖及微孔空心砖。

烧结空心砖（fired hollow brick）指孔洞尺寸较大，空洞率在25%以上的砖。空洞率在35%以内为承重的空心砖，孔洞率更大的空心砖往往作为填充用砖。

微孔（气泡）砖和微孔（气泡）空心砖系在黏土内加入适量的、黏度有一定要求的锯屑、稻壳等可燃性植物纤维，经过焙烧后得到的一种有许多不规则的、相互连通的微小孔洞构成多孔性制品。这种砖的隔声、隔热性能都较好。

我国生产的墙用多孔砖和空心砖，其孔型和规格并不统一，孔洞率差别亦很大。

1975年原国家建委颁布的标准《承重黏土空心砖》JC 196—75中,推荐三种主要规格：KM1、KP1及KP2,K表示空心砖。该标准中只规定三种砖的规格而未规定孔洞形式（国外还有采用菱形孔洞的）。KM1的规格为190mm×190mm×190mm,KP1的规格为240mm×115mm×90mm,KP2的规格为240mm×180mm×115mm。

图2-1 (a)、(b) 所示为曾使用过的KM1型空心砖及其配砖,孔洞率分别为26%及18%。此外,南京还曾生产有290mm×190mm×90mm带蜂窝孔的空心砖。用以砌筑300mm的墙,其孔洞率达30%。图2-1 (a) 所示大孔洞尺寸为40mm×80mm,是作为砌筑时抓握用的。

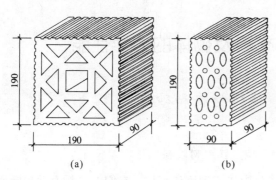

图 2-1 曾使用过的 KM1 型空心砖及其配砖
(a) KM1 型空心砖；(b) 配套砖

图2-2所示为KP1和KM1及其配砖[2.2],其中图2-2 (a)、(b) 所示为承重多孔砖,图2-2 (c)、(d) 所示为非承重空心砖。图2-2中只示出孔洞形状并未规定具体尺寸,孔洞尺寸需根据对孔洞率的要求来确定。

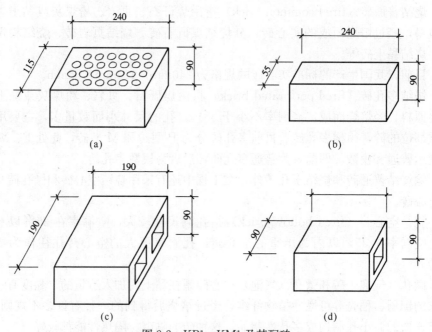

图 2-2 KP1、KM1 及其配砖
(a) KP1 型承重多孔砖；(b) KP1 承重配套砖；
(c) KM1 型承重空心砖；(d) KM1 型承重单孔配套砖

这些砖各有优缺点。譬如 KM1 型，符合建筑模数，砌筑外墙时，有四个面可供选择，不受内燃焦花的影响，但需要辅助规格（190mm×90mm×90mm），且不能与普通砖配合使用。图2-2（a）中的 KP1 则不符合建筑模数，但它在平面上能与普通砖配合使用，轻重亦合适，但不能砌 180mm 墙，如不生产配砖，则规格单一，砍砖较多。

空心砖与实心砖相比较，其优点是可减轻结构自重，砖厚较大，可节约砌筑砂浆和减少工时，此外黏土用量和电力及燃料亦可相应减少。

大孔洞空心砖的孔洞率可达 40%～60%。为了避免使砖的强度降低过多，对用于承重墙的砖，其孔洞率不宜超过 40%。对用于骨架填充墙及隔墙的砖，孔洞率不应小于 40%，且可达 60%或更大；大孔洞空心砖的优点为尺寸大、表观密度小、隔热性能较好。

在国家标准《烧结空心砖和空心砌块》GB 13545—2003[2.3]中，按主要原料的种类将烧结空心砖和空心砌块分为黏土空心砖和空心砌块（N）、页岩砖和砌块（Y）、煤矸石砖和砌块（M）和粉煤灰砖和砌块（F）。

烧结普通砖和烧结多孔砖的强度等级分为：MU30、MU25、MU20、MU15 和 MU10。

烧结空心砖的强度等级分为：MU10、MU7.5、MU5、MU3.5 和 MU2.5。体积密度分别为 800、900、1000 和 1100 四级。孔洞率大于等于 40%。

除上述外，我国各地还采用了一些具有地方特色的烧结砖。

烧结页岩模数多孔砖是用页岩为主要原料，经高真空挤出成型并经 1080℃高温焙烧而成的多孔砖，孔洞率达 36.4%[2.4]。江苏省开发了这种砖，并制定了《江苏页岩模数多孔砖建筑应用技术规程》JG/T 004—2003[2.5]和建筑构造图集[2.6]。砖规格设计为：190mm×240mm×90mm（主砖）、140mm×240mm×90mm（配砖）、90mm×240mm×90mm（配砖）和 40mm×240mm×90mm（配砖，为实心砖），如图 2-3 所示。

江苏省生产这种砖时，因所采用的页岩内部含有黏土成分，所以黏性足够，不需再另掺黏土而占用农田。焙烧这种砖所释放的气体中 SO_2 和 CO_2 含量不多，不会污染环境，符合国家标准。这种砖较实心黏土砖价格略高，但重量较轻，运输和基础费用相应减轻，且可省

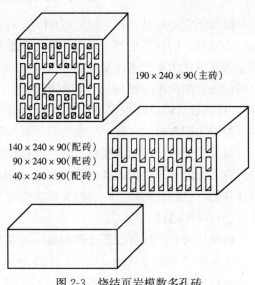

图 2-3　烧结页岩模数多孔砖

去隔热保温层，经济效益是较显著的。

西安砖瓦研究所等单位曾研制一种340mm×240mm×90mm的、带180mm×180mm大孔洞柱孔砖，可在其中配置竖向钢筋，以代替在墙内预留孔道中浇筑混凝土构造柱，施工是很方便的。这种柱孔砖也可做成290mm×190mm×90mm的大小，以砌筑200mm墙；这时大孔为130mm×130mm，在墙角两边（在T字墙处则在三边）各加砌一块这种柱孔砖，在每个大孔内各配置钢筋，浇筑混凝土构成"构造柱"（见图2-4）。中国建筑西北设计院还曾研制240mm×240mm×90mm、带有一个160mm圆孔及304mm×240mm×90mm、带160mm×224mm椭圆孔的抗震砖，1984年曾在西安建造一幢6层清水墙试点建筑，考虑8度抗震，后又陆续建造了一些7层条式和点式住宅建筑。

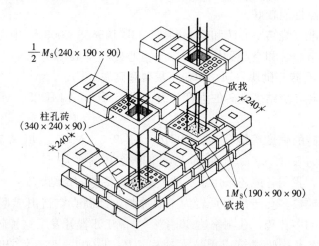

图2-4 用柱孔砖砌筑构造柱

除墙用空心砖外，在工程实践中，还有在楼盖中采用黏土空心砖和煤渣混凝土空心块的，同时还生产了用于预应力配筋楼盖的薄壁黏土空心砖。图2-5（a）所示为江苏昆山县红光砖瓦厂曾生产过的楼板用空心砖，其孔洞率为50%，在上部两边空槽内配置预应力冷拔低碳钢丝（原这样，现如采用，宜改用其他钢筋），可制成240mm宽、3.2m或3.5m长的单条空心砖楼板，如图2-5（b）所示（图中为制作时的位置，吊装时将予以翻转）。

我国还曾生产过用无模施工方法建造拱壳的空心砖，即所谓拱壳空心砖。这种砖背上面的一边伸出"挂钩"，另一边上面则做成槽形，砌筑时可以将"挂钩"搭挂在另一已砌好的砖上，所以又称挂钩砖[2.7]。

（2）硅酸盐砖

硅酸盐砖有蒸压灰砂普通砖和蒸压粉煤灰普通砖等。

蒸压灰砂普通砖（autoclaved sand-lime brick）指以石灰等钙质材料和砂等硅质材料为主要原料，经坯料制备、压制排气成型、高压蒸汽养护而成的实心

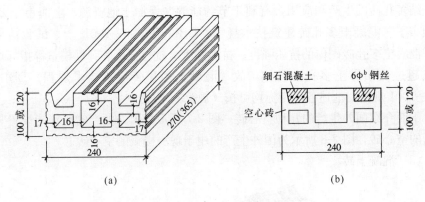

图 2-5 预制预应力空心砖楼板
(a) 楼板用空心砖；(b) 配置预应力钢筋（丝）的空心砖楼板

砖，简称灰砂砖。

蒸压粉煤灰普通砖（autickaved fkyash-lime brick）指以石灰、消石灰（如电石渣）或水泥等钙质材料与粉煤灰等硅质材料及集料（砂）为主要原料，掺加适量石膏，经坯料制备、压制排气成型、高压蒸汽养护而成的实心砖，简称粉煤灰砖。

蒸压灰砂普通砖、蒸压粉煤灰普通砖的强度等级分为：MU25、MU20、MU15 和 MU10。

从 1997 年初开始，上海市开发了一种新型墙体材料，即混凝土多孔砖（图 2-6），其尺寸与烧结多孔砖相同。混凝土多孔砖的推广将有助于减少烧结实心砖

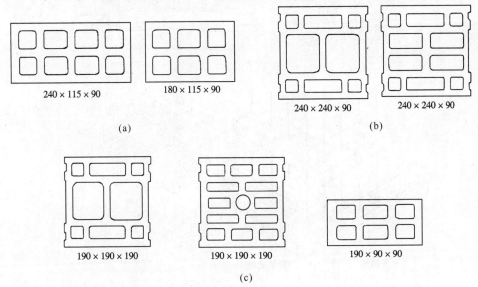

图 2-6 混凝土多孔砖
(a) 主砖和配砖；(b) 240（mm）填充墙砖；(c) 190（mm）填充墙砖和配砖

和烧结多孔砖的生产和应用，有利于节约能源、保护土地资源。上海市于 2001 年颁布了《混凝土多孔砖建筑技术规程》DBJ/CT 009—2001[2.8]。试验结果表明，混凝土多孔砖砌体的抗压强度、抗剪强度、抗拉强度和弹性模量等指标均等同或超过烧结黏土多孔砖砌体，故《混凝土多孔砖建筑技术规程》DBJ/CT 009—2001 规定，上述各项指标均可按《规范》采用。

下面介绍国外生产的几种空心砖。图 2-7 所示为国外生产的三种能设置竖向钢筋的空心砖，图 2-8 所示为国外生产的用于现浇楼盖的空心砖。

(3) 混凝土砖

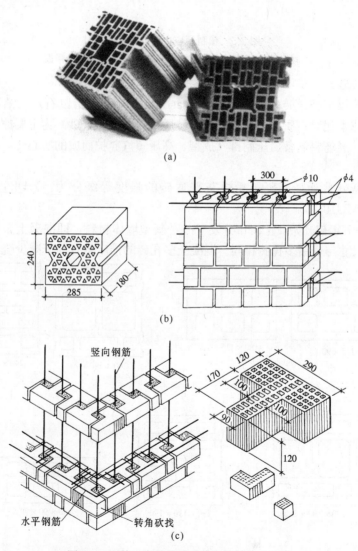

图 2-7 国外生产的能设置竖向钢筋的空心砖
(a) 矩形砖（方孔）；(b) 矩形砖（六边形孔）；(c) T 形砖

混凝土砖（concrete brick）指由砂、石等为主要集料、加水搅拌、成型、养护制成的一种多孔的混凝土半盲孔砖或空心砖。

混凝土砖分为混凝土普通砖和混凝土多孔砖两种。

混凝土砖的强度等级分为：MU30、MU25、MU20和MU15。

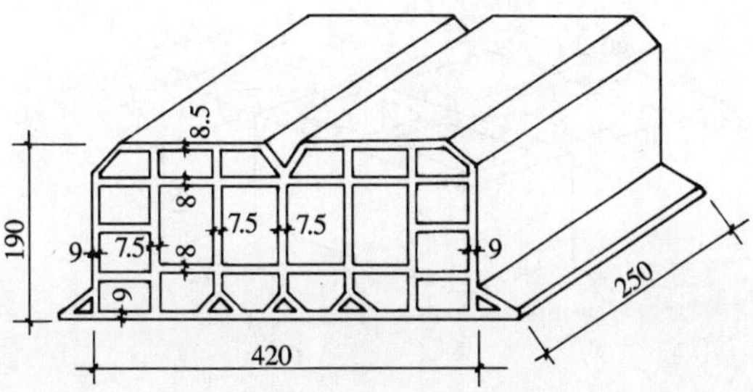

图2-8 国外用于现浇楼板的空心砖

2. 砌块

制作砌块的材料很多，混凝土、轻骨料混凝土及硅酸盐等均可。砌块按尺寸大小可分为小型、中型和大型三种。一般把高度在350mm及以下的砌块称为小型砌块；高度在360~900mm的称为中型砌块；高度大于900mm的称为大型砌块。

根据所用材料和使用条件等的不同，我国当前采用砌块的主要类型有实心砌块、空心砌块和微孔砌块。

实心砌块的重力密度一般在$15\sim16kN/m^3$以上，并以粉煤灰硅酸盐为主。粉煤灰硅酸盐砌块是以粉煤灰、石灰、石膏和骨料等为原料，加水搅拌、成型，经蒸气养护制成，生产工艺简单。主要规格有：长880、1180mm；宽180、190、200、240mm；高（即厚）380mm。

空心砌块的重力密度较小，一般为实心砌块的一半左右。我国生产的空心砌块以混凝土空心砌块为主。

目前，我国应用较多的是混凝土小型空心砌块[2.9]。

混凝土小型空心砌块（concrete small-size halloru block）是以碎石或卵石为粗骨料制作的混凝土小型空心砌块，主规格尺寸为390mm×190mm×190mm。

轻集料混凝土小型空心砌块（lightweight aggeragate concrete small-sized block）是以浮石、火山渣、煤渣、自然煤矸石、陶粒等为粗骨粒制作的混凝土小型空心砌块，主规格尺寸为390mm×190mm×190mm。

按照孔洞形式的不同，混凝土小型空心砌块可分为单排孔小砌块（即沿厚度方向只有一排孔洞的小砌块）和双排孔或多排孔小砌块（即沿厚度方向有双排条形孔洞或多排条形孔洞的小砌块）。

图2-9所示为江苏省采用的混凝土小型空心砌块，其主要规格尺寸为390mm×190mm×190mm。

混凝土小型空心砌块的强度等级分为：MU20、MU15、MU7.5和MU5。

灌孔混凝土强度等级分为：Cb30、Cb25和Cb20。

除上述以外，还有一些具有地方特色的砌块。

例如，南京公司开发的蒸压轻型加气混凝土砌块和上海市开发的模卡混凝土

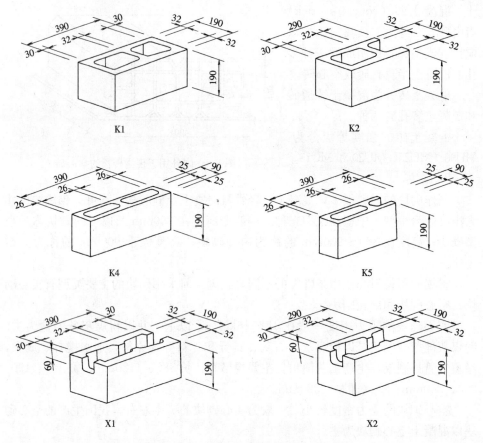

图 2-9 江苏地区采用的小型空心砌块

砌块（详见第 2.2.4 节）。

在华东地区还曾广泛采用无熟料水泥煤渣混凝土中型空心砌块，其主要原料为无熟料水泥、煤渣、液态渣、细骨料，强度为 5MPa。这种空心砌块的长度分别为 300、400、450、600、900、1200mm；高度为 500mm；厚度为 200mm。

微孔砌块通常采用加气混凝土和泡沫混凝土制成。我国北京地区较多地采用加气混凝土砌块。重力密度仅 $4\sim6kN/m^3$，抗压强度可达 $3\sim4MPa$，可用以建造三层住宅及单层工业厂房。其长度为 600mm，宽度分别为 200、250 及 300mm；厚度分别为 250、200、150 及 100mm。由于重力密度小，有条件制成大尺寸板材，为进一步减轻结构自重开辟了新的途径。

3. 石材

石材主要指天然岩石，按其重度（即重力密度）大小分为重质天然石（重力密度大于 $18kN/m^3$）及轻质天然石（重力密度小于 $18kN/m^3$），重质天然石（花岗石、砂岩、石灰石等）具有高强度、高抗冻性和抗气性，可用于基础砌体和作重要房屋的贴面层。重质天然石的机械化开采和机械化加工是很繁重和困难的，因此这种岩石的料石一般不宜用作墙壁砌体（除有开采重质料石长期经验的少数地区外）。在产石的山区多因地制宜地采用重质毛石砌筑墙壁（个别有达6层），但重质石具有高的传热性，用作采暖房屋墙壁时，厚度要很大，因此一般是不经济的。

新开采的石料，往往散发氡气，这将造成室内污染，应予注意。

料石可分为细料石、粗料石和毛料石。

4. 贴面材料

房屋外墙上做贴面层是为了提高房屋的耐久性，或为了立面的建筑艺术造型，通常是同时为了满足这两项要求。

用于多层房屋贴面层的贴面材料，除天然石（花岗石、大理石等）外，一般还有陶制品、混凝土制品和面砖。

为了防酸、碱等的腐蚀，在工业建筑的某些部位，还有采用铸石作贴面材料的。

2.1.2 砂　　浆

砂浆是由凝胶材料（水泥、石灰）和细骨料（砂）加水搅拌而成的混合料。

砂浆在砌体中的作用是将砌体内的块体连成一整体，并因抹平块体表面而促使应力的分布较为均匀。此外，砂浆填满块体间的缝隙，减少了砌体的透气性，因而提高了砌体的隔热性能。这一点对采暖房屋是相当重要的。此外，砂浆填满块体间的缝隙后，还可提高砌体的抗冻性。

砂浆按其成分可分为：无塑性掺合料的（纯）水泥砂浆、有塑性掺合料（石灰浆或黏土浆）的混合砂浆，以及不含水泥的石灰砂浆、黏土砂浆和石膏砂浆等非水泥砂浆。

砂浆按其重力密度可分为：重力密度不小于 $15kN/m^3$ 的重砂浆；重力密度小于 $15kN/m^3$ 的轻砂浆。

砂浆的强度用强度等级表示。砂浆的强度等级为龄期 28d 的砂浆立方块（70.7mm×70.7mm×70.7mm）的抗压极限强度，以 MPa 为单位。

砌筑用砂浆不仅应具有足够的强度，而且还应具有良好的可塑性。

砂浆的可塑性，用标准锥体的沉入深度来评判，根据砂浆的用途规定为：用于砖砌体的为 70～100mm；用于石块砌体的为 40～70mm；用于振动法砌筑石块砌体的为 10～30mm。对于干燥及多孔的砖石，采用上述较大值；对于潮湿及密实的砖石，采用较小值。

为了节约水泥及增加砂浆的可塑性，应采用有塑性掺合料的混合砂浆。

砂浆的质量在很大程度上决定于其保水性，亦即在运输和砌筑时保持相当质量的能力。在砌筑时，砖将吸收一部分水分，当吸收的水分在一定范围内时，对于灰缝中的砂浆的强度和密度具有良好影响。但如果砂浆的保水性很差，新铺在块体面上的砂浆的水分很快被吸去，则使砂浆难以抹平，因而降低砌体的质量；同时被吸去的水分超出有益的范围，则砂浆因失去过多水分将不能进行正常的硬化作用，反会使砌体强度大为降低。

在砂浆中掺入塑化剂，不但可增加砂浆的可塑性，提高劳动生产率，还能提高保水性，保证砌筑质量。

至于塑化剂的数量，则由砂浆强度和水泥强度等级及其所用砂子的粒度而定。砂浆所需强度越小和水泥强度等级越高，则所用塑化剂可多些。但必须注意，如果使用了过多的塑化剂，又会增加灰缝中砂浆的横向变形，因而会降低砌体的强度。

砂浆的强度等级分为 M15、M10、M7.5、M5 和 M2.5 五个等级。当验算施工阶段砂浆尚未硬化的新砌砌体强度（或冬季施工砌体，验算其融冻阶段的承载力）时，可按砂浆强度为 0 来确定。如砂浆强度在两个等级之间时，采用相邻较低值。

对一般常用配合比（1∶3～1∶2）的石灰砂浆，根据四川省建筑科学研究院的资料，当龄期为一个月时，强度为 0.4MPa；6 个月时为 0.6MPa；1 年时为 0.8MPa。

对砌体所用砂浆的基本要求如下：

(1) 关于强度及抵抗风雨侵蚀方面，砂浆应符合砌体强度及建筑物耐久性的要求。

(2) 砂浆的可塑性，应在砌筑时能将砂浆很容易且较均匀地铺开，以提高砌体强度和砌筑工人的劳动生产率。

(3) 砂浆应具有足够的保水性。

为了适应不同块体材料的需要，工程中还采用一些专用砂浆，如混凝土砌块（砖）专用砂浆和蒸压灰砂普通砖、蒸压粉煤灰普通砖专用砂浆等。

混凝土砌块（砖）专用砌筑砂浆是由水泥、砂、水及根据需要掺入的掺合料和外加剂等组分，按一定比例，采用机械拌合制成，专门用于砌筑混凝土砌块（砖）的砌筑砂浆。简称砌块专用砂浆，用 Mb 表示。

蒸压灰砂普通砖、蒸压粉煤灰普通砖专用砌筑砂浆是由水泥、砂、水及根据需要掺入的掺合料和外加剂等组分，按一定比例，采用机械拌合制成，专门用于砌筑蒸压灰砂砖或蒸压粉煤灰砖砌体，且砌体抗剪强度应不低于烧结普通砖砌体的取值的砂浆。

§2.2 砌 体 种 类

砌体是由不同尺寸和形状的砖石或块材用砂浆砌成的整体。砌体中砖石或砌块的排列，应使它们能较均匀地承受外力，主要是压力。如果砖石或砌块排列不合理，使各皮砖石或砌块的竖向灰缝重合于几条垂直线上，则实际由这些重合的竖向灰缝将砌体分割成彼此间无联系的几个部分，因而不能很好地承受外力，同时也削弱甚至破坏建筑物的整体工作。为使砌体构成一个整体必须对砌体中的竖向灰缝进行错缝。

采暖房屋的外墙应符合保暖要求并不透风，因此应将竖向灰缝填满。

2.2.1 砖砌体

在房屋建筑中，砖砌体用作内外承重墙或围护墙和隔墙。承重墙的厚度是根据强度及稳定性的要求确定的，但外墙的厚度往往还需考虑到保暖和隔热的要求。砖砌墙体一般可砌成实心的，有时也可砌成空心的，砖柱则应实砌。

对砖砌体，通常采用一顺一丁或三顺一丁砌合法。国外采用的五顺一丁砌合法，在横截面中未搭缝的半砖厚砌体的高厚比约为3，其抗压强度仅较一顺一丁砌体低2%～5%，可以认为和一顺一丁砌体相同[2.11]。但如果有更多皮砖未搭缝，则这时半砖厚的砌体部分的高厚比大于3，整个砌体强度将降低较多。

在砌筑砖柱时，应将柱的内芯砖块和周边砖块间进行搭接，而不使竖向灰缝贯通，如贯通则成"鬼推磨"砌法[2.7]。

实砌标准砖墙的厚度为240mm（一砖）、370mm（$1\frac{1}{2}$砖）、490mm（2砖）、620mm（$2\frac{1}{2}$砖）、740mm（3砖）等。有时为了节约材料，墙厚可不按半砖而按1/4砖进位。因此，有些砖必需侧砌而构成180mm、300mm、420mm等厚度；试验表明，这种墙体的强度是完全符合要求的。

采用目前国内几种常用规格的模数砖可砌成90mm、180mm、190mm、240mm、290mm及390mm厚的墙体。

2.2.2 石砌体

石砌体可就地取材，在产石的山区采用较广泛。其类型有料石砌体（细料石砌体、粗料石砌体和毛料石砌体）、毛石砌体和毛石混凝土砌体。图2-10（a）、(b) 分别表示毛料石和毛石砌体。料石加工困难，但它除用于建造房屋外，还可用于建造石拱桥和建筑构筑物，特别是石坝、渡槽和贮液池等。

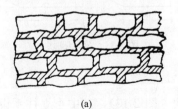
(a)

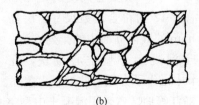
(b)

图 2-10 毛料石和毛石砌体
(a) 毛料石砌体；(b) 毛石砌体

石料砌筑的墙壁自重大,且因导热系数高,作外墙时一般要求墙厚较大。

在产石的山区及其邻近地区,较多的是采用毛石砌体。用毛石砌体建造的多层房屋有达5层的(个别达6层)。

毛石混凝土砌体是在模板内交替铺置混凝土层及形状不规则的毛石层构成的。用于毛石混凝土中的混凝土,其含砂量应比普通混凝土高。通常每灌筑120~150mm厚混凝土即设置毛石一层;将毛石插入混凝土中,深度约为石块高度的一半,并尽可能紧密一些。然后,再在石块上灌筑一层混凝土,填满石块间的空隙,并将石块完全盖没,随后再逐层设置毛石和灌筑混凝土。除采用毛石外,还可利用碎砖和旧墙块等。

2.2.3 配筋砌体

为了提高砖砌体强度和减小构件的截面尺寸,可在立柱或窗间墙水平灰缝内配置横向钢筋网,构成网状配筋砌体,又称横向配筋砌体(见图4-21);在砌体外配置纵向钢筋加砂浆或混凝土面层,或在预留的竖槽内配置纵向钢筋,竖槽用砂浆或混凝土填实,构成组合砌体(见图4-23);对用砂浆面层或用砂浆填实竖槽的,过去称纵向配筋砌体。在砖烟囱中,为了抵抗温度应力,有时也需配置环向钢筋,在地震区建造砖烟囱时,为了抗震,还需配置纵向钢筋。

2.2.4 砌块砌体

采用砌块砌筑墙体时,由于砌块的尺寸比标准砖增大很多,这就意味着相同的墙体所具有的灰缝数将减少。因此,砌块墙体的抗压承载力将增大。

采用砌块建筑,是墙体改革中的一项重要措施。

排列砌块是设计工作中的一个环节,砌块排列要求有规律性,并使砌块类型最少;同时排列应整齐;尽量减少通缝,使砌筑牢固。排列时应选择一套砌块的规格和型号,其中大规格的砌块占70%以上时比较经济。

图2-11为一套实心砌块的规格和型号,图2-12为符合模数尺寸、层高为3300mm的墙体立面中的排列方法。

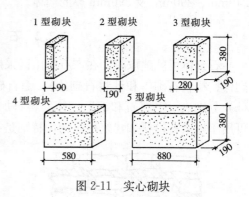

图2-11 实心砌块

关于混凝土小型空心砌块,在2.1.1节中已作了介绍,此处不再赘述。

在浙江等地区曾采用混凝土中型空心砌块(图2-13),其中小立柱系设在门洞旁作圈梁支承的。为了便于铺设砂浆,图中的空心剖面做成封顶的。这种砌块用强度等级C15的混凝土制作,采用立式成型机生产,可建造住宅和单层工业

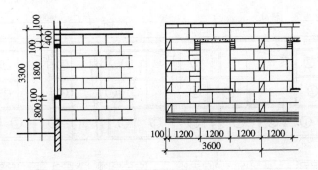

图 2-12 层高为 3300mm 的砌块在墙体中立面排列方法

厂房。图 2-13 中列出四种规格的砌块，其高度统一为 850mm；厚度为 200mm。图 2-14 为用该套砌块砌筑的外墙及其平面示意图。为了隔热，可在孔洞内填以重力密度较小的隔热材料。这种砌块砌体，在减轻结构自重、降低造价等方面具有较好的效果。

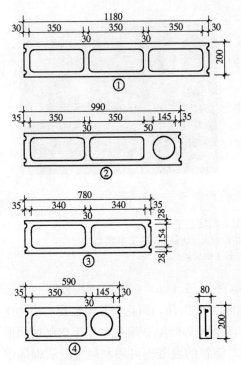

图 2-13 混凝土中型砌块

南京市开发了一种蒸压轻质加气混凝土（autoclaved lightweight aerated concrete），简称 ALC，用硅砂、水泥和生石灰、石膏进行混合搅拌，再加入少量铝粉制成料浆，在模具内成型，经蒸压制成，绝干相对密度为 0.5，隔热、隔声、耐火性能均好，能承受风雪荷载，抗震性能亦佳，为无放射性的绿色建材。可制成砌块和板材，生产"凌佳"ALC 砌块的规格：长 600m；宽 50、75、100、125、150、175、200mm；高 240、380、480mm。

上海市开发了一种新型砌块——模卡混凝土砌块（interlocking concrete block）[2.10]。模卡砌块的上下左右均设有榫头，榫头是将内外壁板厚度（40~43.6mm）分为凸出和凹进构成的（图2-15a），生产有两种主砌块 K1 和 K2，其尺寸（长×宽×高）分别为 400mm×200mm×150mm 和 400mm×190mm×170mm，每块重为 15kg 和 16.2kg，用于砌窗间墙和端墙的平口块尺寸和单块重量和主砌块相同，另还制作了 1/2 主砌块和 1/2 平口块以便砌墙搭缝，其单块重量为原块重的一半；自承重隔墙块，尺寸为 400mm×120mm×200mm 和相应的

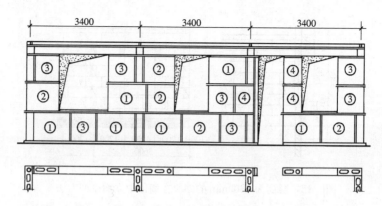

图 2-14 用混凝土中型砌块砌筑外墙及平面示意图

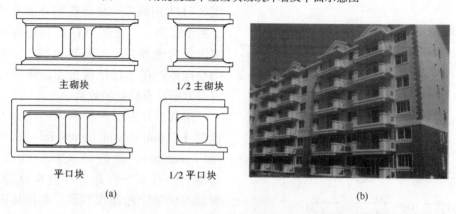

图 2-15 模卡砌块和试点工程
(承上海市房屋建筑设计院院长顾陆忠教授级高工惠赠)
(a) 模卡砌块；(b) 模卡砌块试点工程

平口块以及 1/2 块和 1/2 平口块，整块单重为 11.6kg。砌筑时不用砂浆而靠凸凹榫镶砌，形成连锁，这种砌块不仅互相间"卡"住，而且和其他混凝土构件连接（如与钢筋混凝土圈梁和构造柱连接），也形成"卡"。竖孔和上下皮砌块间形成通缝，高度为 5mm，水平孔均可配筋，浇筑的混凝土可顺利通过。从砌体中取出很多通缝内的混凝土表明是密实的。用专门配制的轻集料混凝土全部密实灌孔，形成整片砌体墙。这种砌体墙不仅墙面垂直平整，不易走动，且解决了渗漏水问题，也有利于抗裂和抗震。砌块平均抗压强度为 15.6MPa，灌芯混凝土材料平均抗压强度为 8.6MPa，砌体平均强度可达 10.4MPa，为砌块强度的 67% 和灌芯混凝土强度的 120%。抗剪强度大大高于小型砌块砌体（未灌芯孔时），一般超过砖砌体。

模卡砌块已在上海进行了数项试点工程，综合成本可约降低 10%。图 2-15 (b) 所示为住房和城乡建设部的试点建筑、6 层混合结构住宅"汇丽苑"。

2.2.5 墙 板

目前我国采用的墙板主要有预制大型墙板和整体混凝土墙板。

用凌佳ALC也可制成多种板材，用于外墙、内墙、楼板和屋面板，板材宽度为600mm，厚度有50、75、100、125、150、175和200mm七种规格，其长度可为610～6500mm，以10mm为单位生产制造。在内、外墙板中配筋或不配筋。这些板材用于框架房屋建筑。为了方便使用，编制有《蒸压轻质加气混凝土（ALC）板构造图集》苏J01—2002，分上、下册，上册用于钢筋混凝土结构建筑，下册用于钢结构建筑[2.11]。

预制大型墙板❶宽度可相当于房屋的一个开间或进深。当进深较大，受起重设备限制时，对一方墙也可用两块墙板拼成；墙板高度一般相当于房屋高度。我国采用的有矿渣混凝土墙板和空心混凝土墙板等，还曾采用过振动砖墙板，也有采用滑模工艺施工的整体混凝土墙板。

图2-16所示用钢管抽心工艺生产的、带圆孔的空心混凝土墙板；其厚度150mm，圆孔直径114mm，墙板上部有600mm高的实心带，可改善墙板受力性能，便于铺设砂浆；墙板两侧设有竖缝槽及暗键3～4个，上部配有2Φ8钢筋，底部配有2Φ6钢筋；墙板的连接借上部钢筋伸出焊接，将下部钢筋绑扎，同时将楼板之间的吊钩和横墙板吊钩互相焊接，然后在垂直竖缝内（包括暗键）浇灌混凝土而形成整体。空心楼板在灌缝时使混凝土进入孔内约50mm，可增强楼盖的整体刚度。

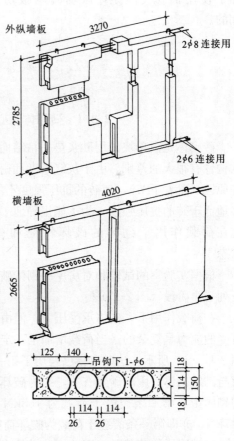

图2-16 空心混凝土墙板

这种空心大板建筑的钢材用量接近砖石混合结构住宅建筑，水泥用量相对较多，造价接近砖砌住宅，可减少结构自重，减少体力劳动，加快建设速度。但是，有些问题还待进一步研究。例如朝西

---

❶ 国内外经验表明，总的看，预制装配式大板体系似不如大模板（工具模板，现浇施工工艺）体系灵活、经济（通用钢模板虽一次投资高，但可多次重复利用）、合理。

外墙应作隔热处理，同时墙板的隔声效果亦仅相当于 120mm 的砖墙。在南京市采用的空心混凝土墙板厚度曾改为 180mm，朝西外墙加设一层 20mm 厚的膨胀珍珠砂砂浆内部粉刷❶。

振动砖墙板是将砖错缝侧放（1/2 砖厚）在铺有 20～25mm 厚高强度砂浆（一般用强度为 10MPa）的侧模内，砖间缝宽 12～15mm，再在其上铺一层砂浆，同时在板的周边放置钢筋骨架并浇灌混凝土，用平板振动器振动后，经蒸汽养护制成，板厚 140mm，外墙应加保温隔热层。可节约 50% 以上的砖，减轻自重约 30%，节约劳动量 20%～30%，缩短工期 20%，降低造价 10%～20%，同时增加了使用面积。但是，振动砖墙板房屋在水泥和钢筋用量方面是有所增加的。

§2.3 砌体的抗压强度

2.3.1 砖砌体轴心受压的破坏特征

砖砌体是由单块砖用砂浆垫平粘结而成，因而它的受压工作和匀质的整体结构构件有很大的差别。由于灰缝厚度和密实性的不均匀，以及砖和砂浆交互作用等原因（参看下节），使砖的抗压强度不能充分发挥，亦即砌体的抗压强度将较多地低于砖的抗压强度。为了能正确地了解砖砌体的受压工作性能起见，必须研究在荷载作用下砌体的破坏特征和分析在破坏前砌体内单块砖的应力状态[2.12],[2.14]。

根据实验室的试验和对房屋中砌体破坏时的观察可知，砌体的破坏大致经历下列三个阶段（图 2-17）❷。

在荷载作用下，砌体承受压力，但由于第 2.3.2 节内所述的原因，单块砖内所受的应力是复杂的。当荷载增加至一定程度时，单块砖内将出现竖向裂缝，如图 2-17（a）所示，这时砌体已经历了第一阶段。出现第一条（批）裂缝的荷载值与砌筑砌体所用的砂浆有关，约为破坏荷载的 0.5～0.7；在图 2-17 所示试验的砌体中，第一条裂缝于荷载为 168kN（16.8t）时发生，而砌体破坏荷载为 247kN，亦即第一条裂缝于荷载为破坏荷载的 168/247＝0.68 时发生。

当继续增加荷载时，则单块砖内的个别裂缝将连接起来而形成连续的裂缝，垂直通过若干皮砌体，同时发生新的裂缝，如图 2-17（b）所示；当荷载达到破坏荷载的 0.8～0.9 时，可认为砌体已经历了第二阶段而将转入第三阶段。在实

---

❶ 对单排大孔（圆孔直径大于 50mm 时）墙板（或砌块），如不加有效的（上述做法尚不理想）隔热处理，由于孔洞内空气流动，白天在日照下蓄热，晚间散热，因而影响室内温度。

❷ 原南京工学院（现东南大学）试验照片。

§2.3 砌体的抗压强度　33

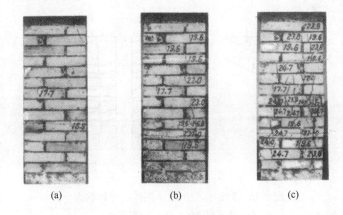

图 2-17　砖砌体破坏阶段
(a) 加载第一阶段；(b) 加载第二阶段；(c) 加载第三阶段（破坏阶段）

践中，这时应视为处于危险状态，情况的严重性在于即使不增加荷载，裂缝仍将继续发展，最后可使砌体完全破坏。因为砌体在长时间的持续荷载作用下与实验室内短期荷载作用下的工作条件不同，短时间实验中的破坏荷载的 80%～90%，在其长时间作用下将成为破坏荷载，而裂缝的逐渐发展即为破坏的过程；如果裂缝的发展不仅不停止，而且迅速增长，即说明砌体已临近破坏瞬间。

在实验室中的短时间荷载作用下，当砌体进入第三阶段后，裂缝发展很快，并连成几条贯通的裂缝，终于将砌体分成几个 1/2 砖的小立柱，这时砌体很明显地向外鼓出，如图 2-17 (c) 所示，各小立柱受力极不均匀，最后个别砖可能被压碎，小立柱亦将丧失稳定而导致砌体的完全破坏。

2.3.2　砖砌体受压应力状态的分析

如上所述，在压力作用下，砌体内单块砖的应力状态特点可从下面四点来阐述。

（1）由于灰缝厚度和密实性的不均匀，单块砖在砌体内并不是均匀受压的；如果夸大地将不均匀看做集中在几个局部区域而上下皮灰缝的不均匀性并不对应，即对单块砖来说，在砖的下面所承受的集中力和上面所承受的力不相对应，因此单块砖内还将产生弯、剪应力。图 2-18 所示为在两个不同级的荷载作用下，用放大 200 倍的比例尺绘出的试验砌体中单块砖的变形；在后一级荷载时，砖柱已发生纵向裂缝[2.12]。从砖的纵向变形亦可看出，砖在砌体中是承受弯曲应力和剪应力的。

从上可见，砌体中第一批裂缝的出现是由于单块砖的受弯和受剪所引起。由于砖的脆性，它抵抗这些应力的能力是很差的。灰缝厚度的不均匀性取决于砖本身外形的平整程度，灰缝密实性的不均匀在拌合砂浆时即已产生；而在砌筑过程

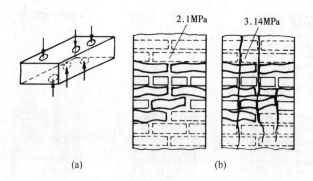

图 2-18 砖砌体受压时个别砖的变形状态
(a) 出现裂缝前；(b) 出现裂缝后

中，当先敷设一层不均匀的砂浆铺砌层，而后将砖压入砂浆内，这样又大大地增加了灰缝的不均匀程度。

(2) 砌体横向变形时砖和砂浆的交互作用。在砖砌体中由于砖和砂浆的弹性模量及横向变形系数的不同，一般砖的横向变形较中等强度等级以下的砂浆为小，所以在用这种砂浆砌筑的砌体内，由于二者的交互作用，砌体的横向变形将介于二种材料单独作用时的变形之间，亦即砖受砂浆的影响增大了横向变形，因此砖内出现了拉应力；相反，灰缝内的砂浆层受砖的约束，其横向变形减小，因而这时砂浆将处于三向受压状态，其抗压强度将提高，所以用低强度等级砂浆砌筑的砌体强度有时较砂浆本身强度高很多，譬如用强度等级为 MU20 的砖、M2.5 砂浆砌筑的砌体强度标准值为 2.95MPa，这也就是 M0 砂浆时砌体强度不是 0，而当砖强度等级为 MU10～MU30 时，标准强度达 1.07～1.84MPa（参看《规范》GB 50003—2011，P113 表 B.0.2-1）。

由于在砖内出现附加拉应力，从而加快了砖内裂缝的出现，用低强度砂浆砌筑的砌体内砖的裂缝出现一般较早，这是原因之一。

(3) 弹性地基梁的作用。砖内受弯剪应力的值不仅与灰缝的厚度和密实性不均匀有关，而且还与砂浆的弹性性质有关。每块砖可视为作用在弹性地基上的梁（因长度较宽度大不多，实应为板），其下面的砌体即为弹性"地基"。砖的上面承受由上部砌体传来的力（在这块砖下面引起的反压力又反过来成为它从下而上的荷载，使它成为倒置的弹性地基梁，而上面的砌体则又成为它的弹性地基）。这一"地基"的弹性模量愈小，砖的弯曲变形愈大，因而在砖内发生的弯剪应力也愈高。

(4) 竖向灰缝上的应力集中。砌体的竖向灰缝未能很好地填满，同时竖向灰缝内砂浆和砖的粘结力也不能保证砌体的整体性。因此，在竖向灰缝上的砖内将发生横向拉应力和剪应力的集中，因而又加快砖的开裂，终将引起砌体强度的降低。

2.3.3 影响砖砌体抗压强度的因素

影响砖砌体抗压强度的因素主要有下列几方面。

1. 砖和砂浆的强度

砖和砂浆的强度指标是确定砌体强度最主要的因素。从上节应力状态的分析中可以看出，砌体的破坏主要是由于单块砖内发生很大的弯剪应力，使砌体产生贯通的竖向裂缝，因而分成几个小立柱以致最后失稳破坏，而并不是每块砖被压碎，即砖的抗压强度未被充分利用。因为砖的强度试验是用尺寸很小(115mm×115mm×120mm)、且仅有一道仔细填平的水平灰缝而没有竖向灰缝的试件进行的，在此，砖的受压工作条件和砌体中完全不同，砖主要承受压应力，而弯、剪应力则很小。所以砌体的抗压强度远低于砖的抗压强度。试验表明，有较高抗压强度而没有相应较高抗弯强度的砖，其砌体抗压强度要比采用较高抗弯强度而抗压强度却较低的砖所砌砌体强度为低。譬如，国外一项资料表明，抗压强度为 20.5MPa、抗弯强度为 1.36MPa 的砖，用强度为 12.2MPa 的砂浆砌成的一组砌体，其强度只有 2.45MPa；而另一组砌体中，砖的抗压和抗弯强度分别为 17.1MPa 及 3.14MPa，砂浆强度为 11.1MPa，这时砌体强度却为 3.53MPa，即反高 44%[2.12]、[2.13]。因此，材料验收规范中规定，对一定强度的砖，必须有相应的抗弯强度。当砖的抗弯强度符合标准时，砌体强度随砖和砂浆强度等级的提高而提高。

2. 砂浆的弹塑性性质

砂浆的弹塑性性质对砌体强度亦具有决定性的影响。当采用相同的砖时，随着砂浆变形率的增大，砖内弯剪应力及横向变形增大，砖内拉应力亦随之增大，则砌体强度将有较大的降低。在一般情况下，随着砂浆强度的减低，变形率同时增大，所以划分这两种因素的影响是很困难的。但轻砂浆变形率显然较大，其砌体强度较相同强度等级混合砂浆砌体的强度为低，所以对轻砂浆砌体强度应予降低（约 15%）。

3. 砂浆铺砌时的流动性

砂浆的流动性大，容易铺成厚度和密实性较均匀的灰缝，因而可减小上面所述的弯剪应力，亦即可以在某种程度上提高砌体的强度。采用混合砂浆代替水泥砂浆就是为了提高砂浆的流动性。纯水泥砂浆的流动性较差，所以纯水泥砂浆砌体强度应降低些（约 15%）。前苏联试验指出，纯水泥砂浆砌体强度降低为 13%，而湖南大学的试验所得，平均仅降低 5%[2.14]。随着水泥砂浆强度的提高，水泥的用量增加，水泥砂浆的流动性提高，这种不利影响将减少。但是也不能过高地估计砂浆流动性对砌体强度的有利影响，因为砂浆的流动性大，一般在硬化后的变形率亦大，所以在某些情况下，譬如过多地使用有机塑化剂，流动性虽增加，但变形率亦大，因而砌体的强度反而有较大的降低。因此，对不用石灰而加有机塑化剂的水泥砂浆砌体，其强度应予降低。最好的砂浆应当是有好的流动性，同时也有高的密实性。

4. 砌筑质量

从应力状态的分析中可见，水平灰缝的均匀性对砌体强度的影响很大，而砌筑质量的标志之一即为灰缝的质量，它包括灰缝的均匀性和饱满程度。《砌体结构工程施工质量验收规范》GB 50203—2011 中规定，水平灰缝的砂浆饱满度不得低于 80%。四川省建筑科学研究院的试验表明，当水平灰缝的砂浆饱满度为 73% 时，砌体强度可符合《规范》的规定值；当为 80% 时，砌体强度较《规范》规定值约提高 10%。湖南大学的试验表明，在保证质量的前提下，快速砌筑对砌体强度起着有利的影响，因为在砂浆硬化前砌体即受压，这可减轻灰缝中砂浆密实性不均匀的影响[2.15]。

5. 砖的形状及灰缝厚度

砖形状的规则程度显著地影响着砌体强度。当表面歪曲时将砌成不同厚度的灰缝，因而增加了砂浆铺砌层的不均匀性，引起较大的附加弯曲应力并使砖过早断裂。在一批砖中某些砖块的厚度不同时，将使灰缝的厚度不同而起很坏的影响。这种因素可使砌体强度降低达 25%。当砖的强度相同时，用灰砂砖和干压砖砌成的砌体，其强度高于一般用塑压砖砌成的砌体，因前者的形状较后者整齐。所以改善砖的这方面指标，也是制砖工业的重要任务之一。关于灰缝最适宜厚度的问题是与砖形状有密切联系的。试验指出，当采用形状规则、两面磨光的砖和石块，即使灰缝很薄，砌体强度亦很高，但是另一些试验表明，当采用表面具有一般不规则程度的砖时，砂浆主要起了减轻铺砌面不平影响的作用；而不用砂浆铺平的砌体，仅有极低的强度（约为砖强度的 6%）。用普通没有显著歪曲的砖砌筑的砌体，当灰缝较薄（1～2mm）时，砌体强度亦将有显著的降低。砖表面愈歪曲，其厚度亦愈不均匀，则灰缝厚度就应加大，以减轻砖厚度不均匀而产生的不利影响。但是随着灰缝厚度的增大，上面所述的一些不利的影响亦随之增加，因而又将降低砌体的强度。灰缝的标准厚度为 10～12mm。根据湖南大学的资料，当灰缝厚度由 8mm 增大至 16mm 时，砌体抗压强度将分别为标准厚度 10mm 的 1.11 及 0.77。

一批砖中混有不同强度的砖时也将影响砌体的强度。当强度差别很大时则砖的弹性性质亦将差别很大，因而在相同荷载下引起的不同的压缩变形，于是产生砖弯剪的条件，终于使砌体在较低荷载下破坏。在强度方面有很大差别的一批砖，其砌体强度较低，所以不应按砖的平均强度而应按砖的较低强度估计砌体强度。

砖的含水率也影响砌体抗压强度。湖南大学的试验指出，若用含水率为 10% 的砖砌筑的砌体抗压强度取为 1，则干燥的砖的砌体抗压强度为 0.8，可见施工中将砖湿水是很重要的。

此外，对砌体抗压强度还有一些较为次要的影响因素，例如搭缝方式、砂浆和砖的粘结力，以及竖向灰缝的填满程度等，在此不再详述。

在文献 [2.16]～[2.18] 中，作者将我国建立的砌体强度理论作一简要的总结，可供研究参考。

2.3.4 砌体轴心抗压强度计算公式

《规范》中规定，砌体抗压强度平均值 f_m 的计算公式为[2.1]：

$$f_m = k_1 f_1^\alpha (1 + 0.07 f_2) k_2 \tag{2-1}$$

式中 f_1——块体（砖、石、砌块）抗压强度等级值或平均值（MPa）；

f_2——砂浆抗压强度平均值（MPa）；

k_1、α、k_2——系数，按表 2-1 采取。

各类砌体轴心抗压强度平均值的计算系数   表 2-1

砌 体 种 类	k_1	α	k_2
烧结普通砖、烧结多孔砖	0.78	0.5	当 $f_2<1.0$ 时，$k_2=0.6+0.4 f_2$
混凝土普通砖、混凝土多孔砖	0.78	0.5	当 $f_2<1.0$ 时，$k_2=0.6+0.4 f_2$
蒸压灰砂普通砖、蒸压粉煤灰普通砖	0.78	0.5	当 $f_2<1.0$ 时，$k_2=0.6+0.4 f_2$
混凝土和轻集料混凝土砌块	0.46	0.9	当 $f_2=0$ 时，$k_2=0.8$
毛石	0.22	0.5	当 $f_2<2.5$ 时，$k_2=0.4+0.24 f_2$

注：1. k_2 在表列条件以外时均等于 1；
2. 式中 f_1 为块体（砖、石、砌块）的抗压强度等级值或平均值；f_2 为砂浆抗压强度平均值，单位均以 MPa 计；
3. 混凝土砌块砌体的轴心抗压强度平均值，当 $f_2 \geqslant 10$ MPa 时，应乘系数 $1.1-0.01 f_2$，MU20 的砌体应乘系数 0.95，且满足 $f_1 \geqslant f_2$，$f_1 \leqslant 20$ MPa。

从式 (2-1) 中可见，括号内系数 0.07 的量纲应为 $(MPa)^{-1}$，k_2 明显为 $\leqslant 1$ 的无量纲系数；f_m 为 f_1 的指数函数，而 f_m 的量纲应为 MPa，因此，k_1 应带量纲 $(MPa)^{-\alpha}$。

式 (2-1) 的特点是：

(1) 对各类砌体，公式的形式比较一致。

(2) 物理概念明确，例如砖、毛料石和料石砌体，由于 α 相同，砖石在砌体中强度的利用系数顺序为毛料石、砖、混凝土砌块、毛石；又 α 值愈大，同样表示其在砌体中强度的利用愈多。

(3) 引入 k_2 以考虑低强度砂浆时砌体强度的进一步降低，这与上节所述低强度砂浆时其变形率较大，因而还可能在块体内引起横向拉应力有关，这些对砌体抗压强度都将是不利的。

(4) 与国际标准比较接近。

(5) 按公式计算求得的砌体抗压强度变异系数与砌块和砂浆强度变异系数的关系更符合试验结果。

图 2-19 中示出国内试验的 80 组 1225 个砖试件和前民主德国试验的 24 组 72 个砖试件共 104 组 1297 个试件按 $f_m/\sqrt{f_1}-f_2$ 绘出的试验点；其中每个散点一般表示 3~6 个试件的平均值，但也有表示 20、50~159 个试件平均值的；例如原建工部建研院试验的有一组 159 个试件，在图中用另一符号示出其平均值试验点。对低强度砂浆砌体，其平均强度试验值除以 k_2 予以提高，这相当其计算值应乘以 k_2 予以降低。从图 2-19 可知，$f_m/\sqrt{f_1}$ 与 f_2 间有近似线性关系，可见对低强度砂浆引用 k_2 是正确的。

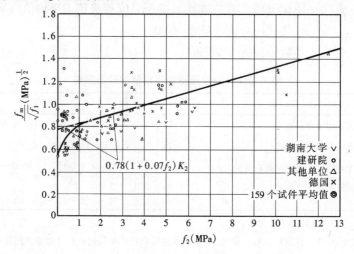

图 2-19　砌体轴心抗压强度试验点

验算给出平均 $f_m^t/f_m = 0.980$（上标 t 表示试验值，无上标 t 的表示计算值，以下同），变异系数 $\delta_t = 0.189$；根据砖和砂浆各自变异系数求得的 $\delta_t = 0.157$~0.173 大致相当，而在北京等 9 个城市统计的砖砌体抗压强度变异系数试验结果平均为 0.155。

§2.4　砌体轴心抗拉强度、弯曲抗拉强度和抗剪强度

2.4.1　砂浆和块体的粘结强度

砌体抗拉和抗剪强度大大低于其抗压强度。抗压强度主要取决于块体的强度。而在大多数情况下，轴心受拉、受弯和受剪破坏一般均发生于砂浆和块体的连接面上，因此轴心抗拉、抗弯和抗剪强度将决定于灰缝强度，亦即决定于灰缝中砂浆和块体的粘结强度。根据力的作用方向，粘结强度分为两类：法向粘结强度 S 和切向粘结强度 T。前者，力垂直作用于灰缝面，如图 2-20（a）所示；后者，力则平行于灰缝，如图 2-20（b）所示。由于粘结力与块体表面特征及其清洁程度

以及块体本身干湿（含水）程度等许多因素有关，因而粘结强度的分散性亦较大。但在正常情况下粘结强度值与砂浆强度 f_2 有关。由于法向粘结强度往往不易保证，所以在工程实践中不允许设计轴心受拉构件时利用法向粘结强度。

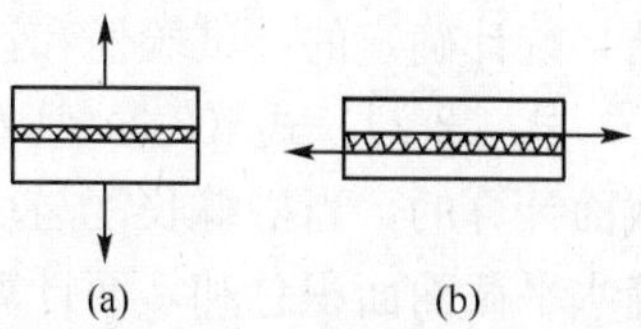

应当指出，砂浆和块体在水平灰缝内和在竖向灰缝内的粘结强度是不同的。在竖向灰缝内，一方面由于未能很好地填满砂浆，另一方面，由于砂浆硬化时的收缩而大大地削弱、至完全破坏二者的粘结。因此，在计算中对竖向灰缝的粘结强度不予考虑。在水平灰缝中，当砂浆在其硬化过程中收缩时，砌体发生不断的沉降，因此灰缝中砂浆和块体的粘结不仅未遭破坏，而且不断提高。

根据以上所述，在计算中仅考虑水平灰缝中的粘结强度。

图 2-20 砂浆和砖的粘结强度
(a) 法向粘结；(b) 切向粘结

2.4.2 砌体轴心抗拉、弯曲抗拉和抗剪强度计算公式

如 2.4.1 节所述，砌体轴心抗拉、弯曲抗拉、抗剪强度与砂浆强度有关。

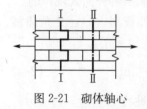

图 2-21 砌体轴心受拉破坏

砌体沿水平灰缝破坏时，可分为沿通缝截面和沿齿缝截面的破坏。因为通缝截面轴心抗拉强度很低，同时分散性也大，故如上所述不应设计沿通缝截面轴心受拉的构件。沿齿缝截面轴心受拉破坏将如图 2-21 中 I-I 截面所示。

砌体轴心抗拉、弯曲抗拉和抗剪强度的统一公式如下：

砌体轴心抗拉强度平均值 $f_{t,m} = k_3 \sqrt{f_2}$ (2-2)

砌体弯曲抗拉强度平均值 $f_{tm,m} = k_4 \sqrt{f_2}$ (2-3)

砌体抗剪强度平均值 $f_{v,m} = k_5 \sqrt{f_2}$ (2-4)

式中 k_3、k_4、k_5 如表 2-2 所示。[2.18],[2.19]

砌体轴心抗拉、弯曲抗拉和抗剪强度平均值的影响系数　　　表 2-2

砌体种类	$f_{t,m}=k_3\sqrt{f_2}$	$f_{tm,m}=k_4\sqrt{f_2}$		$f_{v,m}=k_5\sqrt{f_2}$
	k_3	k_4		k_5
		沿齿缝	沿通缝	
烧结普通砖、烧结多孔砖	0.141	0.250	0.125	0.125
混凝土普通砖、混凝土多孔砖	0.141	0.250	0.125	0.125
蒸压灰砂普通砖、蒸压粉煤灰普通砖	0.09	0.18	0.09	0.09
混凝土砌块	0.069	0.081	0.056	0.069
毛料石	0.075	0.113	—	0.188

表 2-2 中的系数 k_3、k_4、k_5 是根据国内对各类砌体总共 1378 个试件的试验

结果统计确定的，试验值和计算值之比平均为 1.02，变异系数为 0.184❶。

式 (2-2)、式 (2-3) 所确定的截面轴心抗拉强度和弯曲抗拉强度是按垂直截面计算的，当搭缝长度与块体高度之比小于 1 时，垂直截面面积大于破坏的齿缝水平截面面积总和，而计算仍按前者，则应将计算截面按上述比值折减。

毛石砌体总是沿齿缝弯曲破坏的，因此没有沿通缝弯曲抗拉强度。

§2.5 砌体的弹性模量、摩擦系数和线膨胀系数

2.5.1 砌体弹性模量

砖砌体为弹塑性材料，受压一开始，应力（σ）与应变（ε）即不呈直线变化。随着荷载的增加，变形增长逐渐加快。在接近破坏时荷载很少增加，变形急剧增长。所以对于砌体，其应力-应变关系是服从某种曲线规律的。

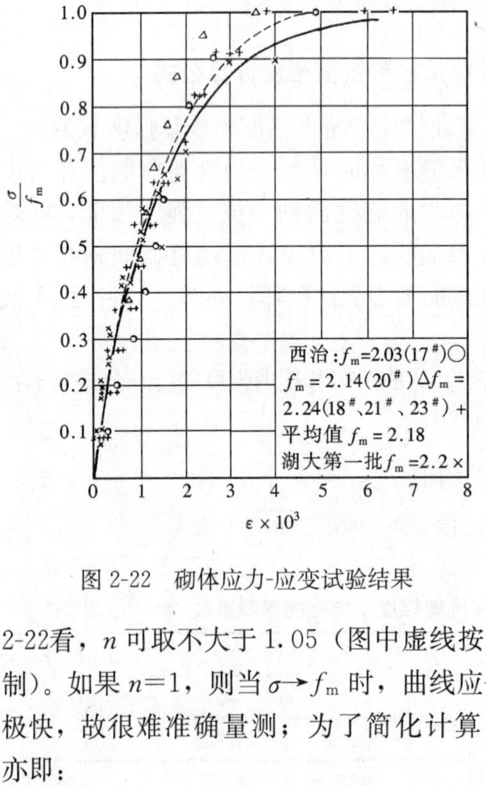

根据国内外资料，σ-ε 关系曲线可按下列对数规律采用：

$$\varepsilon = -\frac{n}{\zeta}\ln\left(1 - \frac{\sigma}{nf_\mathrm{m}}\right) \quad (2\text{-}5)$$

式中　ζ——弹性特征值；

　　　n——为 1 或略大于 1 的常系数。

在图 2-22 中给出湖南大学一组 4 个试件的量测结果和原西安冶金建筑学院（现西安建筑科技大学）试验的变形较小的 5 个试件量测结果。从图

图 2-22　砌体应力-应变试验结果

2-22 看，n 可取不大于 1.05（图中虚线按 $n=1.05$ 绘制，而实线则按 $n=1.0$ 绘制）。如果 $n=1$，则当 $\sigma \rightarrow f_\mathrm{m}$ 时，曲线应平行 ε 轴，但由于在破坏瞬间变形增长极快，故很难准确量测；为了简化计算，湖南大学资料中曾建议取 $n=1.0$，亦即：

$$\varepsilon = -\frac{1}{\zeta}\ln\left(1 - \frac{\sigma}{f_\mathrm{m}}\right) \quad (2\text{-}6)$$

由此可见，在相同应力与强度比 σ/f_m 的条件下，砌体的变形随弹性特征值

---

❶ 按文献 [2.18] 表 9 中砖砌体试验值加权平均。

ζ 的加大而降低。

从式（2-6）不难求得砌体切线弹性模量（如图 2-23 中 B 点）为：

$$E = \frac{d\sigma}{d\varepsilon} = \zeta f_m \left(1 - \frac{\sigma}{f_m}\right) \tag{2-7}$$

当 $\sigma/f_m = 0$ 时，从式（2-7）即得初始弹性模量：

$$E_0 = \zeta f_m \tag{2-8}$$

但是，如果取割线弹性模量（如图 2-23 中的割线 OA），即变形模量，当 $\sigma = 0.4 f_m$ 时，可得

$$E = \frac{\sigma}{\varepsilon} = \frac{0.4}{-\frac{1}{\zeta}\ln(0.6)} = 0.783 \zeta f_m$$

则
$$E = 0.8 \zeta f_m \tag{2-9}$$

比较式（2-8）和式（2-9），则可见：

$$E = 0.8 E_0 \tag{2-10}$$

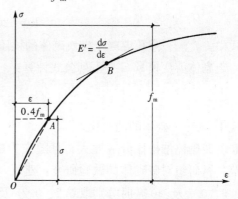

图 2-23 砌体应力-应变计算曲线

根据国外资料，对于砖砌体的变形，灰缝中砂浆变形是主要的，因此认为决定砌体变形的弹性特征值 ζ 主要与砂浆强度有关。

表 2-3 给出《规范》根据 f_2 确定的弹性模量，表中的常数值即相当 $0.8\zeta \frac{f_m}{f}$，此处 f 为砌体抗压设计强度。但是表 2-3 给出的值一般偏高些，试验也指明这点。关于 ζ 的取值问题，可参阅文献 [2.20]、[2.21]。

砌体的弹性模量 E (MPa)　　　　　　　　　表 2-3

砌体种类	砂浆强度等级			
	≥M10	M7.5	M5	M2.5
烧结普通砖、烧结多孔砖砌体	1600f	1600f	1600f	1390f
混凝土普通砖、混凝土多孔砖砌体	1600f	1600f	1600f	—
蒸压灰砂普通砖、蒸压粉煤灰普通砖砌体	1060f	1060f	1060f	960f
非灌孔混凝土砌块砌体	1700f	1600f	1500f	—
粗料石、毛料石、毛石砌体	—	5650	4000	2250
细料石砌体	—	17000	12000	6750

注：1. 轻骨料混凝土砌块砌体的弹性模量，可按表中混凝土砌块砌体的弹性模量采用；
　　2. 表中砌体抗压强度设计值不考虑调整系数 γ_a；
　　3. 表中砂浆为普通砂浆，采用专用砂浆砌筑的砌体弹性模量也按此表取值；
　　4. 对混凝土普通砖、混凝土多孔砖、混凝土和轻集料混凝土砌块砌体，表中的砂浆强度等级分别为：≥Mb10、Mb7.5 及 Mb5；
　　5. 对蒸压灰砂普通砖和蒸压粉煤灰普通砖砌体，当采用专用砂浆砌筑时，其强度设计值按表中数值采用。

对于石砌体，由于石材的弹性模量和强度远高于砂浆的弹性模量和强度，而

砌体的变形又主要取决于砂浆的变形，因此对于石砌体，其弹性模量仅按砂浆强度等级确定。

对于单排孔且对孔砌筑的混凝土砖块灌孔砌体，其弹性模量按下列公式计算：

$$E = 2000 f_g \tag{2-11}$$

式中　f_g——灌孔混凝土砌块砌体的抗压强度设计值。

砌体剪变模量 G 按下列公式计算：

$$G = \frac{E}{2(1+\nu)} \tag{2-12}$$

式中　ν——砌体的泊松比。

砖砌体泊松比分散性大，且随应力的增大而增大。根据《砌体结构设计规范》科研组对砖砌体的试验研究，建议：当 $\sigma/f_m \leqslant 0.5$ 时，取 $\nu=0.15$，$\sigma/f_m=0.6$、0.7 及 $\geqslant 0.8$ 时分别取 0.2、0.25 及 $0.3 \sim 0.35$ [2.22]。《规范》建议对各类砌体，剪变模量都可近似取 $0.4E$。

2.5.2　砌体摩擦系数和线膨胀系数

《规范》规定的砌体线膨胀系数和收缩率以及摩擦系数分别列于表 2-4 和表 2-5。收缩率主要是参考块体的收缩和国内已有的试验数据并参考 ISO/TC 179/SCI 的规定经分析确定的。

砌体的线膨胀系数和收缩率　　　　表 2-4

砌 体 类 别	线膨胀系数 ($10^{-6}/℃$)	收缩率 (mm/m)
烧结普通砖、烧结多孔砖砌体	5	-0.1
蒸压灰砂普通砖、蒸压粉煤灰普通砖砌体	8	-0.2
混凝土普通砖、混凝土多孔砖、混凝土砌块砌体	10	-0.2
轻集料混凝土砌块砌体	10	-0.3
料石和毛石砌体	8	—

注：表中的收缩率系由达到收缩允许标准的块体砌筑 28d 的砌体收缩率，当地方有可靠的砌体收缩试验数据时，亦可采用当地的试验数据。

摩 擦 系 数　　　　表 2-5

材 料 类 别	摩擦面情况	
	干燥的	潮湿的
砌体沿砌体或混凝土滑动	0.70	0.60
砌体沿木材滑动	0.60	0.50
砌体沿钢滑动	0.45	0.35
砌体沿砂或卵石滑动	0.60	0.50
砌体沿粉土滑动	0.55	0.40
砌体沿黏性土滑动	0.50	0.30

思 考 题

2.1 目前我国建筑工程中采用的块体材料有哪几类？

2.2 目前我国建筑工程中常用的砂浆有哪几类？它们的优缺点如何？对砂浆性能有何要求？

2.3 何谓砌体？目前我国建筑工程中常用的砌体有哪几类？

2.4 砖砌体轴心受压过程如何？其破坏特征如何？

2.5 砖在砌体中的受力状态如何？为什么砖砌体的抗压强度比单块砖的抗压强度低？

2.6 影响砌体抗压强度的主要因素有哪些？

2.7 为什么零号砂浆也能承受一定的荷载？

2.8 砌体抗压强度计算公式中考虑了哪些主要参数？

2.9 发生何种破坏形态时分别属于轴心受拉破坏、弯曲受拉破坏和受剪破坏？

2.10 影响砌体轴心抗拉强度、弯曲抗拉强度、抗剪强度的主要因素是什么？为什么对毛石砌体没有列出通缝截面的弯曲抗拉强度？

2.11 怎样确定砌体的弹性模量？影响砌体弹性模量的主要因素有哪些？

2.12 当单排孔混凝土砌块孔对孔砌筑时，灌孔砌体的抗压强度和通缝抗剪强度如何确定？

2.13 为什么在《砌体结构设计规范》中列入摩擦系数和线膨胀系数？

参 考 文 献

[2.1] 中华人民共和国国家标准. 砌体结构设计规范 GB 50003—2011 [S]. 北京：中国建筑工业出版社，2002：151.

[2.2] 江苏省建筑配件通用图集. KP1 型承重多孔砖及 KM1 型非承重空心砖砌体 [S]. 南京：江苏省工程建设标准设计站，1993：25.

[2.3] 中华人民共和国国家标准. 烧结空心砖和空心砌块 GB 13545—2003 [S]. 砖瓦. 2003 (6)：38～51.

[2.4] 高本立，仲黎明，王军. 新型建筑节能烧结页岩模数多孔砖 [J]. 砖瓦. 2002 (4)：33～35.

[2.5] 江苏页岩模数多孔砖建筑应用技术规程苏 JG/T 004—2002 [S]. 南京：2002：39.

[2.6] 江苏省建筑配件通用图集（试用图）. 页岩模数多孔砖（JYM 砖）建筑构造图集苏 J05—2002 [S]. 江苏省工程建设标准站. 2002：38.

[2.7] 丁大钧主编，丁大钧，蓝宗建等. 砌体结构学 [M]. 北京：中国建筑工业出版社，1997：400.

[2.8] 上海市建筑产品推荐性应用标准. 混凝土多孔砖建筑技术规程 DBJ/CT 009—2001

[S]. 上海:2001:23.

[2.9] 中华人民共和国行业标准. 混凝土小型空心砌块建筑技术规程 JGJ/T 14—2011 J361—2004. 北京:中国建筑工业出版社,2004.

[2.10] 顾陆忠,混凝土模卡砌块——全新概念墙体材料[J]. 住宅科技. 2002 (5):36~40.

[2.11] 江苏省建筑配件通用图集. 蒸压轻质加气混凝土(ALC)板构造图集,苏 J01—2002 [S]. 南京:上册,64;下册,82.

[2.12] С. А. Семенцов: Каменные конструкции [M]. 1953.

[2.13] 丁大钧. 简明砖石结构[M]. 上海:科学技术出版社,1957:187.

[2.14] 施楚贤. 影响砖砌体强度的几个因素[G]. 砌体结构研究论文集. 长沙:湖南大学出版社. 1989. 32~34.

[2.15] 陈行之,李跃. 砖砌体早期承受压应力对其抗压强度的影响[G]. 砌体结构研究论文集. 长沙:湖南大学出版社. 1989:45~50.

[2.16] 丁大钧. 砌体强度理论[J]. 建筑结构. 1998 (10):46~49,54.

[2.17] Ding Dajun. Semiempirical Theory of Masonry Strength [J]. Acta Technica Acad. Sci. Hung. 107 (3-4) 1995~1996 (delayed to be published in 1999):181~194.

[2.18] Ding Dajun. A Theory of Masonry Strength Based on Research in China [J]. Masonry International. Autumn. 2000 (2):35~40.

[2.19] 钱义良. 砌体的强度及其变异[G]. 砌体结构研究论文集. 长沙:湖南大学出版社,1989:14~25.

[2.20] 施楚贤. 砌体受压弹性模量[G]. 砌体结构研究论文集. 长沙:湖南大学出版社,1989:116~122.

[2.21] 丁大钧. 关于砌体弹性模量和稳定系数[J]. 建筑结构. 1998 (6):56~59.

[2.22] 侯汝欣. 砖砌体泊松比 ν 的试验研究[G]. 砌体结构研究论文集. 长沙:湖南大学出版社,1989:123~131.

第3章 砌体结构设计的计算方法

§3.1 历史的回顾

如第 1 章所述，砖石为一种古老的建筑材料。在 19 世纪，欧洲曾建造了各种砖石建筑物，特别是用砖石承重的多层房屋。起初砖石结构截面尺寸的确定完全是凭经验的，因此，其截面尺寸一般偏大。但是，也有少数建筑因截面尺寸偏小，以致安全储备不足而发生倒塌事故。而后，逐渐开始采用弹性理论的许可应力计算方法进行计算。

20 世纪 30 年代后期，前苏联已注意到按弹性理论的计算结果和试验结果不符合的问题，对偏心受压构件计算，开始采用了修正系数。至 20 世纪 40 年代初，前苏联规范（У57-43）正式规定采用破坏阶段设计计算方法[3.1]，1955 年颁布的前苏联规范（НиТУ120-55）又进一步改用三系数的按极限状态计算方法[3.2]。

我国 1952 年已开始参照前苏联（У57-43）规定，对偏心受压承载力计算采用修正系数以较正确地估算其承载力[3.3]，以后又采用破坏阶段和三系数的按极限状态计算方法[3.4]。

在三系数法中，对强度（确切地应为"承载力"）计算，采用了三个系数，即荷载系数 n、材料系数 k 和工作条件系数 m，以分别考虑结构的可能超载（当纵向力减小反为不利时则应考虑实际自重可能较标准重量偏低，即这时 $n<1$）、材料强度变异（降低）、工作条件的不同和计算假定的误差等，按下式进行计算：

$$N = \Sigma n N_k \leqslant \Phi(k f_k, m, s) \tag{3-1}$$

式中　N_k——在标准荷载下构件截面的最大内力；
　　　　Φ——符合构件受力特征的函数（压、拉、弯、剪等）；
　　　　f_k——材料的标准强度；
　　　　s——截面几何特征。

式（3-1）表示在外荷载下在构件中最大可能产生的内力应不大于构件的最小承载力。

在三系数的极限状态计算方法中，认为影响构件强度的各种因素都是可以统计的，例如材料强度系数是按下式确定的：

$$k = \frac{\mu - \alpha\sigma}{\mu} = \frac{f_k - \alpha\sigma}{f_k}$$

$$k = 1 - \alpha \frac{\sigma}{f_k} \tag{3-2}$$

式中 μ——材料平均强度；

σ——均方差；

α——特征可能最小强度的系数。

按照前苏联规范（H_иTy120—55）[3.2]，取 $\alpha=3$；当假定强度分布符合正态规律时，相应的保证率为 0.99865。

均方差 σ 按下式计算：

$$\sigma = \sqrt{\frac{\sum_{}^{n}(\mu_v - \mu)^2}{n}} \tag{3-3}$$

式中 μ_v——任一（或一组）试件的强度。

实际上，所有影响结构安全度的因素至少目前还很难都作为随机变量处理而加以统计的。

我国 1973 年颁布的《砖石结构设计规范》GBJ 3—73[3.5]规定，砖石结构设计计算应按材料平均强度的单一安全系数法（总安全系数法）进行，而安全系数 K 则是采取多系数分析，单一系数表达的半统计、半经验的方法确定的。对无筋砖石结构来说，因其主要为单一材料，取平均强度计算亦比较合理。因此，构件截面承载力可按下式计算：

$$KN \leqslant N_u \tag{3-4}$$

式中 N_u——构件截面承载力；

N——按标准荷载计算的构件截面的内力；

K——安全系数。

构件截面承载力 N_u 按根据破坏阶段试验结果所建立的经验公式进行计算，此时，材料强度取材料强度的平均值。

按单一安全系数法计算的优点，除安全系数的确定是按半统计、半经验的方法取得而较为合理外，同时有一个比较明确的安全系数值，计算也较简便。

我国 1988 年颁布的《砌体结构设计规范》GBJ 3—88[3.6]规定，和其他材料结构一样，根据国家颁布的《建筑结构设计统一标准》GB 68—84[3.7]规定，采用以近似概率理论为基础的极限状态设计方法。

我国 2002 年颁布的《砌体结构设计规范》GB 50003—2001[3.8]也是根据国家颁布的《建筑结构可靠度设计统一标准》GB 50068—2001[3.9]（规范 GBJ 68—84 的修订版）的规定，采取以近似概率理论为基础的极限状态设计方法。以下将《建筑结构可靠度设计统一标准》GB 50068—2001 简称为《统一标准》。

2011 年，我国又对《砌体结构设计规范》GB 50003—2001 进行了修订，颁布了《砌体结构设计规范》GB 50003—2011[3.8]。

§3.2 极限状态设计方法

3.2.1 结构的极限状态

整个结构物或结构物的一部分超过某一特定状态时就不能满足设计规定的某一功能要求，此特定状态称为该功能的极限状态。《统一标准》中规定，结构的极限状态分为两类：承载力极限状态和正常使用极限状态。

砌体结构应按承载能力极限状态设计，并满足正常使用极限状态的要求。根据砌体结构的特点，砌体结构正常使用极限状态要求，一般情况下可由相应的构造措施保证。

3.2.2 结构的作用效应 S 及结构抗力 R

(1) 作用和作用效应

结构上的作用分为直接作用和间接作用两种。直接作用是指施加在结构上的集中和分布荷载，如永久荷载和可变荷载（活荷载、风雪荷载等）。间接作用是指引起结构外加变形和约束变形，这些变形将使结构产生效应，如地震、地基沉降、混凝土收缩、温度变化、焊接等。因此，《统一标准》中术语"荷载"系指直接荷载。

结构上的作用，当按随时间的变异分类时，可分为：

1) 永久作用，在设计基准期内，其值不随时间变化或变化与平均值相比可以忽略不计，例如结构自重、土压力等。

2) 可变作用，在设计基准期内，其值随时间变化，且其变化与平均值相比不可忽略，例如楼面活荷载、风荷载和雪荷载等。

3) 偶然作用，在设计基准期内不一定出现，而一旦出现，其量值很大且持续时间很短，例如，地震、爆炸等。

作用对结构产生的效应（内力、变形等）称为结构的作用效应 S，因此，荷载对结构产生的效应称为荷载效应。由于荷载与荷载效应一般呈线性关系，故荷载效应可用荷载值乘以荷载效应系数来表达。

结构上的作用不但具有随机性，而且除永久作用外，一般还与时间参数有关，所以宜用随机过程概率模型来描述。因此结构作用效应 S 一般也宜用随机过程概率模型来描述。

(2) 结构抗力

结构抗力 R 是指结构或结构构件承受荷载和变形的能力，如结构构件的承载力、刚度等。结构的抗力是构件材料性能（指强度、弹性模量等物理力学性能）、集合参数以及计算模式的不定性函数。当不考虑材料性能随时间的变异时，结构抗力 R 为随机变量。

3.2.3 结构的可靠度和可靠指标

由于荷载效应 S 和结构抗力 R 的随机性，因而结构不满足或满足其功能要求的事件也是随机的。我们常把前一事件出现的可能性称为结构的"失效概率"，记为 p_f，而把后一事件出现的可能性称为结构的"保证率"或"成功率"，显然它与"失效概率"互补，即等于 $(1-p_f)$。所以说，结构在规定的时间内，在规定的条件下，完成预定功能的概率，称为结构的可靠度。因此，结构的可靠度是关于结构的可靠性（安全性、适用性和耐久性）的概率度量，比过去的"结构安全度"的提法确切。

结构的极限状态可用极限状态方程来表示。当只有两个基本变量即作用效应 S 和结构抗力 R 时，令[3.9]~[3.11]

$$Z = R - S \tag{3-5}$$

式中　S——单一的荷载效应或荷载效应组合相对最大值。

显然，当 $Z>0$ 时，结构可靠；$Z<0$ 时，结构失效；$Z=0$ 时，结构处于极限状态。

在图 3-1 中，$f_S(s)ds$ 为荷载效应 S 在 s 和 $s+ds$ 之间的概率，$F_R(s)$ 是抗力 $R<S$ 的概率。假定 R、S 互相独立，则两件事同时发生的概率为 $F_R(s)f_S(s)ds$。失效概率的物理意义是对于每一个荷载效应的可能值，当 S 在 s 和 $s+ds$ 之间时，抗力小于荷载效应的概率，

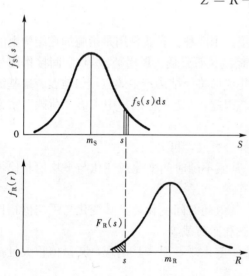

图 3-1　$f_S(s)$ 与 $F_R(s)$ 曲线

则将 $F_R(s)f_S(s)ds$ 在 s 全域内积分便得失效概率，即

$$p_f = \int_{-\infty}^{s} F_R(s) f_S(s) ds \tag{3-6}$$

计算失效概率最理想的方法，当然是已知上述概率密度函数，精确求解，这即为全概率法（又称水准Ⅲ）。但由于影响结构可靠性的因素十分复杂，至少目前还没有研究深透，所以理论上准确地计算失效概率是有困难的。因此，《统一标准》中规定采用近似概率法（又称水准Ⅱ）来计算失效概率，并规定采用可靠指标 β 代替失效概率来近似地估算结构的可靠度。可靠指标 β 是指 Z 的平均值 m_z 与标准差 σ_z 的比值，即：

$$\beta = \frac{m_z}{\sigma_z} \tag{3-7}$$

可以证明，β 与 p_f 具有一定的对应。表 3-1 表示了 β 与 p_f 在数值上的对应关系。

可靠指标 β 与失效概率 p_f 的对应关系　　　　3-1

β	2.7	3.2	3.7	4.2
p_f	3.4×10^{-3}	6.8×10^{-4}	1.0×10^{-4}	1.3×10^{-5}

可靠指标 β 与失效概率 p_f 的对应关系也可用图 3-2 表示。可以证明，假定 S 和 R 是互相独立的随机变量，且都服从于正态分布，则极限状态函数 $Z=R-S$ 亦服从正态分布，于是可得：

$$m_Z = m_R - m_S$$

$$\sigma_Z = \sqrt{\sigma_R^2 + \sigma_S^2}$$

则
$$\beta = (m_R - m_S)/\sqrt{\sigma_R^2 + \sigma_S^2} \tag{3-8}$$

式中　m_S、σ_S——结构构件作用效应的平均值和标准差；
　　　m_R、σ_R——结构构件抗力的平均值和标准差。

由式（3-8）可看出，可靠指标不仅与作用效应及结构抗力的平均值有关，而且与两者的标准差有关。m_R 与 m_S 相差愈大，β 也愈大，结构愈可靠，这与传统的安全系数概念是一致的；在 m_R 和 m_S 固定的情况下，σ_R 和 σ_S 愈小，即离散性愈小，β 就愈大，结构愈可靠，这是传统的安全系数无法反映的。

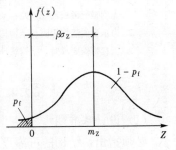

图 3-2　失效概率

在解决可靠性的定量尺度（即可靠指标）后，另一个必须解决的重要问题是选择结构的最优失效概率或作为设计依据的可靠指标，即目标可靠指标，以达到安全与经济上的最佳平衡。

目标可靠指标（又称设计可靠指标）可根据各种结构的重要性及失效后果以优化方法分析确定，也可采用类比法（协商给定法）或校准法确定。由于目前统计资料尚不完备，并考虑到标准和规范的继续性，《统一标准》采用了校准法。

校准法的实质就是在总体上接受原有各种设计规范规定的反映我国长期工程经验的可靠度水准，通过对原有规范的反演计算和综合分析，确定各种结构相应的可靠指标，从而制定出目标可靠指标。

根据对各种荷载效应组合情况以及各种结构构件大量的计算分析后,《统一标准》规定,对于一般工业与民用建筑,当结构构件属延性破坏时,目标可靠指标 β 取为 3.2,当结构构件属脆性破坏时,目标可靠指标 β 取为 3.7。

此外,《统一标准》根据建筑物的重要性,即根据结构破坏可能产生的后果(危及人的生命、造成经济损失、产生社会影响等)的严重性,将建筑物划分为三个安全等级,同时,《统一标准》规定,结构构件承载能力极限状态的可靠指标不应小于表 3-2 的规定。由表 3-2 可见,不同安全等级之间的 β 值相差 0.5,这大体上相当于结构失效概率相差一个数量级。

建筑物中各类结构构件的安全等级宜与整个结构的安全等级相同,对其中部分结构构件的安全等级,可根据其重要程度适当调整,但不得低于三级。

建筑结构的安全等级及结构构件承载能力极限状态的可靠指标　　表 3-2

建筑结构的安全等级	破坏后果	建筑物类型	结构构件承力极限状态的可靠指标	
			延性破坏	脆性破坏
一级	很严重	重要的房屋	3.7	4.2
二级	严重	一般的房屋	3.2	3.7
三级	不严重	次要的房屋	2.7	3.2

注:1. 延性破坏是指结构构件在破坏前有明显的变形或其他预兆;脆性破坏是指结构构件在破坏前无明显变形或其他预兆;
2. 当承受偶然作用时,结构构件的可靠指标应符合专门规范的规定;
3. 当有特殊要求时,结构构件的可靠指标不受本表限制。

3.2.4 设计基准期和设计使用年限

(1) 设计基准期

必须指出,结构的可靠度与使用期有关。这是因为设计中所考虑的基本变量,如荷载(尤其是可变荷载)和材料性能等,大多是随时间而变化的,因此,在计算结构可靠度时,必须确定结构的使用期,即设计基准期。换句话说,设计基准期是为确定可变作用及与时间有关的材料性能等取值而选用的时间参数。我国取用的设计基准期为 50 年。还须说明,当结构的使用年限达到或超过设计基准期后,并不意味着结构立即报废,而只意味着结构的可靠度将逐渐降低。

(2) 设计使用年限

设计使用年限是设计规定的结构或结构构件不需进行大修即可按其预定目的使用的时期。换句话说,在设计使用年限内,结构和结构构件在正常维护下应能保持其使用功能,而不需进行大修加固。结构的设计使用年限应按表 3-3 采用(详见《统一标准》)。若建设单位提出更高要求,也可按建设单位的要求确定。

设计使用年限分类   表3-3

类别	设计使用年限（年）	示例
1	1~5	临时性建筑
2	25	易于替换的结构构件
3	50	普通房屋和构筑物
4	100 及以上	纪念性建筑和特别重要的建筑结构

3.2.5 设计表达式

砌体结构按承载力极限状态设计时，采用较低的结构抗力 R 和较高的荷载效应 S。根据原有设计的各种结构的可靠度进行校准确定规范采用的可靠指标 β（例如，对脆性破坏结构，$\beta=3.7$），在各种标准值已给定的前提下选择最优的荷载分项系数和抗力分项系数，使设计表达式应是在考虑结构重要性调整后的荷载效应 S 应小于或等于结构抗力 R，即

$$\gamma_0 S \leqslant R \tag{3-9}$$

按照式（3-9），砌体结构按承载力极限状态设计时，应按下列公式中最不利组合进行计算：

$$\gamma_0 (1.2 S_{Gk} + 1.4 \gamma_L S_{Q1k} + \gamma_L \sum_{i=2}^{n} \gamma_{Qi} \psi_{ci} S_{Qik}) \leqslant R(f, a_k \cdots \cdots) \tag{3-10}$$

$$\gamma_0 (1.35 S_{Gk} + 1.4 \gamma_L \sum_{i=1}^{n} \psi_{ci} S_{Qik}) \leqslant R(f, a_k \cdots \cdots) \tag{3-11}$$

式中 γ_0——结构重要性系数，对安全等级为一级或设计使用年限为 50 年以上的结构构件，不应小于 1.1；对安全等级为二级或设计使用年限为 50 年的结构构件，不应小于 1.0；对安全等级为三级或设计使用年限为 1~5 年的结构构件，不应小于 0.9；

γ_L——结构构件的抗力模型不定性系数，对静力设计，考虑结构设计使用年限的荷载调整系数，设计使用年限为 50 年，取 1.0；设计使用年限为 100 年，取 1.1；

S_{Gk}——永久荷载标准值的效应；

S_{Q1k}——在基本组合中起控制作用的一个可变荷载标准值的效应；

S_{Qik}——第 i 个可变荷载标准值的效应；

$R(\cdot)$——结构构件的抗力函数；

γ_{Qi}——第 i 个可变荷载的分项系数；

ψ_{ci}——第 i 个可变荷载的组合值系数，一般情况下应取 0.7；对书库、档案库、储藏室或通风机房、电梯机房应取 0.9；

f——砌体强度设计值；

a_k——几何参数标准值。

砌体强度设计值按下式计算：

$$f = \frac{f_k}{\gamma_f} \tag{3-12}$$

$$f = \frac{f_m(1-1.645\delta_f)}{\gamma_f} \tag{3-13}$$

式中 f_k——砌体的强度标准值；

f_m——砌体的强度平均值；

δ_f——砌体强度变异系数；

γ_f——砌体结构的材料性能分项系数，一般情况下，宜按施工质量控制等级为 B 级考虑，取 1.6；当为 C 级时，取 1.8；当为 A 级时，取 1.5。

当砌体结构作为一个刚体，需验算整体稳定时，例如倾覆、滑移、漂浮等，应采取下列公式中最不利组合进行验算[3.8]、[3.12]：

$$\gamma_0\left(1.2S_{G2k} + 1.4\gamma_L S_{Q1k} + \sum_{i=2}^{n} S_{Qik}\right) \leqslant 0.8 S_{G1k} \tag{3-14}$$

$$\gamma_0\left(1.35 S_{G2k} + 1.4\gamma_L \sum_{i=1}^{n} \psi_{ci} S_{Qik}\right) \leqslant 0.8 S_{G1k} \tag{3-15}$$

式中 S_{G1k}——起有利作用的永久荷载标准值的效应；

S_{G2k}——起不利作用的永久荷载标准值的效应。

3.2.6 砌体强度设计值

按式（2-1）～式（2-4）分别算出砌体轴心抗压及轴心抗拉、弯曲抗拉和抗剪等平均强度 f_m 后，按式（3-13）即可确定其强度设计值 f。为了设计应用，在表 3-4～表 3-10 中列出龄期为 28d 的各类砌体的抗压强度设计值，在表 3-11 中列出砌体的轴心抗拉强度设计值、弯曲抗拉强度设计值和抗剪强度设计值。

烧结普通砖和烧结多孔砖砌体的抗压强度设计值（MPa） 表 3-4

砖强度等级	砂浆强度等级					砂浆强度
	M15	M10	M7.5	M5	M2.5	0
MU30	3.94	3.27	2.93	2.59	2.26	1.15
MU25	3.60	2.98	2.68	2.37	2.06	1.05
MU20	3.22	2.67	2.39	2.12	1.84	0.94
MU15	2.79	2.31	2.07	1.83	1.60	0.82
MU10	—	1.89	1.69	1.50	1.30	0.67

注：当烧结多孔砖的孔洞率大于 30% 时，表中数值应乘以 0.9。

混凝土普通砖和混凝土多孔砖砌体的抗压强度设计值 (MPa)　　表 3-5

砖强度等级	砂浆强度等级					砂浆强度
	Mb20	Mb15	Mb10	Mb7.5	Mb5	0
MU30	4.61	3.94	3.27	2.93	2.59	1.15
MU25	4.22	3.60	2.98	2.68	2.37	1.05
MU20	3.77	3.22	2.67	2.39	2.12	0.94
MU15	—	2.79	2.31	2.07	1.83	0.82

蒸压灰砂普通砖和蒸压粉煤灰普通砖砌体的抗压强度设计值 (MPa)　表 3-6

砖强度等级	砂浆强度等级				砂浆强度
	M15	M10	M7.5	M5	0
MU25	3.60	2.98	2.68	2.37	1.05
MU20	3.22	2.67	2.39	2.12	0.94
MU15	2.79	2.31	2.07	1.83	0.82

注：当采用专用砂浆砌筑时，其抗压强度设计值按表中数值采用。

单排孔混凝土砌块和轻集料混凝土砌块对孔砌筑砌体的抗压强度设计值 (MPa)

表 3-7

砌块强度等级	砂浆强度等级					砂浆强度
	Mb20	Mb15	Mb10	Mb7.5	Mb5	0
MU20	6.30	5.68	4.95	4.44	3.94	2.33
MU15	—	4.61	4.02	3.61	3.20	1.89
MU10	—	—	2.79	2.50	2.22	1.31
MU7.5	—	—	—	1.93	1.71	1.01
MU5	—	—	—	—	1.19	0.70

注：1. 对独立柱或厚度为双排组砌的砌块砌体，应按表中数值乘以 0.7；
　　2. 对 T 形截面墙体、柱，应按表中数值乘以 0.85。

对单排孔混凝土砌块对孔砌筑时，灌孔砌体的抗压强度设计值 f_g 应按下列方法确定：

(1) 混凝土砌块砌体的灌孔混凝土强度等级不应低于 Cb20，且不应低于 1.5 倍的块体强度等级。灌孔混凝土强度指标取同强度等级混凝土强度指标。

(2) 灌孔混凝土砌块砌体的抗压强度设计值 f_g 应按下列公式计算：

$$f_g = f + 0.6\alpha f_c \tag{3-16}$$

$$\alpha = \delta\rho \tag{3-17}$$

式中　f_g——灌孔混凝土砌块砌体的抗压强度设计值，该值不应大于未灌孔砌体抗压强度设计值的 2 倍；

　　　f——未灌孔混凝土砌块砌体的抗压强度设计值，应按表 3-7 采用；

　　　f_c——灌孔混凝土的轴心抗压强度设计值；

　　　α——混凝土砌块砌体中灌孔混凝土面积和砌体毛面积的比值；

δ——混凝土砌块的孔洞率;

ρ——混凝土砌块砌体的灌孔率,系截面灌孔混凝土面积和截面孔洞面积的比值,灌孔率应根据受力或施工条件确定,且不应小于33%。

双排孔或多排孔轻集料混凝土砌块砌体的抗压强度设计值 (MPa)　　表 3-8

砌块强度等级	砂浆强度等级			砂浆强度
	Mb10	Mb7.5	Mb5	0
MU10	3.08	2.76	2.45	1.44
MU7.5	—	2.13	1.88	1.12
MU5			1.31	0.78
MU3.5	—		0.95	0.56

注:1. 表中的砌块为火山渣、浮石和陶粒轻集料混凝土砌块;
  2. 对厚度方向为双排组砌的轻集料混凝土砌块砌体的抗压强度设计值,应按表中数值乘以 0.8。

毛料石砌体的抗压强度设计值 (MPa)　　表 3-9

毛料石强度等级	砂浆强度等级			砂浆强度
	M7.5	M5	M2.5	0
MU100	5.42	4.80	4.18	2.13
MU80	4.85	4.29	3.73	1.91
MU60	4.20	3.71	3.23	1.65
MU50	3.83	3.39	2.95	1.51
MU40	3.43	3.04	2.64	1.35
MU30	2.97	2.63	2.29	1.17
MU20	2.42	2.15	1.87	0.95

注:1. 对下列各类料石砌体,应按表中数值分别乘以系数:
　　细料石砌体　　1.4
　　粗料石砌体　　1.2
　　干砌勾缝石砌体　0.8。
  2. 本表适用于块体高度为 180～350mm 的毛料石砌体。

毛石砌体的抗压强度设计值 (MPa)　　表 3-10

毛石强度等级	砂浆强度等级			砂浆强度
	M7.5	M5	M2.5	0
MU100	1.27	1.12	0.98	0.34
MU80	1.13	1.00	0.87	0.30
MU60	0.98	0.87	0.76	0.26
MU50	0.90	0.80	0.69	0.23
MU40	0.80	0.71	0.62	0.21
MU30	0.69	0.61	0.53	0.18
MU20	0.56	0.51	0.44	0.15

龄期为28d的以毛截面计算的各类砌体的轴心抗拉强度设计值、弯曲抗拉强度设计值和抗剪强度设计值,当施工质量控制等级为B级时,应按表3-11采用。

沿砌体灰缝截面破坏时砌体的轴心抗拉强度设计值、
弯曲抗拉强度设计值和抗剪强度设计值(MPa)   表3-11

强度类别	破坏特征及砌体种类	砂浆强度等级			
		≥M10	M7.5	M5	M2.5
轴心抗拉 沿齿缝	烧结普通砖、烧结多孔砖	0.19	0.16	0.13	0.09
	混凝土普通砖、混凝土多孔砖	0.19	0.16	0.13	—
	蒸压灰砂普通砖、蒸压粉煤灰普通砖	0.12	0.10	0.08	—
	混凝土和轻集料混凝土砌块	0.09	0.08	0.07	
	毛石		0.07	0.06	0.04
弯曲抗拉 沿齿缝	烧结普通砖、烧结多孔砖	0.33	0.29	0.23	0.17
	混凝土普通砖、混凝土多孔砖	0.33	0.29	0.23	—
	蒸压灰砂普通砖、蒸压粉煤灰普通砖	0.24	0.20	0.16	—
	混凝土和轻集料混凝土砌块	0.11	0.09	0.08	
	毛石	—	0.11	0.09	0.07
沿通缝	烧结普通砖、烧结多孔砖	0.17	0.14	0.11	0.08
	混凝土普通砖、混凝土多孔砖	0.17	0.14	0.11	—
	蒸压灰砂普通砖、蒸压粉煤灰普通砖	0.12	0.10	0.08	—
	混凝土和轻集料混凝土砌块	0.08	0.06	0.05	
抗剪	烧结普通砖、烧结多孔砖	0.17	0.14	0.11	0.08
	混凝土普通砖、混凝土多孔砖	0.17	0.14	0.11	—
	蒸压灰砂普通砖、蒸压粉煤灰普通砖	0.12	0.10	0.08	—
	混凝土和轻集料混凝土砌块	0.09	0.08	0.06	
	毛石	—	0.19	0.16	0.11

注:1. 对于用形状规则的块体砌筑的砌体,当搭接长度与块体高度的比值小于1时,其轴心抗拉强度设计值 f_t 和弯曲抗拉强度设计值 f_{tm} 应按表中数值乘以搭接长度与块体高度比值后采用;
    2. 表中数值是依据普通砂浆砌筑的砌体确定,采用经研究性试验且通过技术鉴定的专用砂浆砌筑的蒸压灰砂普通砖、蒸压粉煤灰普通砖砌体,其抗剪强度设计值按相应普通砂浆强度等级砌筑的烧结普通砖砌体采用;
    3. 对混凝土普通砖、混凝土多孔砖、混凝土和轻集料混凝土砌块砌体,表中的砂浆强度等级分别为:≥Mb10、Mb7.5及Mb5。

单排孔混凝土砌块对孔砌筑时,灌孔砌体的抗剪强度设计值应按下式计算:

$$f_{vg} = 0.2 f_g^{0.55} \tag{3-18}$$

式中 f_g——灌孔砌体的抗压强度设计值(MPa)。

下列情况的各类砌体,其砌体强度设计值应乘以调整系数 γ_a:

(1) 对无筋砌体构件，其截面面积小于 0.3m² 时，γ_a 为其截面面积加 0.7。对配筋砌体构件，当其中砌体截面面积小于 0.2m² 时，γ_a 为其截面面积加 0.8。构件截面面积以"m²"计。

(2) 当砌体用强度等级小于 M5 的水泥砂浆砌筑时，对表 3-4～表 3-10 中的数值，γ_a 为 0.9；对表 3-11 中数值，γ_a 为 0.8。

(3) 当验算施工中房屋的构件时，γ_a 为 1.1。

注意：配筋砌体不允许采用 C 级。

施工阶段砂浆尚未硬化的新砌砌体的强度和稳定性，可按砂浆强度为 0 进行验算。

对于冬期施工采用掺盐砂浆法施工的砌体，砂浆强度等级按常温施工的强度等级提高一级时，砌体强度和稳定性可不验算。

配筋砌体不得用掺盐砂浆施工。

§3.3 耐 久 性 设 计

耐久性是指建筑结构在正常维护下，材料性能随时间变化，仍应能满足预定的功能要求。当块体材料耐久性不足时，在使用期间，会因风化、冻融等造成表面剥蚀。有时这种剥蚀相当严重，会直接影响到建筑物的强度和稳定性。

在选用块体材料、砂浆和钢材（钢筋和钢板等）时应本着因地制宜、就地取材、充分利用工业废料的原则，按建筑物对耐久性的要求、房屋的使用年限、房屋高度、砌体受力特点、工作环境和施工条件等各方面因素选用。

3.3.1 环 境 类 别

砌体结构耐久性的环境类别应根据表 3-12 确定。

砌体结构的环境类别 表 3-12

环境类别	条　件
1	正常居住及办公建筑的内部干燥环境
2	潮湿的室内或室外环境，包括与无侵蚀性土和水接触的环境
3	严寒和使用化冰盐的潮湿环境（室内或室外）
4	海水直接接触的环境，或处于滨海地区的盐饱和的气体环境
5	有化学侵蚀的气体、液体或固态形式的环境，包括有侵蚀性土壤的环境

3.3.2 砌体材料的耐久性规定

《规范》规定，设计使用年限为 50 年时，砌体材料的耐久性应符合下列规定：

(1) 地面以下或防潮层以下的砌体、潮湿房间的墙或环境类别 2 的砌体，所用材料的最低强度等级应符合表3-13的规定。

地面以下或防潮层以下砌体、潮湿房间的墙所用材料最低强度等级　表3-13

潮湿程度	烧结普通砖	混凝土普通砖、蒸压普通砖	混凝土砌块	石材	水泥砂浆
稍潮湿的	MU15	MU20	MU7.5	MU30	M5
很潮湿的	MU20	MU20	MU10	MU30	M7.5
含水饱和的	MU20	MU25	MU15	MU40	M10

注：1. 在冻胀地区，地面以下或防潮层以下的砌体，不宜采用多孔砖，如采用时，其孔洞应用不低于M10的水泥砂浆预先灌实。当采用混凝土空心砌块时，其孔洞应采用强度等级不低于Cb20的混凝土预先灌实；

2. 对安全等级为一级或设计使用年限大于50年的房屋，表中材料强度等级应至少提高一级。

(2) 处于环境类别3～5等有侵蚀性介质的砌体材料应符合下列规定：

1) 不应采用蒸压灰砂普通砖、蒸压粉煤灰普通砖；

2) 应采用实心砖，砖的强度等级不应低于MU20，水泥砂浆的强度等级不应低于M10；

3) 混凝土砌块的强度等级不应低于MU15，灌孔混凝土的强度等级不应低于Cb30，砂浆的强度等级不应低于Mb10；

4) 应根据环境条件对砌体材料的抗冻指标、耐酸、碱性能提出要求，或符合有关规范的规定。

3.3.3　钢材的耐久性规定

《规范》规定，设计使用年限为50年时，砌体中钢材的耐久性应符合下列规定：

(1) 当设计使用年限为50年时，砌体中钢筋的耐久性选择应符合表3-14的规定。

砌体中钢筋耐久性选择　表3-14

环境类别	钢筋种类和最低保护要求	
	位于砂浆中的钢筋	位于灌孔混凝土中的钢筋
1	普通钢筋	普通钢筋
2	重镀锌或有等效保护的钢筋	当采用混凝土灌孔时，可为普通钢筋；当采用砂浆灌孔时应为重镀锌或有等效保护的钢筋
3	不锈钢或有等效保护的钢筋	重镀锌或有等效保护的钢筋
4和5	不锈钢或等效保护的钢筋	不锈钢或等效保护的钢筋

注：1. 对夹心墙的外叶墙，应采用重镀锌或有等效保护的钢筋；

2. 表中的钢筋即为国家现行标准《混凝土结构设计规范》GB 50010和《冷轧带肋钢筋混凝土结构技术规程》JGJ 95等标准规定的普通钢筋或非预应力钢筋。

(2) 设计使用年限为50年时，砌体中钢筋的保护层厚度，应符合下列规定：

1) 配筋砌体中钢筋的最小混凝土保护层应符合表3-15的规定。

2) 灰缝中钢筋外露砂浆保护层的厚度不应小于15mm。

3) 所有钢筋端部均应有与对应钢筋的环境类别条件相同的保护层厚度。

4) 对填实的夹心墙或特别的墙体构造，钢筋的最小保护层厚度，应符合下列规定：

1) 用于环境类别1时，应取20mm厚砂浆或灌孔混凝土与钢筋直径较大者；

2) 用于环境类别2时，应取20mm厚灌孔混凝土与钢筋直径较大者；

3) 采用重镀锌钢筋时，应取20mm厚砂浆或灌孔混凝土与钢筋直径较大者；

4) 采用不锈钢筋时，应取钢筋的直径。

钢筋的最小保护层厚度　　　　　表3-15

环境类别	混凝土强度等级			
	C20	C25	C30	C35
	最低水泥含量（kg/m³）			
	260	280	300	320
1	20	20	20	20
2	—	25	25	25
3	—	40	40	30
4	—	—	40	40
5	—	—	—	40

注：1. 材料中最大氯离子含量和最大碱含量应符合现行国家标准《混凝土结构设计规范》GB 50010 的规定；

2. 当采用防渗砌体块体和防渗砂浆时，可以考虑部分砌体（含抹灰层）的厚度作为保护层，但对环境类别1、2、3，其混凝土保护层的厚度相应不应小于10mm、115mm和20mm；

3. 钢筋砂浆面层的组合砌体构件的钢筋保护层厚度宜比本表中规定的混凝土保护层厚度数值增加5mm～10mm；

4. 对安全等级为一级或设计使用年限为50年以上的砌体结构，钢筋保护层的厚度应至少增加10mm。

(3) 设计使用年限为50年时，夹心墙的钢筋连接件或钢筋网片、连接钢板、锚固螺栓或钢筋，应采用重镀锌或等效的防护涂层，镀锌层的厚度不应小于290g/m²；当采用环氯涂层时，灰缝钢筋涂层厚度不应小于290μm，其余部件涂层厚度不应小于450μm。

思 考 题

3.1 砌体结构承载能力极限状态设计表达式如何？它与混凝土结构承载能

力极限状态设计表达式有何异同？

3.2 砌体抗压强度等级的平均值、标准值和设计值的关系如何？

3.3 在什么情况下砌体强度应乘以调整系数 γ_a？

3.4 对于无筋砌体，为什么当构件截面面积小于 $0.3m^2$ 时，砌体强度设计值应乘以调整系数 γ_a？

3.5 为什么用低强度等级的水泥砂浆砌筑时砌体强度设计值应乘以调整系数 γ_a？

参 考 文 献

[3.1] Указаниях по применен-ию и проектирован-ию каменных и армокирпичных констрку-ций в условиях военного времени (У57-43) [S]. Москва. 1943.

[3.2] Нормы технические условия проектирования каменных и армокаменных конструкц-ий (НиТУ-120-55) [S]. Москва. 1955：82.

[3.3] 东北人民政府工业部. 建筑物结构设计暂行标准 [S]. 沈阳. 1952.

[3.4] 中华人民共和国建筑工程部. 砖石及钢筋砖石结构设计暂行规定（规程-2-55）[S]. 北京：建筑工程出版社, 1955：82.

[3.5] 中华人民共和国家标准. 砖石结构设计规范 GBJ 3—73 [S]. 北京：中国建筑工业出版社, 1973：62.

[3.6] 中华人民共和国家标准. 砌体结构设计规范 GBJ 3—88 [S]. 北京：中国建筑工业出版社, 1988：70.

[3.7] 中华人民共和国家标准. 建筑结构设计统一标准 GBJ 68—84 [S]. 北京：中国建筑工业出版社, 1984.

[3.8] 中华人民共和国家标准. 砌体结构设计规范 GB 50003—2011 [S]. 北京：中国建筑工业出版社, 2002.

[3.9] 中华人民共和国家标准. 建筑结构可靠度设计统一标准 GB 50068—2011 [S]. 北京：中国建筑工业出版社, 2001.

[3.10] 赵国藩, 曹居易, 张宽权. 工程结构可靠度 [M]. 北京：水利电力出版社, 1984：273.

[3.11] 丁大钧.《建筑结构设计新编》丛书之一, 砌体结构设计 [M]. 合肥：安徽科技出版社, 1997：112.

[3.12] 中华人民共和国家标准. 建筑结构荷载规范 GB 50009—2012 [S]. 北京：中国建筑工业出版社, 2012.

第4章 砌体结构的承载力计算

§4.1 受压构件

砌体结构在房屋结构中多用于墙、柱和基础等受压构件。试验结果表明，对于短粗的受压构件，当构件承受轴心压力时，从加荷到破坏，构件截面上的应力分布可视为均匀分布，破坏时截面所能承受的压应力可达到砌体的抗压强度。但是对于承受偏心压力的构件和长细比较大的细长构件，其承载力都将下降。因此，在研究受压构件承载力的计算方法之前，首先来分析一下轴向力偏心和构件长细比对砌体构件承载力的影响。

4.1.1 偏心影响系数 α_e

对于偏心受压构件，当偏心距不大时，全截面参加工作，应力图形呈曲线分布，即其丰满程度较直线分布时为大（图4-1a、b）。

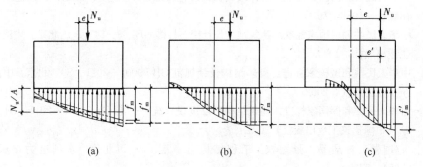

图 4-1 偏心受压构件截面应力状态
(a) 全截面受压；(b) 部分截面受拉、大部分截面受压；(c) 受拉区开裂

当偏心距加大，一旦截面受拉边的拉应力达到砌体沿通缝的弯曲抗拉强度时，即将出现水平（垂直于竖向力方向的）裂缝，使截面削弱，即实际受力截面面积减小，但和无筋砌体受弯时的情况有很大的不同。

在受弯时，即使承受的荷载不加大，这时剩余受力截面内产生的拉应力将比全截面工作时产生的拉应力大，因此，裂缝将迅速扩展而使构件发生脆性（突然的）破坏。当偏心受压时，对出现裂缝后的剩余受力截面，纵向力的偏心距将减小，由 e 变为 e'（图4-1c），故裂缝不至无限制发展以致使构件破坏，而是在剩余受力截面和减小的偏心距作用下达到新的平衡，这时压应力虽增大较多，但构件承载力仍未耗尽而可继续承受荷载。随荷载的不断增加,裂缝不断展开,旧平衡不断破坏而达到新的平衡,压应力也随着不断增大。当剩余受力截面减小到一定程度时,砌体受压边出现竖向裂缝,最后导致构件破坏。

此外,由于偏心受压时砌体极限变形值较轴心受压时增大,故这时的极限强度 f'_m 较轴心受压时 f_m 的极限强度有所提高,提高的程度随偏心距的增大而加大(图 4-1)。

由于上述的一系列特点,材料力学公式对砌体偏心受压是不适用的,它将偏低地估计砌体的承载力,特别是在偏心距较大时更是这样。

在图 4-1 中,虚线表示与破坏荷载 N_u 相平衡,按材料力学公式计算的应力图形,在图 4-1 (a)、(b) 中点画线表示按全截面面积计算的平均应力 N_u/A,此处,N_u 为偏心受压承载力,A 为截面面积;在图 4-1 (a) 中,双点画线表示边缘应力达 f_m 时,按材料力学公式计算的应力图形。不难看出,其相应的计算破坏荷载 N_{uc},将小于实际破坏荷载 N_u。

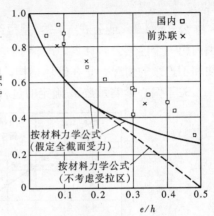

图 4-2 试验散点和按材料力学公式的计算曲线

在图 4-2 中绘出矩形截面时 N_u/f_mA 的一些试验点以及按材料力学公式的计算曲线。

根据材料力学公式,当按全截面参加工作时,其计算结果如图 4-2 中的实线所示。当不考虑砌体受拉强度时,其计算结果如图 4-2 中的虚线所示。

从图 4-2 中可看出,试验值均高于按材料力学公式的计算值。这表明按材料力学公式不能正确地估算砌体偏心受压时的承载力。

令 $\dfrac{N_u}{f_mA}=\alpha_e$,$\alpha_e$ 称为偏心影响系数,即偏心受压承载力与轴心受压承载力(f_mA)的比值。

图 4-3 所示为国内对常遇的矩形、T 形、十字形和环形截面的偏心受压试验结果以及国外对矩形和 T 形截面偏心受压的一些试验结果。从图 4-3 中的试验点可见,偏心影响系数 α_e 和 e/i(偏心距 e 与截面回转半径 i 之比)或 e/h(偏心距 e 与截面厚度 h 之比)大致成某种曲线关系。根据试验结果,《规范》规定,α_e 按下式计算:

$$\alpha_e = \dfrac{1}{1+(e/i)^2} \tag{4-1}$$

对于矩形截面,公式(4-1)可改写为:

$$\alpha_e = \frac{1}{1+12(e/h)^2} \tag{4-2}$$

按公式（4-1）计算的曲线如图 4-3 中粗实线所示，可见和试验结果的总趋势是符合的。

对 T 形和十字形截面，可按公式（4-1）计算，也可按公式（4-2）计算。当按公式（4-2）计算时，应采用折算厚度 λ_T（可取 $\lambda_T = 3.5i$，i 为回转半径）代替 h。

公式（4-1）或公式（4-2）是很简单的。在容许偏心距（参看 4.1.3 节）范围内用一个连续公式计算，改善了过去按偏心距大小分别用两个公式计算的不方便和不连续的情况，是在砌体结构计算上的一项较大的进展。

关于偏心影响系数 α_e 确定的过程，在文献 [4.1] 中作了简要介绍。

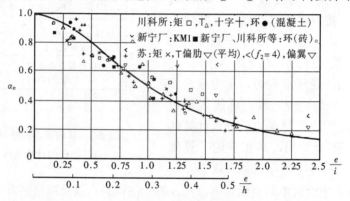

图 4-3 偏心影响系数 α_e

4.1.2 稳定系数 φ_0

由于构件轴线的弯曲，截面材料的不均匀和荷载作用偏离重心轴（此处，指物理重心轴）以及其他原因等，在长细比较大的受压构件内，即使轴心受压，也往往产生一定的挠度（侧移），因而产生相应的附加应力（弯曲压力）。

根据欧拉公式，临界应力为：

$$\sigma_{cri} = \pi^2 E \left(\frac{i}{H_0}\right)^2 \tag{4-3}$$

式中 E——弹性模量；

H_0——砌体构件的计算高度。

临界应力随弹性模量的增大而增大，但随柔度 $\lambda = H_0/i$ 的增大而很快降低。

对于砌体，由于砌体弹性模量为变数，随应力的增大而降低，当应力达到临界应力时，此时的弹性模量 E' 已较弹性模量 E 有较大程度的降低，因此，按欧拉公式计算临界应力时，砌体弹性模量应按 E' 采取。如果按公式（2-7）采取，

则可得

$$\sigma_{\mathrm{cri}} = \pi^2 E' \left(\frac{i}{H_0}\right)^2 = \frac{\pi^2 \zeta f_{\mathrm{m}}(1-\sigma_{\mathrm{cri}}/f_{\mathrm{m}})}{\lambda^2}$$

式中 λ ——构件长细比,即 H_0/i。

因此可得

$$\frac{\sigma_{\mathrm{cri}}}{f_{\mathrm{m}}} = \frac{\pi^2 \zeta}{\lambda^2}(1-\sigma_{\mathrm{cri}}/f_{\mathrm{m}}) \tag{4-3a}$$

令 $\sigma_{\mathrm{cri}}/f_{\mathrm{m}}=\varphi_0$,则 φ_0 称为砌体构件受压时的稳定系数。由式(4-3a)可得

$$\varphi_0 = \frac{1}{1+\frac{1}{\pi^2 \zeta}\lambda^2} \tag{4-4}$$

在砌体结构中,构件的长细比常用高厚比 β 表示。高厚比是指砌体构件(墙、柱)的计算高度 H_0 与墙厚或柱截面的边长的比值,即 $\beta=H_0/h_0$。对矩形截面,$\lambda^2=12\beta^2$,则

$$\varphi_0 = \frac{1}{1+\frac{12}{\pi^2 \zeta}\beta^2} \tag{4-4a}$$

令 $\alpha=12/\pi^2\zeta$,则得

$$\varphi_0 = \frac{1}{1+\alpha\beta^2} \tag{4-5}$$

式中 α——与砂浆强度等级有关的系数,当砂浆强度等级大于等于 M5 时,$\alpha=0.0015$,当砂浆强度等级等于 M2.5 时,$\alpha=0.002$;当砂浆强度等级等于 0 时,$\alpha=0.009$。

对 T 形截面,也可采用公式(4-5)进行计算,但应以折算厚度 h_T(即 $h_T=3.5i$)代替 h。

4.1.3 基本计算公式

我们已分别讨论了偏心影响系数 α_e 和轴心受压构件的稳定系数 φ_0。对于偏心受压的长柱,在计算承载力时,应如何考虑这两方面的影响呢?

根据上述讨论,《规范》采用一个系数 φ 来综合考虑高厚比 β 和轴向力偏心对受压构件承载力的影响,物理概念更清楚,计算也更简单。写成极限状态的计算公式时,可得:

$$N \leqslant \varphi f A \tag{4-6}$$

式中 N——轴向力设计值;

φ——构件高厚比 β 和轴向力的偏心距 e 对受压构件承载力的影响系数(以下简称影响系数);

f——砌体的抗压强度设计值,见表 3-4~表 3-9。

A——截面面积,对各类砌体均应按毛截面计算;对带壁柱墙,其翼缘宽度的计算见本书第5.3.2节(即按《规范》[4.2]第4.2.8条采用)。

影响系数φ是考虑在偏心荷载下长柱由于纵向弯曲引起的挠度,即轴向力的附加偏心距来确定的。当$\beta \leqslant 3$时,$\varphi_0=1$,影响系数φ即为偏心影响系数α,如公式(4-1)所示,亦即以φ表达时为:

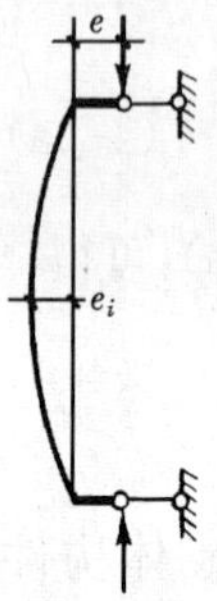

$$\varphi = \frac{1}{1+\left(\frac{e}{i}\right)^2} \quad (4-7)$$

当长柱时,其偏心距(图4-4)为[4.3]:

$$e' = e + e_i$$

式中 e_i——附加偏心距。

图4-4 偏心受压构件计算图形

则

$$\varphi = \frac{1}{1+\frac{(e+e_i)^2}{i^2}} \quad (4-7a)$$

当$e=0$时,应有$\varphi=\varphi_0$,此处φ_0即为轴心受压时的稳定系数,如公式(4-5)所示,在此称为轴心受压稳定系数。

附加偏心距可根据下列边界条件确定,即当$e=0$时,$\varphi=\varphi_0$,则

$$\frac{1}{1+\frac{e_i^2}{i^2}} = \varphi_0$$

$$\left(\frac{e_i}{i}\right)^2 = \frac{1}{\varphi_0} - 1$$

故得

$$e_i = i\sqrt{\frac{1}{\varphi_0} - 1} \quad (4-8)$$

将公式(4-8)代入公式(4-7a),可得

$$\varphi = \frac{1}{1+\frac{\left[e+i\left(\frac{1}{\varphi_0}-1\right)^{\frac{1}{2}}\right]^2}{i^2}} \quad (4-9)$$

式中,e、i及φ_0都是已知值。

如以$i=h/\sqrt{12}$及将按公式(4-5)表达的φ_0代入公式(4-8),则得

$$e_i = h\beta\sqrt{\frac{\alpha}{12}} \quad (4-10)$$

将公式(4-10)式入公式(4-9),则有[4.3]:

$$\varphi = \frac{1}{1+12\left[\frac{e}{h}+\sqrt{\frac{1}{12}\left(\frac{1}{\varphi_0}-1\right)}\right]^2} \quad (4-11)$$

《规范》规定,当 $\beta \leqslant 3$ 时,取 $\varphi_0=1$,于是公式(4-11)可简化为:

$$\varphi = \frac{1}{1+12\left(\dfrac{e}{h}\right)^2} \tag{4-11a}$$

必须指出,《规范》规定,轴向力偏心距 e 应按内力设计值计算,并不应超过 $0.6y$,y 为截面重心轴到轴向力所在偏心方向截面边缘的距离。

公式(4-11)较复杂,因此规范中根据不同砂浆强度等级给出3个系数表,这些系数表见表 4-1(a)~表 4-1(c)。

影响系数 φ(砂浆强度等级≥M5)　　　　表 4-1(a)

β	$\dfrac{e}{h}$ 或 $\dfrac{e}{h_T}$						
	0	0.025	0.05	0.075	0.1	0.125	0.15
≤3	1	0.99	0.97	0.94	0.89	0.84	0.79
4	0.98	0.95	0.90	0.85	0.80	0.74	0.69
6	0.95	0.91	0.86	0.81	0.75	0.69	0.64
8	0.91	0.86	0.81	0.76	0.70	0.64	0.59
10	0.87	0.82	0.76	0.71	0.65	0.60	0.55
12	0.82	0.77	0.71	0.66	0.60	0.55	0.51
14	0.77	0.72	0.66	0.61	0.56	0.51	0.47
16	0.72	0.67	0.61	0.56	0.52	0.47	0.44
18	0.67	0.62	0.57	0.52	0.48	0.44	0.40
20	0.62	0.57	0.53	0.48	0.44	0.40	0.37
22	0.58	0.53	0.49	0.45	0.41	0.38	0.35
24	0.54	0.49	0.45	0.41	0.38	0.35	0.32
26	0.50	0.46	0.42	0.38	0.35	0.33	0.30
28	0.46	0.42	0.39	0.36	0.33	0.30	0.28
30	0.42	0.39	0.36	0.33	0.31	0.28	0.26

β	$\dfrac{e}{h}$ 或 $\dfrac{e}{h_T}$					
	0.175	0.2	0.225	0.25	0.275	0.3
≤3	0.73	0.68	0.62	0.57	0.52	0.48
4	0.64	0.58	0.53	0.49	0.45	0.41
6	0.59	0.54	0.49	0.45	0.42	0.38
8	0.54	0.50	0.46	0.42	0.39	0.36
10	0.50	0.46	0.42	0.39	0.36	0.33
12	0.47	0.43	0.39	0.36	0.33	0.31
14	0.43	0.40	0.36	0.34	0.31	0.29
16	0.40	0.37	0.34	0.31	0.29	0.27
18	0.37	0.34	0.31	0.29	0.27	0.25
20	0.34	0.32	0.29	0.27	0.25	0.23
22	0.32	0.30	0.27	0.25	0.24	0.22
24	0.30	0.28	0.26	0.24	0.22	0.21
26	0.28	0.26	0.24	0.22	0.21	0.19
28	0.26	0.24	0.22	0.21	0.19	0.18
30	0.24	0.22	0.21	0.20	0.18	0.17

影响系数 φ（砂浆强度等级 M2.5） 表 4-1（b）

β	$\frac{e}{h}$ 或 $\frac{e}{h_T}$						
	0	0.025	0.05	0.075	0.1	0.125	0.15
≤3	1	0.99	0.97	0.94	0.89	0.84	0.79
4	0.97	0.94	0.89	0.84	0.78	0.73	0.67
6	0.93	0.89	0.84	0.78	0.73	0.67	0.62
8	0.89	0.84	0.78	0.72	0.67	0.62	0.57
10	0.83	0.78	0.72	0.67	0.61	0.56	0.52
12	0.78	0.72	0.67	0.61	0.56	0.52	0.47
14	0.72	0.66	0.61	0.56	0.51	0.47	0.43
16	0.66	0.61	0.56	0.51	0.47	0.43	0.40
18	0.61	0.56	0.51	0.47	0.43	0.40	0.36
20	0.56	0.51	0.47	0.43	0.39	0.36	0.33
22	0.51	0.47	0.43	0.39	0.36	0.33	0.31
24	0.46	0.43	0.39	0.36	0.33	0.31	0.28
26	0.42	0.39	0.36	0.33	0.31	0.28	0.26
28	0.39	0.36	0.33	0.30	0.28	0.26	0.24
30	0.36	0.33	0.30	0.28	0.26	0.24	0.22

β	$\frac{e}{h}$ 或 $\frac{e}{h_T}$					
	0.175	0.2	0.225	0.25	0.275	0.3
≤3	0.73	0.68	0.62	0.57	0.52	0.48
4	0.62	0.57	0.52	0.48	0.44	0.40
6	0.57	0.52	0.48	0.44	0.40	0.37
8	0.52	0.48	0.44	0.40	0.37	0.34
10	0.47	0.43	0.40	0.37	0.34	0.31
12	0.43	0.40	0.37	0.34	0.31	0.29
14	0.40	0.36	0.34	0.31	0.29	0.27
16	0.36	0.34	0.31	0.29	0.26	0.25
18	0.33	0.31	0.29	0.26	0.24	0.23
20	0.31	0.28	0.26	0.24	0.23	0.21
22	0.28	0.26	0.24	0.23	0.21	0.20
24	0.26	0.24	0.23	0.21	0.20	0.18
26	0.24	0.22	0.21	0.20	0.18	0.17
28	0.22	0.21	0.20	0.18	0.17	0.16
30	0.21	0.20	0.18	0.17	0.16	0.15

影响系数 φ（砂浆强度 0） 表 4-1 (c)

β	$\frac{e}{h}$ 或 $\frac{e}{h_T}$						
	0	0.025	0.05	0.075	0.1	0.125	0.15
≤3	1	0.99	0.97	0.94	0.89	0.84	0.79
4	0.87	0.82	0.77	0.71	0.66	0.60	0.55
6	0.76	0.70	0.65	0.59	0.54	0.50	0.46
8	0.63	0.58	0.54	0.49	0.45	0.41	0.38
10	0.53	0.48	0.44	0.41	0.37	0.34	0.32
12	0.44	0.40	0.37	0.34	0.31	0.29	0.27
14	0.36	0.33	0.31	0.28	0.26	0.24	0.23
16	0.30	0.28	0.26	0.24	0.22	0.21	0.19
18	0.26	0.24	0.22	0.21	0.19	0.18	0.17
20	0.22	0.20	0.19	0.18	0.17	0.16	0.15
22	0.19	0.18	0.16	0.15	0.14	0.14	0.13
24	0.16	0.15	0.14	0.13	0.13	0.12	0.11
26	0.14	0.13	0.13	0.12	0.11	0.11	0.10
28	0.12	0.12	0.11	0.11	0.10	0.10	0.09
30	0.11	0.10	0.10	0.09	0.09	0.09	0.08

β	$\frac{e}{h}$ 或 $\frac{e}{h_T}$					
	0.175	0.2	0.225	0.25	0.275	0.3
≤3	0.73	0.68	0.62	0.57	0.52	0.48
4	0.51	0.46	0.43	0.39	0.36	0.33
6	0.42	0.39	0.36	0.33	0.30	0.28
8	0.35	0.32	0.30	0.28	0.25	0.24
10	0.29	0.27	0.25	0.23	0.22	0.20
12	0.25	0.23	0.21	0.20	0.19	0.17
14	0.21	0.20	0.18	0.17	0.16	0.15
16	0.18	0.17	0.16	0.15	0.14	0.13
18	0.16	0.15	0.14	0.13	0.12	0.12
20	0.14	0.13	0.12	0.12	0.11	0.10
22	0.12	0.12	0.11	0.10	0.10	0.09
24	0.11	0.10	0.10	0.09	0.09	0.08
26	0.10	0.09	0.09	0.08	0.08	0.07
28	0.09	0.08	0.08	0.08	0.07	0.07
30	0.08	0.07	0.07	0.07	0.07	0.06

为了考虑不同种类砌体受力性能的差异，在计算影响系数 φ 或查用表 4-1 (a)～表 4-1 (c) 时，构件高厚比 β 应按下列公式进行修正：

对矩形截面

$$\beta = \gamma_\beta \frac{H_0}{h} \qquad (4-12)$$

对 T 形截面

$$\beta = \gamma_\beta \frac{H_0}{h_T} \qquad (4-13)$$

式中 β——高厚比；

γ_β——不同砌体的高厚比修正系数，按表 4-2 采用。

高厚比修正系数 γ_β　　　　　　表 4-2

砌体材料类别	γ_β
烧结普通砖、烧结多孔砖	1.0
混凝土普通砖、混凝土多孔砖、混凝土及轻集料混凝土砌块	1.1
蒸压灰砂普通砖、蒸压粉煤灰普通砖、细料石	1.2
粗料石、毛石	1.5

注：对灌孔混凝土砌块，γ_β 取 1.0。

必须注意，对矩形截面构件，当轴向力偏心方向的截面边长大于另一边方向的边长时，除按偏心受压计算外，还应对较小边长方向按轴心受压进行验算。

4.1.4 双向偏心受压

对无筋砌体矩形截面双向偏心受压构件（图 4-5），承载力可按下式计算：

$$\varphi = \cfrac{1}{1+12\left[\left(\cfrac{e_b+e_{ib}}{b}\right)^2+\left(\cfrac{e_h+e_{ih}}{h}\right)^2\right]} \quad (4\text{-}14)$$

$$e_{ib} = \cfrac{b}{\sqrt{12}}\sqrt{\cfrac{1}{\varphi_0}-1}\left\{\cfrac{\cfrac{e_b}{h}}{\cfrac{e_b}{b}+\cfrac{e_h}{h}}\right\} \quad (4\text{-}15)$$

$$e_{ih} = \cfrac{h}{\sqrt{12}}\sqrt{\cfrac{1}{\varphi_0}-1}\left\{\cfrac{\cfrac{e_h}{b}}{\cfrac{e_b}{b}+\cfrac{e_h}{h}}\right\} \quad (4\text{-}16)$$

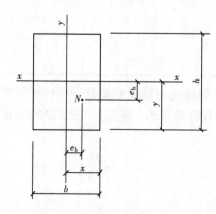

图 4-5 双向偏心受压

式中 e_b、e_h——轴向力在截面重心 x 轴、y 轴方向的偏心距，e_b、e_h 宜分别不大于 $0.5x$ 和 $0.5y$；

x、y——自截面重心沿 x 轴、y 轴至轴向力所在偏心方向截面边缘的距离；

e_{ib}、e_{ih}——轴向力在截面重心 x 轴、y 轴方向的附加偏心距。

当一个方向的偏心率（e_b/b 或 e_h/h）不大于另一个方向偏心率的 5% 时，可简化为按另一个方向的单向偏心受压构件进行计算。

按上述方法计算，与湖南大学 48 根短柱和 30 根长柱的双向偏心受压试验结果比较 P_{ut}/P_{uc}（下脚码 u 表示极限承载力，t、c 分别为试验和计算），对短柱，平均比值为 1.236，对长柱为 1.329，其变异系数分别为 0.163 和 0.225。此外，试验表明，当 $e_b > 0.3b$ 和 $e_h > 0.3h$ 时，随着荷载的增加，砌体内水平裂缝和竖向裂缝几乎同时产生，甚至水平裂缝较竖向裂缝出现早。因而设计双向偏心受压构件时，对偏心距的限值较单向偏心受压时偏心距的限值规定得小些是必要的。分析还表明，当一个方向的偏心率（如 e_b/b）不大于另一个方向的偏心率（如 e_h/h）的 5% 时，可简化按另一方向的单向偏心受压（如 e_h/h）计算，其承载力的误差小于 5%。

4.1.5 计 算 示 例

【例 4-1】 截面尺寸为 490mm×620mm 的砖柱，采用强度等级为 MU15 的蒸压灰砂普通砖和 M5 砂浆砌筑，柱在两个主轴方向的计算长度 $H_0 = 7m$，承受轴心压力设计值 $N = 360$kN。试验算柱截面是否安全？

【解】

1. 求 f 值

从表 3-6 查得砌体抗压强度设计值 $f = 1.83$MPa。

$$A = 0.49 \times 0.62 = 0.3038 \text{m}^2 > 0.3\text{m}^2 \quad \gamma_a = 1$$

2. 求 φ 值

$$\beta = \gamma_\beta \frac{H_0}{h} = 1.2 \times \frac{7000}{490} = 17.2$$

查表 4-1（a）得 $\varphi = 0.69$。

3. 验算

$\varphi A f = 0.69 \times 0.3038 \text{m}^2 \times 1.83 \times 10^3 \text{kN/m}^2 = 383.6$kN > 360kN（满足要求）

【例 4-2】 某刚性方案的多层房屋中，一厚 190mm 的承重内横墙，采用 MU5 单排孔且对孔砌筑的小型混凝土空心砌块（390mm×190mm×190mm）和 Mb5 砂浆砌筑；双面石灰粗砂粉刷墙。作用在底层墙顶的荷载设计值为 118kN/m，横墙计算高度 $H_0 = 3.42$m。试验算其承载力。

【解】

1. 计算底部截面上的轴向压力设计值

取 1m 墙长为计算单元，已知 190mm 空心混凝土砌体双面石灰粗砂粉刷的荷载标准值为 2.92kN/m^2（从荷载规范查得混凝土空心砌块自重为 11.8kN/m^3，单面石灰粗砂粉刷重 0.34kN/m^2，则 $11.8\times 0.19+2\times 0.34=2.92\text{kN/m}^2$）。按永久荷载效应控制的组合，取永久荷载分项系数 $\gamma_G=1.35$。墙底自重设计值为

$$1.35\times 3.5\text{m}\times 2.92\text{kN/m}^2 = 13.80\text{kN/m}$$

底层墙下部截面上的轴向压力设计值为：

$$N=118+13.80=131.80\text{kN/m}$$

2. 求 f 值

从表 3-7 查得 $\qquad f=1.19\text{MPa}$

3. 求 φ 值

从表 4-2 查得 $\gamma_\beta=1.1$，则

$$\beta=\gamma_\beta\frac{H_0}{h}=1.1\times\frac{3.42}{0.19}=19.8$$

从表 4-1（a）查得 $\qquad \varphi=0.625$

4. 验算受压承载力

$$N_u=\varphi A f=0.625\times 0.19\times 1\times 1.19\times 10^3=141.3\text{kN/m}>N$$
$$=131.8\text{kN/m} \quad (\text{满足要求})$$

【例 4-3】 截面为 500mm×600mm 的单排孔且对孔砌筑的小型轻集料混凝土空心砌块柱，采用 MU15 砌块和 Mb7.5 砂浆砌筑，设在截面两个主轴方向的柱计算高度相同，即 $H_0=5.2\text{m}$，该柱承受的荷载设计值 $N=380\text{kN}$，在长边方向的偏心距 $e=100\text{mm}$。试验算其承载力。

【解】

1. 验算偏心方向受压承载力

$$\frac{e}{h}=\frac{0.1}{0.6}=0.167$$

$$\beta=1.1\times\frac{5.2}{0.6}=9.54$$

由表 4-1（a）查得 $\qquad \varphi=0.53$

$$A=0.5\times 0.6=0.3\text{m}^2$$

查表 3-7 得 $\qquad f=3.61\text{MPa}$

按表 3-7 中的规定，对于独立柱，其 f 值应乘以系数 0.7，则抗压强度设计值为

$$f=0.7\times 3.61=2.53\text{MPa}$$

则 $N_u=\varphi f A=0.53\times 2.53\times 0.3\times 10^3=402.2\text{kN}>N=380\text{kN}$ （满足要求）

2. 验算出平面方向轴心受压承载力

$$\beta=1.1\times\frac{5.2}{0.5}=11.44$$

查表 4-1（a）得 $\varphi=0.834$。

$N_u = \varphi A f = 0.834 \times 0.3 \times 2.53 \times 10^3 = 633\text{kN} > N = 380\text{kN}$ （满足要求）

实际上当求得的 $\varphi=0.834>0.53$ 后，即可知满足承载力要求。

【例 4-4】 试验算一单层单跨无吊车工业房屋窗间墙截面（图 4-6）的承载力，计算高度 $H_0=10.5\text{m}$，墙用 MU10 烧结多孔砖及 M2.5 水泥砂浆砌筑，承受轴向力设计值 $N=360\text{kN}$，荷载设计值产生的偏心距 $e=120\text{mm}$，且偏向翼缘方向。

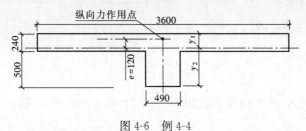

图 4-6 例 4-4

【解】

1. 计算折算厚度 h_T

$$A = 3.6 \times 0.24 + 0.5 \times 0.49 = 1.109\text{m}^2$$

$$y_1 = \frac{3.6 \times 0.24 \times 0.12 + 0.49 \times 0.5 \times 0.49}{1.109} = 0.202\text{m}$$

$$e = 120\text{mm} < 0.6y_1 = 121\text{mm}$$

$$y_2 = 0.5 + 0.24 - 0.202 = 0.538\text{m}$$

$$I = \frac{3.6 \times 0.24^3}{12} + 3.6 \times 0.24 \times (0.202 - 0.12)^2 + \frac{0.49 \times 0.5^3}{12}$$
$$+ 0.49 \times 0.5 \times (0.538 - 0.25)^2 = 0.03536\text{m}^4$$

$$i = \sqrt{\frac{I}{A}} = \sqrt{\frac{0.03536}{1.109}} = 0.1786\text{m}$$

$$h_T = 3.5i = 3.5 \times 0.1786 = 0.625\text{m}$$

2. 计算 φ 值

$$\beta = \gamma_\beta \frac{H_0}{h_T} = 1.0 \times \frac{10.5}{0.625} = 16.8$$

$$\frac{e}{h_T} = \frac{0.12}{0.625} = 0.192$$

由表 4-1（b）查得 $\varphi=0.33$。

3. 计算 f 值

查表 3-4，得 $f=1.30\text{MPa}$，因系采用水泥砂浆砌筑，$\gamma_a=0.90$，取 $f=0.9\times 1.30=1.17\text{MPa}$。

4. 验算承载力

$N_u = \varphi f A = 0.33 \times 1.17 \times 1.109 \times 10^3 = 428.2\text{kN} > N = 360\text{kN}$ （满足要求）

【例 4-5】 假定截面尺寸和采用材料与例 4-4 相同，但荷载作用点位于肋部，

偏心距 $e=250$mm，试验算该截面能否承受原定轴向力设计值 $N=360$kN？

【解】

$$e = 250\text{mm} < 0.6y_2 = 0.6 \times 538 = 322.8\text{mm} \quad (\text{满足要求})$$

A、β、f 与例 4-4 相同，即 $A=1.109\text{m}^2$，$\beta=16.8$，$f=1.17$MPa，仅计算 φ 值即可。

此时 $\dfrac{e}{h_T}=\dfrac{250}{625}=0.4$，从表 4-1（b）中查不到 φ 值（超出表中的范围），应按公式（4-11）计算，即

$$\varphi = \cfrac{1}{1+12\left[\cfrac{e}{h}+\sqrt{\cfrac{1}{12}\left(\cfrac{1}{\varphi_0}-1\right)}\right]^2}$$

式中 $\varphi_0=\dfrac{1}{1+a\beta^2}$，砂浆强度等级为 M2.5 时，取 $a=0.002$，则

$$\varphi_0 = \frac{1}{1+0.002 \times 16.8^2} = 0.639$$

则

$$\varphi = \cfrac{1}{1+12\times\left[0.4+\sqrt{\cfrac{1}{12}\left(\cfrac{1}{0.639}-1\right)}\right]^2} = 0.180$$

$N_u=\varphi fA=0.180\times 1.17\times 1.109\times 10^3 = 233.6kN<N=360$kN（不满足，应采取措施）

采用 MU20 烧结多孔砖、M5 砂浆，$f=0.9\times 2.12=1.91$MPa，此时 $\varphi_0=0.703$，$\varphi=0.194$。

$N_u=\varphi fA=0.194\times 1.91\times 1.109\times 10^3 = 410.9kN>N=360$kN （满足要求）

【例 4-6】 240mm 厚承重内墙采用强度等级为 MU10 的蒸压粉煤灰普通砖和强度等级为 M5 的砂浆砌筑，其余条件同例 4-2，底层下部截面荷载设计值为 235kN/m。试验算轴心受压承载力。

【解】

由例 4-2 已知：$H_0=3.42$m，亦取 1m 墙长为计算单元。

从表 3-4 查得 $f=1.50$MPa

$\beta=1.2\times\dfrac{3.42}{0.24}=17.10$

从表 4-1（a）查得 $\varphi=0.694$

$N_u=\varphi fA=0.694\times 1.50\times 0.24\times 1\times 10^3=250.0kN>N=235$kN/m （满足要求）

【例 4-7】 条件与例 4-3 相同，不同点是双向偏心受压，$N=320$kN，作用点偏心距为 $e_b=0.2\times 600=120$mm，$e_h=0.15\times 500=75$mm。试验算其承载力。

【解】

$$\varphi_{0b} = \frac{1}{1+a\beta^2} = \frac{1}{1+0.0015\times 9.54^2} = 0.88$$

$$\varphi_{0h} = \frac{1}{1+a\beta^2} = \frac{1}{1+0.0015 \times 11.44^2} = 0.84$$

$$e_{ib} = \frac{b}{\sqrt{12}} \sqrt{\frac{1}{\varphi_{0b}} - 1} \left[\frac{e_b/b}{e_b/b + e_h/h} \right] = \frac{600}{\sqrt{12}} \sqrt{\frac{1}{0.88} - 1} \times \left[\frac{0.2}{0.2+0.15} \right] = 36.52 \text{mm}$$

$$e_{ih} = \frac{h}{\sqrt{12}} \sqrt{\frac{1}{\varphi_{0h}} - 1} \left[\frac{e_h/h}{e_b/b + e_h/h} \right] = \frac{500}{\sqrt{12}} \sqrt{\frac{1}{0.84} - 1} \times \left[\frac{0.15}{0.2+0.15} \right] = 26.97 \text{mm}$$

$$\varphi = \frac{1}{1 + 12 \times \left[\left(\frac{e_b + e_{ib}}{b}\right)^2 + \left(\frac{e_h + e_{ih}}{h}\right)^2 \right]}$$

$$= \frac{1}{1 + 12 \times \left[\left(\frac{156.52}{600}\right)^2 + \left(\frac{101.97}{500}\right)^2 \right]} = 0.432$$

$N_u = \varphi f A = 0.432 \times 2.53 \times 0.3 \times 10^3 = 327.8 \text{kN} > N = 320 \text{kN}$ （满足要求）

§4.2 局 部 受 压

4.2.1 局部均匀受压

在砌体局部面积 A_l 上施加均匀压力时，这种受力状态称为局部均匀受压。这时，按局部面积计算的抗压强度 f_l 被大大地提高了。一般认为这是由"套箍强化"作用所引起的结果，即由于四面未直接承受荷载的砌体，对中间局部荷载下的砌体的横向变形起着箍束作用，使产生三向应力状态，因而大大提高了其抗压强度。试验表明，这种提高的局部抗压强度，有时可较砌体轴心抗压强度大数倍，甚至高于块体强度。试验中可发现，当砖砌体局部受压时，直接位于原钢垫板（模拟实际工程中为刚度很大的上部结构）下的砌体虽系局部受力，但由于钢垫板的有效约束，这部分强度被更大提高，试验中未观察到钢垫板下的砖有被压碎现象，砖断裂是在其下1～2皮砖内发生（断裂荷载接近破坏荷载）。计算分析也表明，最大横向拉应力也是发生在局部受压处下面[4.4]。破坏时贯通试件的裂缝中部最宽，两端最窄，也就是破坏是发生在构件内，而不是在局部荷载接触面积中。这样，由于砖的搭缝，在1～2皮砖下荷载实际已扩散到未直接受荷载的面积内。量测表明，在2～3皮砖的下面，在局部受压面积外的砌体产生一定的压缩变形，表明压力已经扩散。

因此，我们认为，强度的提高除套箍作用外，还可能部分是由力的扩散作用所引起，是值得研究的[4.5]。

《规范》建议，砌体局部均匀受压承载力按下列公式计算：

$$N_l = \gamma f A_l \tag{4-17}$$

式中　N_l——局部受压面积上的轴向力设计值;

　　　γ——砌体局部抗压强度提高系数;

　　　f——砌体抗压强度设计值,局部受压面积小于 0.3m^2,可不考虑强度调整系数 γ_a 的影响;

　　　A_l——砌体局部受压面积。

根据对工程中常遇到的墙段中部、角部、端部局部受压所做系统试验的结果,《规范》建议,γ 可按下式计算(图 4-7):

$$\gamma = 1 + 0.35\sqrt{\frac{A_0}{A_l} - 1} \tag{4-18}$$

式中　A_l——砌体局部受压面积;

　　　A_0——影响砌体局部抗压强度的计算面积。

A_0 可按下列规定采用(图 4-8):

(1) 在图 4-8 (a) 的情况下,$A_0 = (a+c+h) h$

(2) 在图 4-8 (b) 的情况下,$A_0 = (b+2h) h$

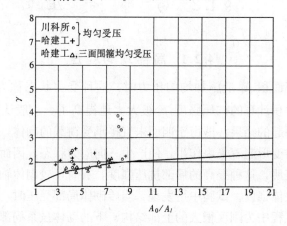

图 4-7　局部抗压强度试验与计算结果

(3) 在图 4-8 (c) 的情况下,$A_0 = (a+h) h + (b+h_1-h) h_1$

(4) 在图 4-8 (d) 的情况下,$A_0 = (a+h) h$

此处,a、b 为矩形局部受压面积 A_l 的边长;h、h_1 为墙厚或柱的较小边长、墙厚;c 为矩形局部受压面积的外边缘至构件边缘的较小距离,当大于 h 时,应取为 h。

公式(4-18)的物理意义是明确的,即第一项为局部受压面积本身砌体的抗压强度;第二项是非局部受压面积(A_0-A_l)所提供的侧向压力箍束作用和压力扩散作用的综合影响。

为了避免 A_0/A_l 大于某一限值时会出现危险的劈裂破坏,对 γ 应规定上限。

(1) 对图 4-8 (a) 的情况,$\gamma \leqslant 2.50$;

(2) 对图 4-8 (b) 的情况,$\gamma \leqslant 2.00$;

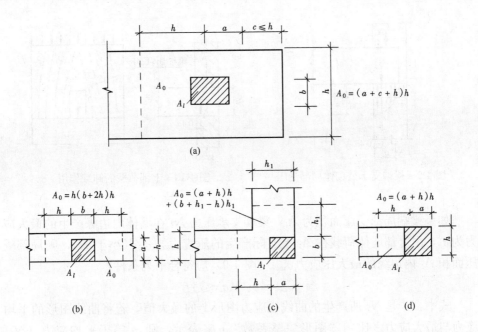

图 4-8 影响局部抗压强度的面积 A_0
(a) 情况 (1) ($\gamma \leqslant 2.5$); (b) 情况 (2) ($\gamma \leqslant 2.0$); (c) 情况 (3) ($\gamma \leqslant 1.5$);
(d) 情况 (4) ($\gamma \leqslant 1.25$)

(3) 对图 4-8 (c) 的情况，$\gamma \leqslant 1.50$；

(4) 对图 4-8 (d) 的情况，$\gamma \leqslant 1.25$。

对多孔砖砌体和按《规范》要求灌孔的（详见《规范》第 6.2.12 条和 6.2.13 条）混凝土砌块砌体，对 (1)、(2)、(3) 情况，尚应符合 $\gamma \leqslant 1.5$。对未灌孔混凝土砌块砌体，$\gamma = 1.0$。

4.2.2 梁端局部受压

梁端支承处砌体局部受压时，梁在荷载作用下发生弯曲变形，由于梁端的转动，使梁端下砌体的局部受压呈现非均匀受压状态，应力图形为曲线，最大压应力在支座内边缘处（图 4-9）[4.6]。

梁端下砌体除承受梁端作用的局部压力 N_l 外，还有上部墙体荷载作用产生的压力 N_0（其在梁端支承处产生的压应力为 σ_0，即 $\sigma_0 = N_0/A_l$）。当梁上荷载较大时，梁端下砌体产生较大压缩变形，则梁端顶部与上面墙体的接触面减小，甚至有脱开的可能（图 4-10）。这时砌体形成了内拱结构，原来由上部墙体传给梁端支承面上的压力将通过内拱作用传给梁端周围的砌体。这种内拱作用随着 σ_0 的增加而逐渐减少，因为 σ_0 较大时，上部墙体的压缩变形增大，梁端顶部与上部砌体的接触面就大，内拱作用相应减小。

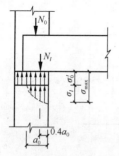
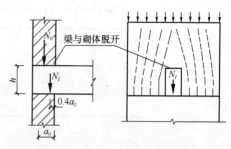

图 4-9 梁端支承处砌体局部受压　　　图 4-10 上部荷载的卸载作用

如果梁端局部受压面积为 A_l，梁端支承压力 N_l 在墙体内边缘产生的最大应力为 σ_l，由上部墙体荷载在 A_l 上实际产生的压应力为 σ'_0（小于 σ_0），则局部受压面积 A_l 内边缘的最大压应力 σ_{max}（图 4-9）应符合下列条件：

$$\sigma_{max} = \sigma'_0 + \sigma_l \leqslant \gamma f$$

式中，σ_l 是 N_l 所产生的曲线压应力图形上的最大值，若将曲线图形的平均应力与最大应力之比用"图形完整系数"η 来表示，则 σ_l 等于平均应力（N_l / A_l）除以 η，于是有

$$\sigma'_0 + \frac{N_l}{\eta A_l} \leqslant \gamma f$$

即
$$\eta \sigma'_0 A_l + N_l \leqslant \eta \gamma f A_l$$

由于上述的内拱作用，$\sigma'_0 < \sigma_0$，则可近似取 $\eta \sigma'_0 A_l = \psi \sigma_0 A_l = \psi N_0$，于是可得到梁端支承处砌体的局部受压承载力计算公式为：

$$\psi N_0 + N_l \leqslant \eta \gamma f A_l \tag{4-19}$$

$$\psi = 1.5 - 0.5 \frac{A_0}{A_l} \tag{4-20}$$

$$N_0 = \sigma_0 A_l \tag{4-21}$$

$$A_l = a_0 b \tag{4-22}$$

式中　ψ——上部荷载的折减系数，当 $\frac{A_0}{A_l} \geqslant 3$ 时，取 $\psi = 0$；

N_l——梁端支承压力设计值（N）；

N_0——局部受压面积内上部轴向力设计值（N）；

σ_0——上部平均压应力设计值（N/mm²）；

η——梁端底面压应力图形的完整系数，应取 0.7，对于过梁和墙梁应取 1.0；

A_l——局部受压面积（mm²）；

a_0——梁端有效支承长度（mm），当 a_0 大于 a 时，应取 a_0 等于 a；

a——梁端实际支承长度（mm）；

b——梁的截面宽度（mm）。

当梁端转动时，梁端支承处末端将翘起，使梁的有效支承长度 a_0 小于梁的

实际支承长度 a，从而减小了梁端支承处砌体的有效受压面积。因此，为了确定 A_l，必须求得 a_0。

关于梁端有效支承长度 a_0，由梁端的应力状态可得（图4-11）：

$$\eta\sigma_l b a_0 = N_l \tag{4-23}$$

式中　b——梁宽；

σ_l、N_l——分别为梁端压应力最大值和梁端支承压力。

按温克勒弹性地基梁理论，σ_l 可按下式计算：

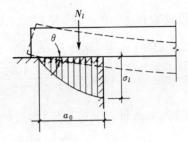

图 4-11　梁端局部受压

$$\sigma_l = k y_{max} \tag{4-23a}$$

式中　k——基床系数；

y_{max}——墙边缘受压变形（沉降）。

y_{max} 可近似按下式计算：

$$y_{max} = a_0 \tan\theta \tag{4-23b}$$

式中　$\tan\theta$——梁变形时，梁端轴线倾角的正切。

将公式（4-23a）和公式（4-23b）代入公式（4-23），则有

$$a_0 = \sqrt{\frac{N_l}{\eta k b \tan\theta}} \tag{4-24}$$

根据原哈尔滨建筑工程学院（现为哈尔滨工业大学）所进行的 7 组 20 根试件量测值的分析，发现 $\eta k/f_m$ 比较接近常数。为了简化计算，考虑到砌体的塑性变形等影响，取 $\eta k/f_m = 3.55\text{cm}^{-1[4.7]}$，则得

$$a_0 = \sqrt{\frac{N_l}{3.55 b f_m \cdot \tan\theta}} \text{ (cm)} \tag{4-24a}$$

式（4-24a）中力 N_l 的单位仍取 kg，平均强度 f_m 的单位取 kg/cm²，b 的单位取 cm。按式（4-24a）验算给出平均值 $a_0^t/a_0 = 0.991$，变异系数 $\delta_t = 0.214$。

当 N_l 的单位化为 kN，强度单位化为 MPa，b 的单位为 mm，而平均强度 f_m 与设计强度的关系为 $f_m = 1.5f/0.72 = 2.0833f$，代入式（4-24a），则有

$$a_0 = \sqrt{\frac{\frac{1000}{9.80665} \times N_l}{3.55 \times \frac{bf}{10} \times \frac{2.0833}{0.0980665 \tan\theta}}}$$

$$= 3.68 \sqrt{\frac{N_l}{bf\tan\theta}} \text{ (cm)} = 37\sqrt{\frac{N_l}{bf\tan\theta}} \text{(mm)}$$

则

$$a_0 = 37\sqrt{\frac{N_l}{bf\tan\theta}} \leqslant a \tag{4-24b}$$

式中 a_0 按 mm 计，N_l 按 kN 计，b 按 mm 计算，f 按 MPa 计算，a 为梁实

际支承长度。

对均匀荷载的简支梁，如果混凝土为C20，考虑钢筋混凝土梁出现裂缝后，近似地取刚度 $B = 0.3E_cI_c = 0.3 \times 2.55 \times 10^4 I_c = 0.765 \times 10^4 \times \frac{1}{12}bh_c^3 = 637.5bh_c^3 \text{N} \cdot \text{mm}^2$，此处 b、h_c（h_c 为钢筋混凝土梁的截面高度）按 mm 计，则

$$\tan\theta = \frac{ql_0^3 \times 1000}{24 \times 0.3E_cI_c} = \frac{1000ql_0^3}{24 \times 637.5bh_c^3} = \frac{ql_0^3}{15.3bh_c^3}$$

q 按 kN/mm 计，l_0 按 mm 计，$N_l = \frac{ql_0}{2}$；代入式（4-24b），即得

$$a_0 = 37\sqrt{\frac{ql_0/2}{bf \cdot \frac{ql_0^3}{15.3bh_c^3}}} = 37\sqrt{\left(\frac{h_c}{l_0}\right)^2 \frac{7.65h_c}{f}}$$

$$= 37 \times 2.766 \times \frac{h_c}{l_0}\sqrt{h_c/f} = 102.3\frac{h_c}{l_0}\sqrt{h_c/f}$$

假定 $\frac{h_c}{l_0} = \frac{1}{10}$，则得

$$a_0 = 10.2\sqrt{h_c/f}$$

于是《规范》建议，对于跨度小于 6m 的钢筋混凝土梁，a_0 按下式计算：

$$a_0 = 10\sqrt{\frac{h_c}{f}} \quad (\text{mm}) \tag{4-25}$$

在计算荷载传至下部砌体的偏心距时，对屋盖，假定 N_l 的作用点距墙的内面为 $0.33a_0$，对楼盖为 $0.4a_0$。

4.2.3 梁下设置刚性垫块

为了扩大局部受压面积，或当壁柱较厚时，为了避免使梁和屋架只搁置在较厚的壁柱上而未伸入墙内，必须设置刚性垫块（对后一情况未设置刚性垫块，曾发生过一起严重质量事故，其原因是多种的，但这也是重要原因之一，故需特别注意）。

刚性垫块可设置于梁端下面（图 4-12、图 4-13），也可与梁端整浇（图 4-14）。

刚性垫块的构造应符合下列规定：

（1）刚性垫块的高度不宜小于 180mm，自梁边算起的垫块挑出长度不宜大于垫块高度 t_b（图 4-12）。

（2）在带壁柱墙的壁柱内设置刚性垫块时（图 4-13），由于翼缘部分多数位于压力较小处，翼缘部分参加工作的程度有限，因此在计算 A_0 时，只取壁柱范围内的面积，而不应计算翼缘部分，同时壁柱上垫块伸入翼墙内的长度不应小于 120mm。

（3）当现浇垫块与梁端整体浇筑时，垫块可在梁高内设置（图 4-14）。

试验结果表明（原哈尔滨建筑工程学院的试验），垫块面积以外的砌体仍能提供有利的影响，但考虑到垫块底面压应力的不均匀性，对垫块下砌体局部抗压强度提高系数将予以折减，偏安全地取 $\gamma_1 = 0.8\gamma$。

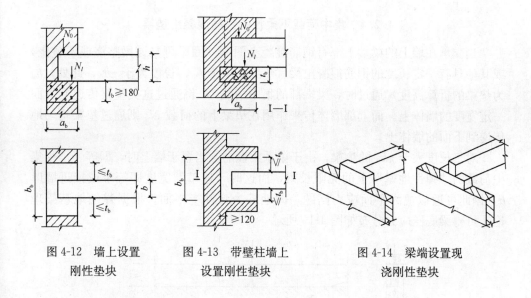

图 4-12 墙上设置　　图 4-13 带壁柱墙上　　图 4-14 梁端设置现
　　　刚性垫块　　　　　　　设置刚性垫块　　　　　　浇刚性垫块

于是可得计算公式如下：

$$N_0 + N_l \leqslant \varphi \gamma_1 f A_b \tag{4-26}$$

式中　N_0——垫块面积 A_b 内上部轴向力设计值；

　　　φ——垫块上 N_0 即 N_l 合力的影响系数，采用表 4-1 中 β 小于等于 3 时的 φ 值；

　　　γ_1——垫块外砌体面积的有利影响系数，γ_1 应为 0.8γ，但不小于 1；

　　　γ——砌体局部抗压强度提高系数，按公式（4-18）计算，但以 A_b 代替式中的 A_l；

　　　A_b——垫块面积（mm²）；

　　　a_b——垫块伸入墙内（含壁柱）的长度（mm）；

　　　b_b——垫块的宽度。

梁端设有刚性垫块时，梁端有效支承长度 a_0 应按下列公式确定：

$$a_0 = \delta_1 \sqrt{\frac{h}{f}} \tag{4-27}$$

式中　δ_1——刚性垫块的影响系数，可按表 4-3 采用。

垫块上 N_l 作用点的位置取距墙内边为 $0.4a_0$ 处。

系数 δ_1　　　　　　　表 4-3

σ_0/f	0	0.2	0.4	0.6	0.8
δ_1	5.4	5.7	6.0	6.9	7.8

4.2.4 集中荷载下柔性的钢筋混凝土垫梁

当支承在墙上的梁端下部有钢筋混凝土圈梁（圈梁可与该梁整浇或不整浇）或其他具有一定长度的钢筋混凝土梁（垫梁高度为 h_b，长度大于 πh_0，此处，h_0 为垫梁的折算高度）通过时，梁端部的集中荷载 N_l 将通过这类垫梁传递到下面一定宽度的墙体上。而上部墙体传来作用在垫梁上的荷载 N_0 则通过垫梁均匀地传递到下面的墙体上。

对于长度大于 πh_0 的垫梁，由于梁系柔性的，当置于墙上时，即等于承受集中荷载的"弹性地基"上的无限长梁，而这时"地基"宽度即等于或接近墙厚 h，因此可近似视为平面应力问题，即地基为弹性半平面。根据弹性地基梁理论，可得梁底压应力分布如图 4-15 所示。[4.8]、[4.9]

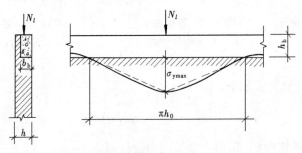

图 4-15 柔性钢筋混凝土垫梁下的局部受压

当用三角形压力图形代替曲线压应力图形（如图 4-15 中虚线所示），即可导得柔性垫梁下的局部受压承载力计算公式。

对梁下设有长度大于 πh_0 的垫梁下的砌体局部受压承载力应按下列公式计算：

$$N_0 + N_l \leqslant 2.4\delta_2 f b_b h_0 \tag{4-28}$$

$$N_0 = \pi b_b h_0 \sigma_0 / 2 \tag{4-28a}$$

$$h_0 = 2\sqrt[3]{\dfrac{E_c I_c}{Eh}} \tag{4-28b}$$

式中 N_0——垫梁上部轴向力设计值（N）；

b_b——垫梁在墙厚方向的宽度（mm）；

δ_2——当荷载沿墙厚方向均匀分布时，δ_2 取 1.0，不均匀分布时，δ_2 取 0.8；

h_0——垫梁折算高度（mm）；

E_c、I_c——分别为垫梁混凝土弹性模量和截面惯性矩；

h_b——垫梁的高度（mm）；

E——砌体的弹性模量；

h——墙厚（mm）。

垫梁上梁端有效支承长度 a_0 可按公式（4-27）计算。

4.2.5 计算示例

【例4-8】 试验算房屋外纵墙上跨度为5.8m的大梁端部下砌体局部受压的承载力,已知大梁截面尺寸为 $b \times h = 200\text{mm} \times 550\text{mm}$,支承长度 $a = 240\text{mm}$,支座反力 $N_l = 80\text{kN}$,梁底墙体截面处的上部设计荷载值为240kN,窗间墙截面 $1200\text{mm} \times 390\text{mm}$(图4-16),采用孔洞率不大于35%的多排孔轻集料混凝土小型空心砌块(强度等级为MU10)以及Mb5等级的砂浆砌筑。

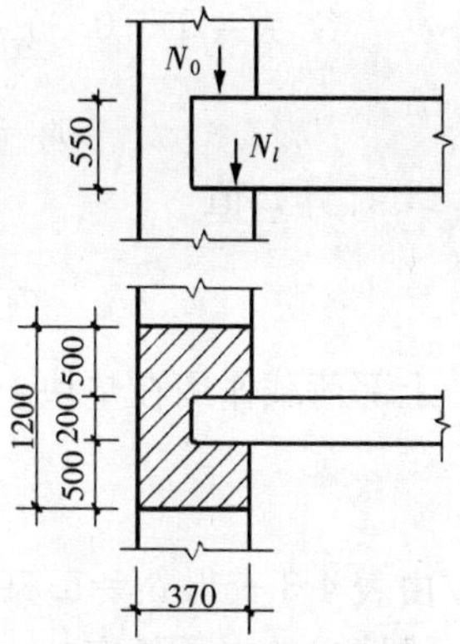

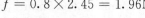

图4-16 例4-8

【解】

1. 计算 f 值

查表3-8得 $f = 2.45\text{MPa}$,因系双排组砌,应乘以系数0.8,则

$$f = 0.8 \times 2.45 = 1.96\text{MPa}$$

2. 计算 γ 值

梁端有效支承长度 $a_0 = 10\sqrt{\dfrac{h_c}{f}} = 10\sqrt{\dfrac{550}{1.96}} = 167.5\text{mm} < 240\text{mm}$

取 $a_0 = 167.5\text{mm}$。

$$A_l = a_0 b = 167.5 \times 200 = 33500\text{mm}^2$$
$$A_0 = (b+2h)h = (200 + 2 \times 390)390 = 382200\text{mm}^2$$
$$\frac{A_0}{A_l} = \frac{382200}{33500} = 11.4 > 3$$

上部荷载折减系数 $\psi = 0$。

$$\gamma = 1 + 0.35\sqrt{\frac{A_0}{A_l} - 1} = 1 + 0.35\sqrt{11.4 - 1} = 2.13 > 2$$

取 $\gamma = 2$。

3. 验算

取应力图形的完整性系数 $\eta = 0.7$,则有

$\eta \gamma f A_l = 0.7 \times 2 \times 1.96 \times 0.0335 \times 10^3 = 91.92\text{kN} > 80\text{kN}$ (满足要求)

【例4-9】 如上例,除 $N_l = 110\text{kN}$ 并采用刚性垫块外,其他条件不变,试验算局部受压承载力。

【解】

设预制刚性垫块尺寸为 $A_b = a_b \times b_b = 240 \times 600 = 144000\text{mm}^2 = 0.144\text{m}^2$

1. 计算 γ_1 值

$b_0 = (b+2h) = 600 + 2 \times 390 = 1380\text{mm} > 1200\text{mm}$(窗间墙宽度),按 $b_0 =$

1200mm 计算。

$$A_0 = 390 \times 1200 = 468000 \text{mm}^2 = 0.468 \text{m}^2$$

以 A_b 代替公式（4-18）中的 A_l，则

$$\gamma = 1 + 0.35\sqrt{\frac{A_0}{A_b} - 1} = 1 + 0.35\sqrt{\frac{0.468}{0.144} - 1} = 1.525$$

$$\gamma_1 = 0.8\gamma = 0.8 \times 1.525 = 1.22$$

2. 计算 φ 值

$$\sigma_0 = \frac{240000}{1200 \times 390} = 0.513 \text{MPa}$$

上部荷载作用在垫块上的轴向力 $N_0 = \sigma_0 A_b = 0.513 \times 144000 = 73.87 \text{kN}$

$$\frac{\sigma_0}{f} = \frac{0.513}{1.96} = 0.26$$

由表 4-3 查得 $\delta_1 = 5.79$。

梁端有效支承长度

$$a_0 = \delta_1\sqrt{\frac{h}{f}} = 5.79\sqrt{\frac{550}{1.96}} = 97.0 \text{mm} < 240.0 \text{mm}$$

取 $a_0 = 97.0$mm 计算，N_l 作用点至墙体内边缘的距离为 $0.4a_0 = 0.4 \times 97.0$mm $= 38.8$mm，则 $(N_0 + N_l)$ 对垫块形心的偏心距 e 为：

$$e = \frac{N_l\left(\frac{a_b}{2} - 0.40a_0\right)}{N_0 + N_l} = \frac{110 \times (120 - 38.8)}{73.87 + 110} = 48.58 \text{mm}$$

$$\frac{e}{h} = \frac{48.58}{240} = 0.202$$

由表 4-1（a）查得 $\varphi = 0.68$

3. 验算

$$N_u = \varphi\gamma_1 f A_b = 0.68 \times 1.22 \times 1.96 \times 0.144 \times 10^3$$
$$= 234.2 \text{kN} > (N_0 + N_l) = 183.87 \text{kN} \quad （满足要求）$$

【例 4-10】 某房屋外纵墙的窗间墙（1200mm×190mm）上，搁有跨度为 5.8m 的梁，其截面尺寸 $b \times h = 200\text{mm} \times 500\text{mm}$；外纵墙采用单排孔且对孔砌筑的混凝土小型空心砌块灌孔砌体，砌块强度等级为 MU10，砂浆强度等级为 Mb5，用强度等级为 Cb20 的混凝土灌孔。已知作用在梁底墙体截面处的上部荷载设计值为 240kN，梁的支承长度 $a = 190$mm，$N_l = 100$kN，砌块孔洞率 $\delta = 50\%$，灌孔率 $\rho = 35\%$。试验算局部受压承载力；如不满足，则将梁搁于 $b \times h = 190\text{mm} \times 200\text{mm}$ 的圈梁上再行验算。

【解】

1. 按灌孔砌体验算

由表 3-6 查得 $f = 2.22$MPa，Cb20 等级混凝土 $f_c = 9.6$MPa[4,10]

$$\alpha = \delta\rho = 0.5 \times 0.35 = 0.175$$

则 $f_g = f + 0.6\alpha f_c = 2.22 + 0.6 \times 0.175 \times 9.6 = 3.23 \text{MPa} < 2f = 4.44 \text{MPa}$

$$a_0 = 10\sqrt{\frac{h}{f}} = 10\sqrt{\frac{500}{2.22}} = 125.7 \text{mm}$$

$$A_l = a_0 b_b = 125.7 \times 200 = 25140 \text{mm}^2$$

$$A_0 = (200 + 2 \times 190) \times 190 = 110200 \text{mm}^2$$

$$\frac{A_0}{A_l} = \frac{110200}{25140} = 4.38$$

$$\gamma = 1 + 0.35\sqrt{\frac{A_0}{A_l} - 1} = 1 + 0.35\sqrt{4.38 - 1} = 1.644 < 2$$

上部荷载的折减系数 $\psi = 0$。

$N_u = \eta\gamma f A_l = 0.7 \times 1.644 \times 3.23 \times 0.02514 \times 10^3 = 93.40 \text{kN} < N_l = 100 \text{kN}$
(不满足要求)

2. 按梁搁置于圈梁上验算

由表 2-4 查得 $E = 1500f = 1500 \times 3.23 = 4845 \text{MPa}$

圈梁采用 C20 混凝土, $E_c = 25500 \text{MPa}$[4.10]

柔性垫梁折算高度

$$h_0 = 2\sqrt[3]{\frac{E_c I_c}{Eh}} = 2\sqrt[3]{\frac{25500 \times 190 \times 200^3/12}{4845 \times 190}} = 303.9 \text{mm}$$

$$\sigma_0 = \frac{240000}{1200 \times 190} = 1.053 \text{MPa}$$

$$N_0 = \pi b_b h_0 \sigma_0 / 2 = 3.14 \times 190 \times 303.9 \times 1.053 / 2 = 95.46 \text{kN}$$

$$N_0 + N_l = 95.46 + 100 = 195.46 \text{kN}$$

$2.4\delta_2 f b_b h_0 = 2.4 \times 0.8 \times 3.23 \times 190 \times 303.9 = 358.1 \text{kN} > 195.46 \text{kN}$ （满足要求）

§4.3 轴心受拉、受弯和受剪

4.3.1 基本公式

1. 轴心受拉

在圆水池设计中将遇到沿齿缝截面轴心受拉构件，如图 4-17（a）所示。
无筋砌体轴心受拉构件的承载力计算按下列公式进行：

$$N_t \leqslant f_t A \tag{4-29}$$

式中　N_t——轴心拉力设计值；

　　　f_t——砌体的轴心抗拉强度设计值，按表 3-10 采用；

　　　A——砌体截面面积。

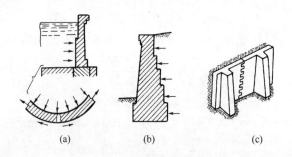

图 4-17 砌体轴心受拉和受弯

2. 受弯

在过梁中以及在挡墙中将遇到如下几种砌体受弯的情况：图 4-17（b）所示为沿通缝受弯的情况；图 4-17（c）所示为沿齿缝受弯的情况。对受弯构件，除进行受弯承载力计算外，还应进行受剪承载力计算。

（1）受弯　无筋砌体受弯构件的承载力按下列公式进行计算：

$$M \leqslant f_{tm}W \tag{4-30}$$

式中　M——弯矩设计值；

W——截面抵抗矩，对矩形截面 W 为 $\dfrac{bh^2}{6}$；

b、h——截面宽度和高度；

f_{tm}——砌体的弯曲抗拉强度设计值，按表 3-10 采用。

（2）受剪

无筋砌体受弯构件的受剪承载力按下列公式进行计算：

$$V \leqslant f_v bz \tag{4-31}$$

$$z = \frac{I}{S} \tag{4-31a}$$

式中　V——剪力设计值；

f_v——砌体的抗剪强度设计值，按表 3-10 采用；

z——内力臂，当截面为矩形时取 z 等于 $2h/3$（h 为截面高度）；

I——截面惯性矩；

S——截面面积矩。

3. 沿水平通缝受剪和沿阶梯形截面受剪

砌体沿水平通缝受剪破坏的情况如图 4-18(a)中 a-a 截面所示，砌体沿阶梯形截面受剪破坏的情况如图 4-18(b)中 b-b 截面所示，这两种受剪破坏的承载力取决于砌体沿灰缝的受剪承载力和作用在截面上的压力所产生的摩擦力的总和。因为随着剪力的加大，由于砂浆产生很大的剪切变形，一皮砌体对另一皮砌体开始移动，当有压力时，内摩擦力将参加抵抗滑移，因此其受剪承载力应按下列公式进行计算：

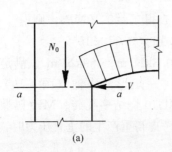
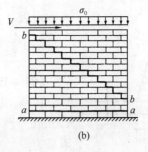

图 4-18 受剪构件

$$V \leqslant (f_v + \alpha\mu\sigma_0)A \tag{4-32}$$

当 $\gamma_G = 1.2$ 时 $\mu = 0.26 - 0.082\dfrac{\sigma_0}{f}$ (4-32a)

当 $\gamma_G = 1.35$ 时 $\mu = 0.23 - 0.065\dfrac{\sigma_0}{f}$ (4-32b)

式中 V——截面剪力设计值；

A——水平截面面积；当有孔洞时，取净截面面积；

f_v——砌体抗剪强度设计值，对灌孔的混凝土砌块砌体取 f_{vg}；

α——修正系数，当 $\gamma_G = 1.2$ 时，砖（含多孔砖）砌体取 0.60，混凝土砌块砌体取 0.64；当 $\gamma_G = 1.35$ 时，砖（含多孔砖）砌体取 0.64，混凝土砌块砌体取 0.66；

μ——剪压复合受力影响系数，μ 按公式 (4-32a) 或公式 (4-32b) 计算；α 与 μ 的乘积可查表 4-4；

σ_0——永久荷载设计值产生的水平截面平均压应力；

f——砌体的抗压强度设计值；

$\dfrac{\sigma_0}{f}$——轴压比，且不大于 0.8。

当 $\gamma_G=1.2$ 及 $\gamma_G=1.35$ 时 $\alpha\mu$ 值   表 4-4

γ_G	σ_0/f	0.1	0.2	0.3	0.4	0.5	0.6	0.7	0.8
1.2	砖砌体	0.15	0.15	0.14	0.14	0.13	0.13	0.12	0.12
	砌块砌体	0.16	0.16	0.15	0.15	0.14	0.13	0.13	0.12
1.35	砖砌体	0.14	0.14	0.13	0.13	0.13	0.12	0.12	0.11
	砌块砌体	0.15	0.14	0.14	0.13	0.13	0.13	0.12	0.12

4.3.2 计算示例

【例 4-11】 一圆形砖砌水池，壁厚 370mm，采用 MU10 烧结多孔砖、M10 砂浆砌筑，池壁承受环向拉力 $N=69$kN/m。试验算池壁的受拉承载力。

【解】
$$A = 1 \times 0.37 = 0.37 \text{m}^2$$

由表 3-10 查得 $f_t = 0.19\text{MPa}$，则

$$f_tA = 0.19 \times 0.37 \times 10^3$$
$$= 70.3\text{kN/m} > 69\text{kN/m} \quad (满足要求)$$

【**例 4-12**】 一矩形浅水池（图 4-19），壁高 $H = 1.5\text{m}$，采用 MU10 烧结多孔砖、M10 砂浆砌筑，壁厚 490mm。当不考虑自重产生的垂直压力时，试验算池壁承载力。

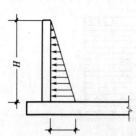

图 4-19 例 4-12

【**解**】 1. 计算内力

取 1m 宽竖向板带按悬臂受弯构件计算，在固定端的弯矩和剪力为：

$$M = \frac{1}{6}pH^2 = \frac{1}{6} \times 1.2 \times 10 \times 1.5 \times 1.5^2 = 6.75\text{kN} \cdot \text{m}$$

$$V = \frac{pH}{2} = 0.5(1.2 \times 10 \times 1.5 \times 1.5) = 13.5\text{kN}$$

2. 受弯承载力验算

$$W = \frac{1}{6}bh^2 = \frac{1}{6} \times 1000 \times 490^2 = 40 \times 10^6 \text{mm}^2$$

由表 3-10 查得

$$f_{tm} = 0.17\text{MPa}$$

$$f_{tm}W = 0.17 \times 0.04 \times 10^3 = 6.8\text{kN} \cdot \text{m} > 6.75\text{kN} \cdot \text{m}$$

3. 受剪承载力验算

由表 3-10 查得 $f_v = 0.17\text{MPa}$，$z = 2h/3 = 2 \times 490/3 = 326.7\text{mm}$

$$f_v bz = 0.17 \times 1 \times 0.3267 \times 10^3 = 55.5\text{kN} > 13.5\text{kN} \quad (满足要求)$$

【**例 4-13**】 试验算图 4-20 所示拱座 I-I 截面的受剪承载力。已知拱式过梁在拱座处的水平推力设计值为 15.5kN，墙体用 MU10 单排孔混凝土小型砌块和 Mb10 砂浆砌筑，受剪截面面积为 $A = 190\text{mm} \times 780\text{mm}$，作用在 1-1 截面上的上部垂直荷载设计值 $N_0 = 45\text{kN}$。

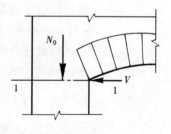

图 4-20 例 4-13

【**解**】

$$A = 190 \times 780 = 148200\text{mm}^2 = 0.1482\text{m}^2 < 0.3\text{m}^2$$

$$\gamma_a = (0.1482 + 0.7) = 0.8482$$

$$f = 2.79 \times 0.8482 = 2.366\text{MPa}(表 3\text{-}6)$$

$$f_v = 0.848 \times 0.09 = 0.0763\text{MPa}(表 3\text{-}10)$$

$$\sigma_0 = \frac{N_0}{A} = \frac{45000}{148200} = 0.304\text{MPa}$$

$$\frac{\sigma_0}{f} = \frac{0.304}{2.366} = 0.128$$

按 $\gamma_G = 1.35$,查表 4-4 得 $\alpha\mu = 0.147$

$V_a = (f_v + \alpha\mu\sigma_0)A = (0.0763 + 0.147 \times 0.304) \times 0.1482 \times 10^3 = 17.93\text{kN}$

$V = 15.5\text{kN}$ (满足要求)

§4.4 配筋砖砌体构件

4.4.1 网状配筋砖砌体构件

1. 受力特点和破坏特征

网状配筋是在砌筑时,将已制作好的钢筋网设置在砖砌体水平灰缝内,如图 4-21(a)所示。在轴向荷载作用下,由于摩擦力和砂浆的粘结力,钢筋被完全嵌固在灰缝内并和砖砌体共同工作。这时,砌体纵向受压缩,同时也发生横向膨胀,使钢筋横向受拉,因为弹性模量很大,变形很小,可阻止砌体在纵向受压时横向变形的发展,防止了砌体中被纵向裂缝分开的小柱过早失稳而导致构件破坏[4.11]~[4.15],因而提高了砌体承担轴向荷载的能力。由于网状钢筋是以其受拉的方式间接地提高砖体的抗压强度,故这种配筋又称间接配筋。砌体和网状钢筋的共同工作可一直维持到砌体完全破坏。必须指出,在网状配筋砖砌体中,粘结力是起着重要作用的,因为它是使钢筋能充分发挥约束作用的保证。试验表明,在粘结好的砌体内,个别冷拔丝是有被拉断的。

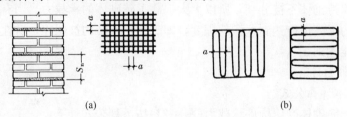

图 4-21 横向配筋砌体
(a)配置钢筋网;(b)配置连弯钢筋

网状配筋砖砌体的破坏特征与无筋砖砌体有显著的不同。在荷载不大时(约为 60%~75% 的破坏荷载),其受力特征和无筋砌体一样,在个别砖内出现裂缝。在继续增加荷载时,其裂缝发展缓慢,裂缝发展特征与普通砖砌体明显不同。在无筋砖砌体中,贯通的纵向裂缝展开较大,但在横向配筋砖砌体中,由于钢筋的约束,裂缝展开较小,特别是在钢筋网处展开更小些,因而直至破坏瞬间,也不会出现像无筋砖砌体那样被分裂成若干 1/2 砖的小立柱而发生失稳的现象。在荷载接近破坏时,外边破坏较严重的砖开始脱落。在最后破坏前,个别砖

图 4-22 横向配筋砖砌体试验及破坏压碎的照片

可能完全被压碎。破坏特征可参看图 4-22(a)，可见这时砌体的横向变形并不显著，柱亦未发生分裂❶。

根据试验结果，我们可以看到，在加载初期，网状配筋砌体与没有钢筋网的无筋砖砌体并没有什么本质的不同，但钢筋网延迟了第一批裂缝出现的时间。在无筋砖砌体中，如前面曾指出，因为砂浆铺砌不均匀等原因，第一批裂缝发生于单块砖的受弯和受剪。在配有钢筋网的砖砌体中，灰缝中的钢筋提高了砖的抗弯强度，因而提高了引起第一批裂缝出现时的荷载值。此外，钢筋阻止了砌体的横向变形，保持砌体不被分裂，所以大大提高了砖砌体的承载力。当有足够的配筋时，荷载的提高可能达到这样的程度，即破坏始于砖的被压碎，这在无筋砖砌体中将不可能达到。

2. 承载力计算

(1) 基本计算公式

网状配筋砌体受压构件承载力(图 4-21)按下列公式计算：

$$N \leqslant \varphi_n f_n A \tag{4-33}$$

$$f_n = f + 2\left(1 - \frac{2e}{y}\right)\rho f_y \tag{4-34}$$

$$\rho = \frac{(a+b)A_s}{abs_n} \tag{4-34a}$$

式中　N——轴向力设计值；

　　　φ_n——高厚比和配筋率以及轴向力偏心距对网状配筋砖砌体受压构件承载力的影响系数，可按表 4-5 采用或按公式(4-35)计算；

---

❶ 原南京工学院(现东南大学)试验照片。

§4.4 配筋砖砌体构件

f_n——网状配筋砖砌体的抗压强度设计值；
e——轴向力的偏心距，按荷载设计值计算；
f_y——钢筋抗拉强度设计值，当 f_y 大于320MPa时，仍采用320MPa；
A——截面面积；
y——自截面重心至轴向力所在偏心方向截面边缘的距离；
ρ——体积配筋率；
a、b——钢筋网的网格尺寸；
A_s——钢筋的截面面积；
s_n——钢筋网的竖向距离。

网状配筋砖砌体影响系数 φ_n　　　　　　　　表 4-5

ρ (%)	β	\multicolumn{5}{c}{e/h}				
		0	0.05	0.10	0.15	0.17
0.1	4	0.97	0.89	0.78	0.67	0.63
	6	0.93	0.84	0.73	0.62	0.58
	8	0.89	0.78	0.67	0.57	0.53
	10	0.84	0.72	0.62	0.52	0.48
	12	0.78	0.67	0.56	0.48	0.44
	14	0.72	0.61	0.52	0.44	0.41
	16	0.67	0.56	0.47	0.40	0.37
0.3	4	0.96	0.87	0.76	0.65	0.61
	6	0.91	0.80	0.69	0.59	0.55
	8	0.84	0.74	0.62	0.53	0.49
	10	0.78	0.67	0.56	0.47	0.44
	12	0.71	0.60	0.51	0.43	0.40
	14	0.64	0.54	0.46	0.38	0.36
	16	0.58	0.49	0.41	0.35	0.32
0.5	4	0.94	0.85	0.74	0.63	0.59
	6	0.88	0.77	0.66	0.56	0.52
	8	0.81	0.69	0.59	0.50	0.46
	10	0.73	0.62	0.52	0.44	0.41
	12	0.65	0.55	0.46	0.39	0.36
	14	0.58	0.49	0.41	0.35	0.32
	16	0.51	0.43	0.36	0.31	0.29
0.7	4	0.93	0.83	0.72	0.61	0.57
	6	0.86	0.75	0.63	0.53	0.50
	8	0.77	0.66	0.56	0.47	0.43
	10	0.68	0.58	0.49	0.41	0.38
	12	0.60	0.50	0.42	0.36	0.33
	14	0.52	0.44	0.37	0.31	0.30
	16	0.46	0.38	0.33	0.28	0.26
0.9	4	0.92	0.82	0.71	0.60	0.56
	6	0.83	0.72	0.61	0.52	0.48
	8	0.73	0.63	0.53	0.45	0.42
	10	0.64	0.54	0.46	0.38	0.36
	12	0.55	0.47	0.39	0.33	0.31
	14	0.48	0.40	0.34	0.29	0.27
	16	0.41	0.35	0.30	0.25	0.24

续表

ρ (%)	β \ e/h	0	0.05	0.10	0.15	0.17
1.0	4	0.91	0.81	0.70	0.59	0.55
	6	0.82	0.71	0.60	0.51	0.47
	8	0.72	0.61	0.52	0.43	0.41
	10	0.62	0.53	0.44	0.37	0.35
	12	0.54	0.45	0.38	0.32	0.30
	14	0.46	0.39	0.33	0.28	0.26
	16	0.39	0.34	0.28	0.24	0.23

关于 φ_n 是按下列考虑确定的。因为横向配筋砖砌体只应用于 $e/h \leqslant 0.17$ 的情况,从公式(4-11),用网状配筋砖砌体的稳定系数 φ_{0n} 代替 φ_0,因此有

$$\varphi_n = \frac{1}{1+12\left[\dfrac{e}{h}+\sqrt{\dfrac{1}{12}\left(\dfrac{1}{\varphi_{0n}}-1\right)}\right]^2} \tag{4-35}$$

式中

$$\varphi_{0n} = \frac{1}{1+\dfrac{1+3\rho}{667}\beta^2} \tag{4-35a}$$

(2) 直接设计法

在设计网状配筋砌体时,因 φ_n 与配筋有关,必须先假定 ρ,最后算出的 ρ 如与假定的不符,则需重算,直到符合较好,工作量较大。

为了设计简便,在文献[4.16]中给出可直接计算体积配筋率 ρ 的计算公式(公式证导从略):

$$\rho = B \pm \sqrt{B^2 - C} \tag{4-36}$$

式中

$$B = \frac{1.5c - ab}{b^2}$$

$$C = \frac{a^2 - c}{b^2}$$

$$a = \frac{fA}{N} - \left[1 + 12\left(\frac{e}{h}\right)^2 + \frac{\beta^2}{667}\right]$$

$$b = 2\left(1 - 2\frac{e}{y}\right)\frac{f_y A}{100N} - \frac{\beta^2}{222}$$

$$c = 0.072\left(\frac{e}{h}\right)^2 \beta^2$$

ρ 的两个解中有一个是所需的 ρ 值。

3. 构造要求

网状配筋砌体的构造应符合下列要求:

(1) 在网状配筋的砖砌体中,采用钢筋网(图 4-21a)时,钢筋的直径宜为 3~4mm,这是保证钢筋上下边有 2mm 砂浆层而灰缝厚度又不超过 12mm 的需

要。在文献 [4.11] ~ [4.15] 中建议的"盘旋钢筋"(钢筋连续沿边弯折,但不同于图 4-21b 中的连弯钢筋网,故不需在相邻灰缝中配置而只作为一个网状盘),承载力和网状配筋一样,但钢筋与灰缝应有足够的握固。"盘旋钢筋"的钢筋用量较网状配筋节约一半以上。因一个灰缝中只有一层钢筋,故可用 $\phi 5 \sim \phi 8$ 钢筋。

(2) 钢筋网中网格间距离不应大于 120mm(或 1/2 砖),并不应小于 30mm。此外,为了检查砖砌体中钢筋网是否遗漏,每一钢筋网中的钢筋应有一根露在砖砌体外面 5mm。网的最外边一根钢筋离开砖砌体边缘为 20mm。

砖砌体内所用的方格钢筋网,不得用分离放置的单根钢筋代替,因这种单根钢筋在灰缝中握固是不够的。

(3) 网状配筋砌体所用的砂浆强度等级应不低于 M7.5。钢筋网应设置在砌体的水平灰缝中。这是为了避免钢筋的锈蚀和提高钢筋与砖砌体的粘结力,有钢筋网的砖砌体灰缝厚度应保证钢筋上下至少各有 2mm 的砂浆层。

(4) 网状配筋砖砌体中的体积配筋率不应小于 0.1%,并不应大于 1%。沿砌体高度钢筋网的间距 s_n 不得超过 5 皮砖,并不应大于 400mm。因为钢筋百分率过大时,砌体强度可能接近砖的标准强度,再提高钢筋百分率,对砌体承载力的影响将很小。如钢筋网沿高度配置得过稀,则对砌体承载力的提高就很有限。

(5) 网状配筋砖砌体中所用砖的强度等级不得低于 MU10。

4. 适用范围

网状配筋砌体构件应符合下列规定:

(1) 偏心距超过截面核心范围(对于矩形截面即 $e/h > 0.17$)时或偏心距虽未超过截面核心范围,但构件高厚比 β 大于 16 时,不宜采用网状配筋砖砌体构件。这是因为网状配筋的效果将随着荷载偏心距的增大或高厚比的增大而降低。

(2) 对于矩形截面构件,当轴向力偏心方向的截面边长大于另一方向的边长时,除按偏心受压计算外,还应对较小边方向按轴心受压进行验算。

(3) 当网状配筋砌体构件下端与无筋砌体交接时,尚应验算交接处无筋砌体的局部受压承载力。

4.4.2 组合砖砌体构件

当荷载偏心距较大(超过核心范围),无筋砖砌体承载力不足而截面尺寸又受到限制时,或当偏心距超过 4.4.1 节规定的限制时❶,宜采用砖砌体和钢筋混凝土面层或钢筋砂浆面层组成的组合砖砌体构件(图 4-23)。

1. 构造要求

---

❶ 当厂房跨度在 18m 及以下,柱距为 4~6m,轨顶标高在 8m 及以下、吊车吨位在 20t 及以下的排架柱,一般也可采用组合砖砌体。

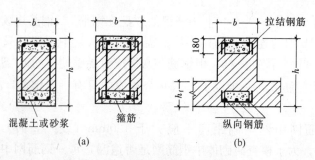

图 4-23 组合砖砌体构件截面
(a) 矩形截面；(b) 壁柱截面

组合砖砌体构件应符合下列构造要求：

(1) 面层混凝土强度等级，宜采用 C20；面层水泥砂浆强度等级不宜低于 M10，砌筑砂浆强度等级不低于 M7.5。

(2) 砌体中钢筋保护层厚度应符合第 3 章 §3.3 节的规定。

(3) 砂浆面层的厚度，一般采用 30~45mm。面层厚度大于 45mm 时，其面层宜采用混凝土。

(4) 竖向受力钢筋宜采用 HPB300 级钢筋。对于混凝土面层，亦可采用 HRB335 级钢筋。受压钢筋一侧的配筋率（钢筋截面面积对组合砖砌体计算截面面积之比），不宜小于 0.1%（砂浆面层）或 0.20%（混凝土面层）。受拉钢筋的配筋率，不应小于 0.1%。竖向受力钢筋的直径，不应小于 8mm。钢筋的净间距，不应小于 30mm。

(5) 箍筋的直径，不宜小于 4mm 及 0.2d（d 为受压钢筋的直径），并不宜大于 6mm。箍筋的间距，不应大于 20d 及 500mm，并不应小于 120mm（1/2 砖）。

(6) 当组合砖砌体构件一侧的受力钢筋多于 4 根时，应设置附加箍筋或拉结钢筋。

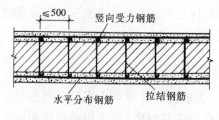

图 4-24 混凝土或砂浆面层组合墙

(7) 对于截面长短边相差较大的构件如墙体等，应采用穿通墙体的拉结钢筋作为箍筋，同时设置水平分布钢筋。水平分布钢筋的竖向间距及拉结箍筋的水平间距均不应大于 500mm（图 4-24）。

(8) 组合砖砌体构件的顶部及底部，以及牛腿部位，必须设置钢筋混凝土垫块，竖向受力钢筋伸入垫块的长度必须满足锚固要求。

竖向受力钢筋的搭接长度，搭接处的箍筋间距等，应符合现行的《混凝土结构设计规范》的要求。

2. 承载力计算

20 世纪 70 年代初湖南大学曾进行过组合砖砌体的轴心受压和小偏心受压的试验。1976 年唐山地震后，中国建筑科学研究院对钢筋砂浆组合柱进行过压弯试验。1978 年开始，四川建筑科学研究院对钢筋砂浆和钢筋混凝土组合柱进行了轴心受压，大、小偏心受压和压弯试验[4.17]、[4.18]。

根据以上试验结果，《规范》建议，组合砖砌体的承载力应按下述方法进行计算：

（1）轴心受压

组合砖砌体轴心受压构件承载力应按下式计算：

$$N \leqslant \varphi_{com}(fA + f_cA_c + \eta_s f'_y A'_s) \quad (4-37)$$

式中 φ_{com}——组合砖砌体构件的稳定系数，与高厚比 β 及配筋率 ρ 有关，可按表 4-6 采用；

A——砖砌体的截面面积；

f_c——混凝土或面层水泥砂浆的轴心抗压强度设计值，砂浆的轴心抗压强度设计值可取为相同强度等级混凝土值的轴心抗压强度设计值的 70%；当砂浆为 M15 时，取 5.0MPa；当砂浆为 M10 时，取 3.4MPa；当砂浆为 M7.5 时，取 2.5MPa；

A_c——混凝土或砂浆面层的截面面积；

η_s——受压钢筋的强度系数，当为混凝土面层时，可取 $\eta_s=1.0$；当为砂浆面层时，可取 $\eta_s=0.9$；

f'_y——钢筋的抗压强度设计值；

A'_s——受压钢筋的截面面积。

组合砖砌体构件的稳定系数 φ_{com}　　　　　　　　　　表 4-6

高厚比 β	配筋率 ρ (%)					
	0	0.2	0.4	0.6	0.8	≥1.0
8	0.91	0.93	0.95	0.97	0.99	1.00
10	0.87	0.90	0.92	0.94	0.96	0.98
12	0.82	0.85	0.88	0.91	0.93	0.95
14	0.77	0.80	0.83	0.86	0.89	0.92
16	0.72	0.75	0.78	0.81	0.84	0.87
18	0.67	0.70	0.73	0.76	0.79	0.81
20	0.62	0.65	0.68	0.71	0.73	0.75
22	0.58	0.61	0.64	0.66	0.68	0.70
24	0.54	0.57	0.59	0.61	0.63	0.65
26	0.50	0.52	0.54	0.56	0.58	0.60
28	0.46	0.48	0.50	0.52	0.54	0.56

注：组合砖砌体构件截面的配筋率 $\rho = A'_s/bh$。

φ_{com} 是根据四川省建筑科学研究院的建议按下式确定[4.17]：

$$\varphi_{\text{com}} = \varphi_0 + 100\rho(\varphi_{\text{rc}} - \varphi_0) \leqslant \varphi_{\text{rc}} \tag{4-38}$$

式中 φ_0、φ_{rc}——和组合砖柱高厚比相同的无筋砖柱及钢筋混凝土柱的稳定系数。

按公式（4-38）当 $\rho=0$ 时，$\varphi_{\text{com}}=\varphi_0$，随配筋率的加大而线性增长；当 $\rho=1\%$ 时，$\varphi_{\text{com}}=\varphi_{\text{rc}}$。根据 β 和配筋率 ρ，φ_{com} 可从表 4-6 查出。

(2) 偏心受压

组合砖砌体偏心受压构件的承载力应按下式计算：

$$N \leqslant fA' + f_c A'_c + \eta_s f'_y A'_s - \sigma_s A_s \tag{4-39}$$

或

$$Ne_N \leqslant fS_s + f_c S_{c,s} + \eta_s f'_y A'_s (h_0 - a'_s) \tag{4-40}$$

此时受压区高度 x 可从对 N 的力矩平衡条件按下式❶确定（图 4-25）：

$$fS_N + f_c S_{c,N} + \eta_s f'_y A'_s e'_N - \sigma_s A_s e_N = 0 \tag{4-41}$$

式中 A_s——距轴向力 N 较远侧钢筋的截面面积；

A'_s——受压钢筋的截面面积；

A'——砖砌体受压部分的面积；

A'_c——混凝土或砂浆面层受压部分的面积；

$S_{c,s}$、S_s——分别为混凝土（或砂浆）面层及砖砌体受压部分的面积 A'_c、A' 对钢筋 A_s 重心的面积矩，其符号规则为：反时针向为正，顺时针向为负（下同）；

$S_{c,N}$、S_N——分别为混凝土（或砂浆）面层及砖砌体受压部分的面积 A'_c、A' 对轴向力 N 作用点的面积矩；

e_N、e'_N——分别为钢筋 A_s 和 A'_s 重心至轴向力 N 作用点的距离（图 4-25）；

σ_s——钢筋 A_s 的应力。

σ_s 按下式确定（正值为拉应力，负值为压应力）：

当 $\xi \geqslant \xi_b$，即小偏心受压时，根据平截面变形假定并经线性简化给出：

$$\sigma_s = 650 - 800\xi \quad \text{(MPa)} \tag{4-42}$$

$$-f'_y \leqslant \sigma_s \leqslant f_y \tag{4-43a}$$

当 $\xi < \xi_b$，即大偏心受压时：

$$\sigma_s = f_y \tag{4-43b}$$

式中 ξ——组合砖砌体构件截面的相对受压区高度，$\xi = x/h_0$；

h_0——组合砖砌体构件截面的有效高度，$h_0 = h - a_s$；

ξ_b——组合砖砌体构件大、小偏心受压时，受压区相对高度的分界值，对于 HPB235 级和 HPB335 级钢筋，ξ_b 分别等于 0.55、0.425；

f_y——钢筋的抗拉强度设计值。

e_N 和 e'_N 按下式确定：

---

❶ 公式（4-40）是假定 N 作用在 A'_s 与砌体和混凝土压力之外写出的，其他情况时应注意正负符号。

$$e_N = e + e_a + \left(\frac{h}{2} - a_s\right) \quad (4-44)$$

$$e'_N = e + e_a - \left(\frac{h}{2} - a'_s\right) \quad (4-45)$$

式中 e——轴向力的初始偏心距,按荷载设计值计算,当 e 小于 $0.05h$ 时,应取 e 等于 $0.05h$;

a_s、a'_s——分别为钢筋 A_s 及 A'_s 重心至截面较近边的距离;

e_a——组合砖砌体构件在轴向力作用下的附加偏心距。

e_a 按下式确定:

$$e_a = \frac{\beta^2 h}{2200}(1 - 0.022\beta) \quad (4-46)$$

对组合砖砌体,当纵向力偏心方向的截面边长大于另一方向的边长时,同样还应对较小边按轴心受压验算。

《规范》中还对配筋砌块砌体的正截面受压及砖砌体和钢筋混凝土构造柱组合墙的计算作了规定,本书不再赘述。

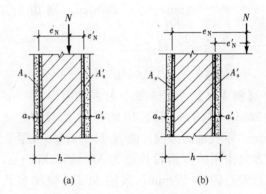

图 4-25 组合砖砌体偏心受压构件
(a) 小偏心受压;(b) 大偏心受压

【例 4-14】 一网状配筋砖柱,$H_0 = 4.0$m,采用 MU10 烧结多孔砖及 M7.5 水泥混合砂浆砌筑,截面尺寸为 370mm×490mm,已知沿长边偏心距 $e = 80$mm,轴向力设计值 $N = 195$kN。试按试算法和直接设计法确定配筋。

【解】 1. 求有关参数

选用冷拔低碳钢丝焊接网,$f_y = 430$MPa>320MPa,取 $f_y = 320$MPa。

$$e = 80\text{mm} < 0.17h = 83.3\text{mm}$$

$$\frac{e}{h} = \frac{80}{490} = 0.1632$$

$$\beta = \frac{H_0}{h} = \frac{4}{0.49} = 8.163$$

$$y = \frac{h}{2} = \frac{490}{2} = 245\text{mm}$$

$$A = 0.37 \times 0.49 = 0.1813\text{m}^2 = 0.1813 \times 10^6 \text{mm}^2 < 0.2\text{m}^2$$

$$\gamma_a = 0.1813 + 0.8 = 0.9813$$

由表 3-4 查得 $f = 1.69$MPa,采用 $f = 1.69 \times 0.9813 = 1.658$MPa。

2. 按试算法确定体积配筋率 ρ

假定 $\rho = 0.10\%$,则

$$f_n = f + 2\left(1 - \frac{2e}{y}\right)\rho f_y = 1.658 + 2 \times \left(1 - \frac{2 \times 80}{245}\right) \times \frac{0.1}{100} \times 320 = 1.88\text{MPa}$$

从表 4-5，经几次内插求得：$\varphi_n = 0.54$

$$\varphi_n f_n A = 0.54 \times 1.88 \times 0.1813 \times 10^3 = 184.1\text{kN} < 195\text{kN}$$

承载力不能满足要求，应重新计算。

取 $\rho = 0.18\%$，则

$$f_n = 1.658 + 2 \times \left(1 - \frac{2 \times 80}{245}\right) \times \frac{0.18}{100} \times 320 = 2.058\text{MPa}$$

由表 4-5 查得 $\varphi_n = 0.5236$，则

$$\varphi_n f_n A = 0.5236 \times 2.058 \times 0.1813 \times 10^3 = 195.4\text{kN} > 195\text{kN}$$

选 $a = b = 50\text{mm}$，$s_n = 260\text{mm}$，则由公式（4-34a）可得 $A_s = \dfrac{\rho a s_n}{2} = \dfrac{0.183 \times 50 \times 260}{2} = 11.9\text{mm}^2$。

采用 $\Phi 4$，$A_s = 12.6\text{mm}^2$。

【例 4-15】 组合砖砌体柱的截面为 $490\text{mm} \times 620\text{mm}$（图 4-26），柱的计算高度 $H_0 = 6.0\text{m}$，承受轴向力设计值 $N = 900\text{kN}$ 以及沿长边方向作用的弯矩设计值为 $M = 45.0\text{kN} \cdot \text{m}$，初始偏心距 $e = 50\text{mm}$，采用 MU10 烧结多孔砖、M5 混合砂浆、C20 混凝土及 HPB300 钢筋，求 A_s 及 A'_s。

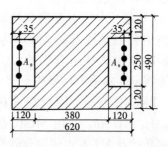

图 4-26 例 4-15

【解】

$e = 50\text{mm} > 0.05h = 0.05 \times 620 = 31\text{mm}$。

按偏心受压计算时，e 很小，A_s 受压，但可能不屈服，故按构造配筋确定 A_s，则 $A_s \geq 0.1\%bh = 0.1\% \times 490 \times 620 = 303.8\text{mm}^2$，取 $3\Phi 14$，$A_s = 462\text{mm}^2$。

1. 计算有关参数

$f = 1.50\text{MPa}$ $f_c = 9.6\text{MPa}$

高厚比

$$\beta = \frac{6000}{620} = 9.68$$

附加偏心距

$$e_a = \frac{\beta^2 h}{2200} \times (1 - 0.022\beta) = \frac{9.68^2 \times 620}{2200} \times (1 - 0.022 \times 9.68) = 20.78\text{mm}$$

N 对 A'_s 合力点的偏心距

$$e'_N = e + e_a - \left(\frac{h}{2} - a'_s\right) = 50 + 20.78 - (310 - 35) = -204.22\text{mm}$$

（负号表示 N 作用在 A_s 和 A'_s 之间）

N 对 A_s 合力点的偏心距

$$e_N = e + e_a + \left(\frac{h}{2} - a_s\right) = 50 + 20.78 + (310 - 35) = 345.78\text{mm}$$

2. 求 x

假定中性轴进入 A_s 一侧的混凝土内 x'，即 $x = 120 + 380 + x'$，则

$$\sigma_s = 650 - 800\xi = 650 - 800\frac{x}{h_0} = 650 - 800 \times (500 + x')/585 = -34 - 1.368x'$$

由公式 (4-40)，取 $\eta_s = 1$，有

$$f'_y A'_s = \frac{Ne_N - fS_s - f_c S_{c,s}}{h_0 - a'_s}$$

将 σ_s 及 $f'_y A'_s$ 表达式代入 $N = fA' + f_c A'_c + f'_y A'_s - \sigma_s A_s$，可得 x'，即

$$N = fA' + f_c A'_c + \frac{Ne_N - fS_s - f_c S_{c,s}}{h_0 - a'_s} + (34 + 1.368x')A_s$$

$$900000 = 1.50 \times [2 \times 120 \times 120 + 380 \times 490 + (120 + 120)x']$$
$$+ 9.6 \times (120 \times 250 + 250x') + \frac{1}{550} \times \Big\{900000 \times 345.78$$
$$- 1.50 \times \Big[2 \times 120 \times 120 \times 525 + 380 \times 490 \times 275 + 2 \times 120x'$$
$$\times \left(85 - \frac{x'}{2}\right)\Big] - 9.6 \times \Big[250 \times 120 \times 525 + 250x'\left(85 - \frac{x'}{2}\right)\Big]\Big\}$$
$$+ (34 + 1.368x') \times 462 = 2.509x'^2 + 2965.4x' - 163800$$

则有　　$x'^2 + 1182x' - 65285 = 0$

$x' = 53.0\text{mm}, x = 553.0\text{mm}$

$$\xi = \frac{x}{h_0} = \frac{553.0}{585} = 0.945$$

$\sigma_s = 650 - 800\xi = 650 - 800 \times 0.945 = -106\text{MPa}$（负号表示受压）

照理 $\xi = 1$，$\sigma_s = 0$，实际此处 ξ 并不是实际值而系折减后为确定 σ_s 的计算值，小于实际值较多，因此当 $\xi = 0.813$ 时，A_s 中应力等于零；$\xi > 0.813$ 时，A_s 为受压。

3. 求 A'_s

$$A'_s = \frac{1}{f'_y(h_0 - a'_s)}(Ne_N - fS_s - f_c S_{c,s})$$
$$= \frac{1}{270 \times 550} \times \Big\{900000 \times 345.78 - 1.50 \times \Big[2 \times 120 \times 120$$
$$\times 525 + 380 \times 490 \times 275 + 2 \times 120x'\left(85 - \frac{x'}{2}\right)\Big]$$
$$- 9.6 \times \Big[120 \times 250 \times 525 + 250x'\left(85 - \frac{x'}{2}\right)\Big]\Big\}$$
$$= 359\text{mm}^2 < 0.2\%bh = 608\text{mm}^2$$

选用 4Φ14，$A'_s = 615 \text{mm}^2$。

4. 校核

$$\sigma_s = -34 - 1.368x' = -34 - 1.368 \times 53 = -106.5 \text{MPa}(\text{受压})$$

$$fA'+f_cA'_c+f'_yA'_s-\sigma_sA_s = 1.50 \times (2 \times 120 \times 120 + 380 \times 490 + 2 \times 120 \times 53.0)$$
$$+ 9.6 \times (120 \times 250 + 250 \times 53.0) + 270 \times 615 + 106.5 \times 462$$
$$= 935133 \text{N} = 935.13 \text{kN} > 900 \text{kN} \quad (\text{满足要求})$$

5. 对短边方向按轴心受压验算（从略）

【例 4-16】 一组合砖柱的截面为 490mm×620mm，采用对称配筋，承受轴向力设计值 $N=450$kN，$e=510$mm，其余条件同上例。试求 $A'_s = A_s$。

【解】 由例 4-15 知，$e_a = 20.78$mm，则

$$e'_N = e + e_a - \left(\frac{h}{2} - a'_s\right) = 510 + 20.78 - 275 = 255.7 \text{mm}$$

$$e_N = e + e_a + \left(\frac{h}{2} - a'_s\right) = 510 + 20.78 + 275 = 805.78 \text{mm}$$

由于偏心距较大，假设：A_s 受拉屈服，且 $500 > x > 120$，又 $\eta_s = 1$，则 $f'_yA'_s = f_yA_s$，由公式（4-39），则有

$450000 = 1.50 \times [2 \times 120 \times 120 + 490 \times (x-120)] + 9.6 \times 250 \times 120$

解得 $x = 281.6$mm，符合假定。

此时 $\xi = \dfrac{281.6}{585} = 0.481 < \xi_b \leqslant 0.55$，$\sigma_s = f_y = 270$MPa。

由公式（4-40），则有

$$A'_s = \frac{Ne_N - fS_s - f_cS_{c,s}}{f'_y(h_0 - a'_s)} = \frac{1}{270 \times 550} \times \Big\{ 450000 \times 805.78$$

$$-1.50 \times \left[2 \times 120 \times 120 \times 525 + 490 \times (281.6 - 120) \times \left(585 - 120 - \frac{161.6}{2}\right)\right]$$

$$-9.6 \times 120 \times 250 \times (585 - 60) \Big\} = 967 \text{mm}^2 = A_s$$

每边选用 4Φ18，$A'_s = A_s = 1017 \text{mm}^2$

对短边方向按轴心受压验算（从略）。

§4.5 配筋砌块砌体构件简述

4.5.1 配筋砌块砌体的试验研究

如第 2 章中所述，我国主要发展小型混凝土空心砌块。国内很多高校及研究单位还进行过配筋砌块砌体一系列的试验研究，例如哈尔滨工业大学[4.19]~[4.21]、湖南大学[4.22]~[4.24]、同济大学、东南大学[4.25]、沈阳建筑大学[4.26]、四川建研院和广西建研院等分别进行过灌芯配筋砌块砌体基本力学性能的试验研究和配筋砌

块砌体剪力墙的试验。基本性能试验中包括轴心受压正截面承载力[4.24]，剪力墙偏心受压和受拉正截面承载力和偏心受压和受拉斜截面受剪承载力试验研究。根据这些研究，给出规范中相应的计算公式[4.2]。此外试验还给出静动力计算分析中需要的数据，例如受压应力-应变全曲线[4.19]、恢复力特性[4.27]和滞回曲线[4.21]等。

4.5.2 配筋砌块砌体的承载力计算

《规范》规定，配筋砌块砌体构件正截面承载力应按下列基本假定进行计算：
(1) 截面应变保持平面；
(2) 竖向钢筋与其毗邻的砌体、灌孔混凝土的应变相同；
(3) 不考虑砌体、灌孔混凝土的抗拉强度；
(4) 根据材料选择砌体、灌孔混凝土的极限压应变，且不应大于0.003；
(5) 根据材料选择钢筋的极限拉应变，且不应大于0.01。

根据上述基本假定，《规范》还给出了轴心受压和偏心受拉配筋砌块砌体剪力墙、柱正截面承载力的简化计算公式。同时，又给出偏心受压配筋砌块砌体剪力墙、柱斜截面承载力计算公式。

由于篇幅所限，此处不赘述，详可见《规范》9.2节和9.3节。

4.5.3 配筋砌块砌体的主要构造规定

砌块强度等级不应低于MU10，砌筑砂浆强度等级不低于Mb7.5，灌孔混凝土不应低于Cb20。对安全等级为一级或设计使用年限大于50年的配筋砌块砌体房屋，所用材料的最低强度等级应至少提高一级。

1. 配筋砌块砌体柱

配筋砌块砌体柱应错缝砌筑并用箍筋拉结（图4-27），柱截面边长不宜小于400mm，高度与截面短边之比不宜大于30。柱的纵向钢筋直径不宜小于12mm，根数不少于4根，全部纵向钢筋配筋率ρ不宜小于0.2%。此外，对箍筋的构造要求作了规定（当ρ>0.25%时应设置，ρ较小时或轴向力小于受压承载力25%

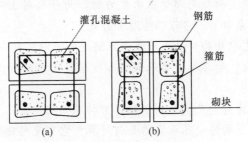

图4-27 配筋砌块砌体柱截面示意图
(a) 下皮；(b) 上皮

时，可不配）。

2. 配筋砌块砌体剪力墙

配筋砌块砌体剪力墙厚度、连梁截面宽度不应小于190mm。配筋砌块砌体剪力墙构造配筋应符合下列规定：①应在墙的转角端部和孔洞的两侧配置竖向连续的钢筋，钢筋直径 d 不应小于12mm。②应在洞口的顶、底部应设置不小于 $2\Phi 10$ 的水平钢筋，其伸入墙内的锚固长度不宜小于 $40d$ 和 600mm。③应在楼（屋）盖的所有纵横墙处设置现浇钢筋混凝土圈梁，圈梁的宽度和高度应等于墙厚和块高，圈梁主筋不应少于 $4\Phi 10$，圈梁混凝土强度等级不应低于同层混凝土块体强度等级的两倍，或该层灌孔混凝土的强度低级，也不应低于C20；④剪力墙其他部位的竖向和水平钢筋的间距不应大于墙长、墙高的1/3，也不应大于 900mm。⑤剪力墙沿竖向和水平方向的构造钢筋配筋率均不应小于0.07%。

其余构造规定见《规范》9.4节，限于篇幅，此处不赘述。

思 考 题

4.1 影响砌体受压构件承载力的主要因素有哪些？

4.2 轴心受压和偏心受压构件承载力计算有何异同？偏心受压时，为什么对另一方向还应验算其轴心受压承载力？

4.3 对于无筋砌体受压截面，对轴向力偏心距有何限制？当超过限值时，如何处理？

4.4 无筋砌体受压构件承载力如何计算？影响系数 φ 的物理意义是什么？它与哪些因素有关？

4.5 砌体局部均匀受压承载力如何计算？什么是砌体局部抗压强度提高系数？它与哪些因素有关？

4.6 梁端局部受压有哪几种情况？在各种情况下的局部受压承载力如何计算？它们之间有何异同？

4.7 验算梁端支承处局部受压承载力时，为什么对上部轴向压力设计值要乘以上部荷载折减系数 ψ，它与哪些因素有关？

4.8 当梁端支承处局部受压承载力不满足要求时，可采取哪些措施？

4.9 轴心受拉，受弯和受剪承载力如何验算？在实际工程中，有哪些结构构件属于上述情况？

4.10 配筋砌体有哪几类？它们的受力特点如何？

4.11 网状配筋构件受压承载力如何计算？它与无筋砌体构件受压承载力有何不同？

习 题

4.1 柱截面为 490mm×620mm，采用 MU10 烧结普通砖及 M5 混合砂浆砌筑，柱计算高度 $H_0=H=6.8$m，柱顶承受轴心压力 $N=220$kN。烧结普通砖砌体自重为 19kN/m³，永久荷载分项系数 $\gamma_G=1.2$。

试验算柱底截面承载力。

4.2 一厚 190mm 的承重内横墙，采用 MU5 单排孔且孔对孔砌筑的混凝土小型空心砌块和 Mb5 砂浆。已知作用在底层墙顶的荷载设计值为 140kN/m，墙的计算高度 $H_0=H=3.5$m。

试验算底层墙底截面承载力（墙自重为 3.36kN/m²）。

4.3 截面 590mm×590mm 的单排孔且孔对孔砌筑的轻集料混凝土小型砌块柱，采用 MU15 砌块和 M5 混合砂浆砌筑。设在截面两个主轴方向柱的计算高度相同，$H_0=5.2$m，该柱承受的荷载设计值 $N=400$kN，$M=40$kN·m。

试验算两个方向的受压承载力。

4.4 某单层单跨无吊车工业厂房窗间墙截面，如图 4-28 所示。已知计算高度 $H_0=10.2$m，烧结普通砖等级为 MU10，混合砂浆等级为 M5，承受的荷载设计值 $N=330$kN，$M=42$kN·m。荷载作用点偏向翼缘。

试验算截面的承载力。

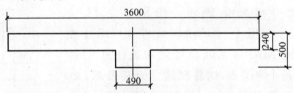

图 4-28 习题 4.4 图

4.5 房屋纵向窗间墙上有一跨度为 6.0m 的大梁，梁截面尺寸为 $b×h=200$mm×550mm，支承长度 $a=240$mm，支座反力 $N_l=80$kN，梁底墙体截面处的上部荷载设计值为 260kN。窗间墙截面为 1200mm×390mm（图 4-29），采用孔洞率不大于 35% 的多排孔轻集料混凝土小型空心砌块，强度等级为 MU10，水泥混合砂浆强度等级为 Mb5，双排组砌。

试验算局部受压承载力。

4.6 设 $N=110$kN，采用刚性垫块，其他条件同习题 4.5（建议垫块尺寸 $a_b×b_b=240$mm×600mm）。

试验算局部受压承载力。

4.7 一外纵墙的窗间墙截面为 1200mm×190mm，搁有跨度为 5.6m 的梁，梁的截面尺寸 $b×h=200$mm×500mm。外纵墙采用单排孔且孔对孔砌筑的轻集料混凝土小型空心砌块灌孔砌体，砌块强度等级为 MU10，水泥混合砂浆强度等级为 Mb5，用 Cb20 混凝土灌孔。已知梁的支承长度 $a=190$mm，$N_l=108$kN，梁底墙体截面上的荷载为 210kN，砌块孔洞率 $\delta=50\%$，灌孔率 $\rho=35\%$。

(1) 试验算局部受压承载力；

(2) 如不满足，则将梁搁于圈梁上再进行验算。

4.8 如图 4-30 所示网状配筋砖柱，截面尺寸为 490mm×490mm，计算高度 $H_0=4.2$m，采用 MU10 烧结多孔砖和 M5 水泥混合砂浆砌筑，承受轴心压力设计值 $N=380$kN。

(1) 试设计配筋；

(2) 当其基础也用同样材料砌筑时，按局部受压条件确定基础顶面尺寸。

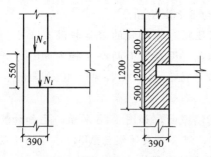

图 4-29 习题 4.5 图

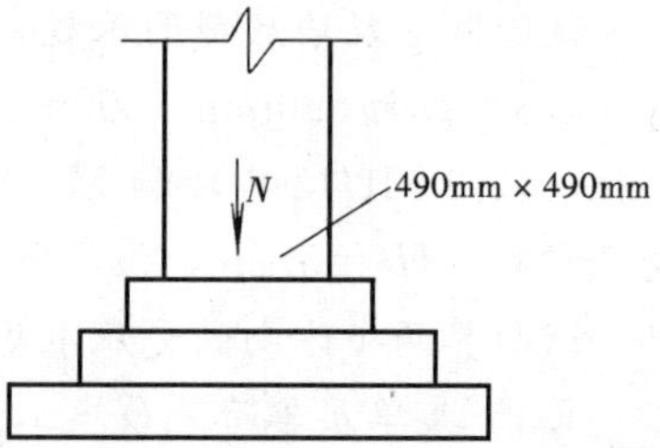

图 4-30 习题 4.8 图

4.9 某组合砖砌体边柱，计算高度 $H_0=7.8$m，截面尺寸如图 4-31 所示，采用 MU15 小型混凝土砌块、用 Mb5 水泥混合砂浆砌筑、用 Cb20 混凝土灌孔和用 HRB335 钢筋配筋。面层采用 C20 混凝土已知荷载设计值 $N=460$kN，$M=230$kN·m（长边方向）。

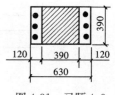

图 4-31 习题 4.9

在对称配筋的情况下，试求所需受拉钢筋截面面积。

参 考 文 献

[4.1] 丁大钧. 学习砌体结构刍议 [J]. 建筑结构. 2001. 31 (9)：34～38.

[4.2] 中华人民共和国国家标准. 砌体结构设计规范 GB 50003—2011 [S]. 北京：中国建筑工业出版社，2012：151.

[4.3] 钱义良. 砌体结构构件的偏心受压 [G]. 砌体结构研究论文集. 长沙：湖南大学出版社，1989：132～141.

[4.4] 唐岱新等. 砖砌体局部受压强度试验与实用计算方法 [J]. 建筑结构学报. 1980, 1 (4)：55～65.

[4.5] 丁大钧. 砖石结构设计中若干问题的商榷 [J]. 南京工学院学报. 1980 (2)：90～104.

[4.6] 蓝宗建，朱万福主编. 混凝土结构与砌体结构（第二版）[M]. 南京：东南大学出版社，2003：479.

[4.7] 唐岱新等. 砌体结构局部受压试验与计算方法 [G]. 砌体结构研究论文集. 长沙：湖南大学出版社，1989：163~192.

[4.8] 热摩奇金等著，顾子聪等译. 基础实用计算法 [M]. 北京：建筑工程出版社，1954：167.

[4.9] Karl Girkmann. Flachentragwerke. Springer-Verlag. Wien. 1956：596.

[4.10] 中华人民共和国国家标准. 混凝土结构设计规范 GB 50010—2010 [S]. 北京：中国建筑工业出版社，2011：348.

[4.11] Ding Dajun. Two New Points of View in Theory of Masonry Strength [C]. Proceedings of the 8th international Conference on Brick/Block Masonry Structures. Dublin, Ireland. Sept. 1988：1531~1538.

[4.12] Ding Dajun. Reszlegesen terhelt falazatok szilardsaga es a teherbiras noveless (in Hungarian, translated by Prof. G. Tassi) (Two new points of view in theory of masonry strength) [R]. Kozlekedesepitésés, Melyespltestudomanyi Szemle (Civil Engineering Review), 1989：95~112.

[4.13] Ding Dajun, et al. Experimental Research on Strength of Brick Columns Reinforced with New Type of Transverse Reinforcement [C]. Proceedings of the 4 th Canadian Masonry Symposium. June, 1986：1093~1100.

[4.14] 丁大钧，张涓，吕锡昭. 新型横配筋砖砌体试验研究 [J]. 建筑结构学报. 1988，9 (1)：53~58.

[4.15] 丁大钧. 结构破坏机理的研究与砌体强度新理论的创立 [J]. 工业建筑. 1994 (2)：32~35.

[4.16] 丁大钧，邰扣霞. 关于网状配筋砌体简化计算 [J]. 建筑结构学报. 1996 (1)：58~62.

[4.17] 柏傲冬. 纵配筋组合砖柱的试验研究及设计 [G]. 砌体结构研究论文集. 长沙：湖南大学出版社，1989：282~296.

[4.18] 柏傲冬. 组合砖砌体受压构件可靠度分析 [G]. 砌体结构研究论文集. 长沙：湖南大学出版社，1989：311~322.

[4.19] 张云杰，唐岱新. 砌块砌体应力-应变全曲线试验研究 [J]. 低温建筑技术. 2002 (2)：18~19.

[4.20] 唐岱新，费金标. 配筋砌块剪力墙正截面强度试验研究 [J]. 上海建材学院学报. 1995 (3).

[4.21] 全成华，唐岱新. 高强砌块配筋砌体剪力墙抗剪性能试验研究 [J]. 建筑结构学报. 2002，23 (2)：79~82，86.

[4.22] 杨伟军，施楚贤. 灌芯砌体的变形性能试验研究 [J]. 建筑结构. 2002，32 (2)：60~62，33.

[4.23] 杨伟军，施楚贤. 灌芯混凝土砌体抗剪强度的理论分析和试验研究 [J]. 建筑结构. 2002，32 (2)：63~65，72.

[4.24] 杨伟军,施楚贤. 灌芯配筋砌体轴心受压承载力研究 [J]. 建筑结构. 2002,32 (2):66~68.

[4.25] 蓝宗建,邹宏德,孙娟. 混凝土小型空心砌块开洞墙的抗震性能试验研究 [J]. 东南大学学报,1999,29 (4a):107~112.

[4.26] 王滕,赵成文,阎宝民,潘斌. 正压力和水平筋对砌块剪力墙抗剪性能的影响 [J]. 沈阳建筑工程学院学报. 1999,15 (3):1~7.

[4.27] 翟希梅,唐岱新. 混凝土小型空心砌块空腔墙体的恢复力试验研究 [J]. 哈尔滨工业大学学报. 2001,34 (6):26~31.

第 5 章 混合结构房屋墙体设计

§5.1 混合结构房屋的组成及结构布置方案

5.1.1 混合结构房屋的组成

混合结构房屋通常是指主要承重构件由不同的材料组成的房屋。如房屋的楼盖和屋盖采用钢筋混凝土结构（或木结构），而墙、柱、基础等竖向承重构件采用砌体（砖、石、砌块）材料。

混合结构房屋墙体所用的材料符合因地制宜、就地取材的原则，材料易得，造价较低，且可利用工业废料，所以应用范围较为广泛。一般民用建筑，如住宅、宿舍、办公楼、学校、商店、食堂、仓库等，以及中小型工业建筑都可以采用混合结构。

过去我国混合结构房屋的墙体材料大多采用黏土砖，由于烧制黏土砖不仅污染环境，而且大量占用农田，不利于环境和资源保护，近年来一些城市已开始禁止使用黏土实心砖。今后在选用混合结构房屋的墙体材料时，应尽可能采用非黏土的墙体材料，如蒸压粉煤灰普通砖、蒸压灰砂普通砖、混凝土空心砌块和轻骨料混凝土砌块等，在有条件的地方也可采用烧结多孔砖、空心砖或其他墙体材料。

墙体既是混合结构房屋中的主要承重结构，又是围护结构，因此墙体设计必须同时考虑结构和建筑两方面的要求，承重墙体的布置是混合结构房屋设计的重要环节。

5.1.2 混合结构房屋的结构布置方案

不同使用要求的混合结构房屋，由于房间布局和大小的不同，它们在建筑平面和剖面上可能是多种多样的。但是从结构的承重方案来看，按其荷载传递路线的不同，可以概括为四种不同类型：纵墙承重方案、横墙承重方案、纵横墙承重方案和内框架承重方案。

1. 纵墙承重方案

对于要求有较大空间的房屋（如单层厂房、仓库）或隔墙位置可能变化的房屋，通常无内横墙或横墙间距很大，因而由纵墙直接承受楼面、屋面荷载的结构布置方案即为纵墙承重方案。图 5-1 为某仓库屋盖结构平面布置的一部分，其屋盖为预制屋面大梁（或屋架）和屋面板。这类房屋竖向荷载的主要传递路线是：

板→梁（或屋架）→纵向承重墙→基础→地基

纵墙承重方案的特点是：

（1）纵墙是主要的承重墙，横墙虽然也承受荷载，但设置横墙的主要目的是为了满足房屋空间刚度和整体性的要求，因此，其间距可以相当大。这种承重方案房屋的空间较大，有利于使用上的灵活布置。

（2）由于纵墙承受的荷载较大，所以设在纵墙上门窗洞口的大小和位置受到一定限制。

（3）由于横墙数量较少，相对于横墙承重方案而言，房屋的横向刚度较小、整体性较差，在地震区的应用受到一定限制。

纵墙承重方案适用于使用上要求有较大空间的房屋，如食堂、仓库或中小型工业厂房等。

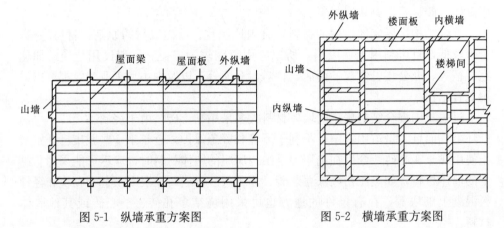

图 5-1 纵墙承重方案图　　　　图 5-2 横墙承重方案图

2. 横墙承重方案

当房屋的开间不大（一般为 3～4.5m），横墙间距较小，将楼面（或屋面）板直接搁置在横墙上的结构布置方案称为横墙承重方案。图 5-2 为某住宅楼结构平面布置的一部分，房间的楼板支承在横墙上，纵墙仅承受墙体本身的自重。横墙承重方案荷载的主要传递路线是：

楼面（或屋面）板→承重横墙→基础→地基

横墙承重方案的特点是：

（1）横墙是主要的承重墙，纵墙主要起围护、隔断和将横墙连成整体的作用。在一般情况下，纵墙的承载力是有富余的，因此对设在纵墙上门窗洞口大小和位置的限制较少。

（2）由于横墙的数量较多、间距较小，一般每一开间就有一道横墙，又有纵墙在纵向拉结，因此房屋的空间刚度大、整体性好，在抵抗风荷载、地震作用和调整地基的不均匀沉降方面比纵墙承重方案较为有利。

(3) 横墙承重方案结构较简单，施工方便，但与纵墙承重方案相比墙体材料用量较多。

在地震区，应优先采用横墙承重方案房屋。

3. 纵横墙承重方案

当建筑物的功能要求房间的大小变化较多时，为了结构布置的合理性，通常采用纵横墙承重方案。图 5-3 为某教学楼结构平面布置的一部分，房间的部分楼盖支承在横墙和梁上，或通过梁支承在纵墙上。其荷载传递路线为：

纵横墙承重方案既可保证有灵活布置的房间，又具有较大的空间刚度和整体性，适用于教学楼、办公楼、医院、图书馆等建筑。

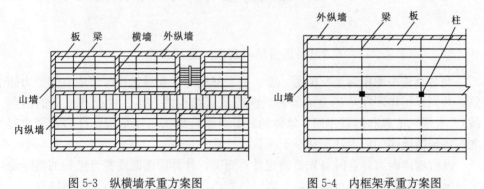

图 5-3 纵横墙承重方案图　　　　图 5-4 内框架承重方案图

4. 内框架承重方案

对于工业厂房的车间和底层为商店上部为住宅的建筑，可采用外墙与内柱同时承重的方案。图 5-4 为某工业厂房车间结构平面布置的一部分，外墙和内柱都是主要承重构件，楼板支承在梁上（有部分楼盖支承在外墙上），梁两端支承在外墙上，中间支承在内柱上。其荷载传递路线为：

这种结构既不是全部由框架（柱）承重，也不是全由砖墙承重，一般称为内框架承重方案。它的特点是：

(1) 墙和柱都是主要承重构件，由于取消了内墙由柱代替，在使用上可以取得较大空间，而不需要增加梁的跨度。

(2) 由于竖向承重材料不同，钢筋混凝土柱和砖墙的压缩量可能不一样，外墙和柱的基础形式也可能不同，基础沉降量也不容易一致，设计时如处理不当，结构容易产生不均匀的竖向变形，使结构产生较大的附加内力。

（3）横墙较少，房屋的空间刚度较差，抗震性能较差，在地震区不宜采用。

新颁布的《建筑抗震设计规范》GB 50011—2010 已取消了"内框架砖房"的相关内容。

内框架承重方案一般用于多层工业车间、商店、旅馆等建筑。此外，某些建筑的底层为了取得较大的使用空间，有时也采用这种承重方案。

以上是从大量的工程实践中概括出来的混合结构房屋的几种承重方案，设计时应根据不同的使用要求，以及地质、材料、施工等条件，按照安全可靠、技术先进、经济合理的原则，对几种可能的结构承重方案进行经济技术比较，正确选用比较合理的承重方案。

§5.2 混合结构房屋的静力计算方案

5.2.1 混合结构房屋的空间工作

混合结构房屋由屋盖、楼盖、墙、柱、基础等主要承重构件组成空间受力体系，共同承担作用在房屋上的各种竖向荷载（结构的自重、楼面和屋面的活荷载）、水平风荷载和地震作用。墙体的计算是混合结构房屋结构设计的重要内容之一，包括墙体的内力计算和截面承载力计算。

进行墙体内力计算时首先要确定计算简图，计算简图既要符合结构的实际受力情况，又要使计算尽可能简单。现以各类单层房屋为例来分析其受力特点。

第一种情况：图 5-5 为一两端没有设置山墙的单层房屋，外纵墙承重，屋盖为预制钢筋混凝土屋面板和屋面大梁。在这类房屋中，竖向荷载的传递路线是：屋面板→屋面大梁→纵墙→基础→地基。水平风荷载的传递路线是：纵墙→基础→地基。

假定作用于房屋的荷载是均匀分布的，外纵墙的窗口也是有规律均匀排列的，因此在水平荷载作用下整个房屋墙顶的水平位移是相同的。如果从其中任意两个窗口中线截取一个单元，这个单元的受力状态就和整个房屋的受力状态是一样的。因此，可以用这个单元的受力状态来代表整个房屋的受力状态，这个单元称为计算单元。

在这类房屋中，荷载作用下的墙顶水平位移主要取决于纵墙刚度，而屋盖结构的刚度只是保证传递水平荷载时两边纵墙的位移相同。假定这时横梁为绝对刚性的，如果把计算单元的纵墙比拟为排架柱、屋盖结构比拟为横梁，把基础看作柱的固定端支座，屋盖结构和墙的连接点看作铰接点，则计算单元的受力状态就如同一个单跨平面排架，属于平面受力体系。其受力分析和结构力学中平面排架

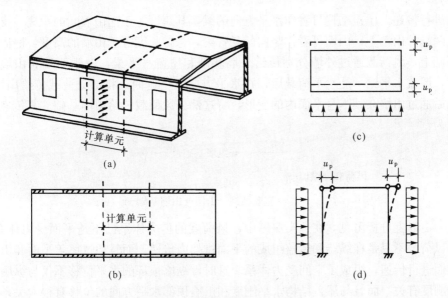

图 5-5 两端无山墙的单层房屋
(a) 立体图；(b) 平面图；(c) 水平荷载下屋盖的水平位移；(d) 风荷载下纵墙水平位移

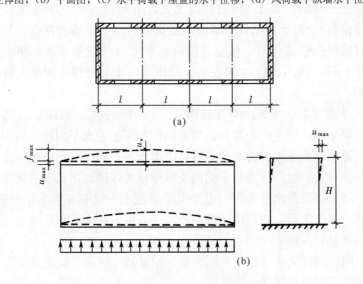

图 5-6 两端有山墙的单层房屋
(a) 平面图；(b) 屋盖水平变形和山墙平面内变形

的分析方法相同。

第二种情况：图 5-6 为两端有山墙的房屋，由于两端山墙的约束，其传力途径发生了变化。在均匀的水平荷载作用下，整个房屋墙顶的水平位移不再相同，距山墙较远的墙顶水平位移较大，而距山墙较近的墙顶水平位移较小。其原因是水平风荷载不仅在纵墙和屋盖组成的平面排架内传递，而且也通过屋盖平面和山墙进行传递。屋盖结构可看作水平方向的梁，其跨度等于两山墙间的距离，支承在两端的山墙上；山墙可看作竖向的悬臂梁，悬臂长度等于山墙的高度，嵌固于基础上。风荷载通过外墙分别传给外墙基础和屋盖水平梁，由于两端有山墙存在，屋盖水平梁承受水平荷载后，在水平方向发生弯曲，将部分荷载传给山墙，最后通过山墙在其本身平面内的变形，将这部分风荷载传给山墙基础。其传递路线为：

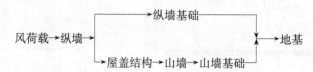

由以上分析可见，在这类房屋中，风荷载的传力体系已不是平面受力体系，即风荷载不只是在纵墙和屋盖组成的平面排架内传递，而且通过屋盖平面和山墙平面进行传递，组成了空间受力体系。这时，纵墙顶部的水平位移不仅与纵墙本身刚度有关，而且与屋盖结构水平刚度和山墙顶部水平方向的位移有很大关系。

对于无山墙的单层房屋，在风荷载作用下，它的每个计算单元的纵墙顶上的水平位移都是一样的，而与房屋的长度无关，用 u_p 来表示这类房屋墙顶的水平位移（平面位移）。对于两端有山墙的单层房屋，由于山墙的存在，其纵墙顶上的水平位移沿纵向是变化的，和屋盖结构水平方向的位移一致，两端小、中间大，如图 5-6（b）所示，用 u_s 来表示中间排架的水平位移，即最大的水平位移（空间位移）。

u_p 的大小主要取决于纵墙本身的刚度。u_s 的大小除了取决于纵墙本身的刚度外，还取决于两山墙间的距离、山墙的刚度和屋盖的水平刚度。当山墙的距离很远时，也即屋盖水平梁的跨度很大时，跨中水平位移大。山墙的刚度差时，山墙顶的水平位移大，也即屋盖水平梁的支座位移大，因而屋盖水平梁的跨中水平位移也大。屋盖本身的刚度差时，也加大了屋盖水平梁的跨中水平位移。反之，当山墙的刚度足够大时，两端山墙的距离越近，屋盖的水平刚度越大，房屋的空间受力作用越显著，则 u_s 越小。

房屋空间作用的大小可以用空间性能影响系数 η 表示，假定屋盖为在水平面内支承于横墙上的剪切型弹性地基梁，纵墙（柱）为弹性地基，由理论分析可以得到空间性能影响系数为[5.1]

$$\eta = \frac{u_s}{u_p} = 1 - \frac{1}{\mathrm{ch}ks} \leqslant 1 \tag{5-1}$$

式中 u_s——考虑空间工作时，外荷载作用下房屋排架水平位移的最大值；

u_p——在外荷载作用下，平面排架的水平位移；

k——屋盖系统的弹性常数，取决于屋盖的刚度；

s——横墙的间距。

η 值越大,表示考虑空间工作后的排架柱顶最大水平位移与平面排架的柱顶位移越接近,房屋的空间作用越小;η 值越小,则表示房屋的空间作用越大;因此,η 又称为考虑空间工作后的侧移折减系数。按理论计算来确定 k 值是比较困难的,《规范》采用了半经验、半理论的方法来确定 k 值。以实测的 u_s 及 u_p 值反算出 η 值,代入上述公式求出各类屋盖系统的 k 值,根据计算结果将屋盖系统按照其刚度的大小划分三类(表 5-2),并对各类屋盖的 k 值进行统计,可以得到:

第一类屋盖　$k=0.03$;
第二类屋盖　$k=0.05$;
第三类屋盖　$k=0.065$;

横墙间距 s 是影响房屋刚度或侧移大小的重要因素,不同横墙间距的各类单层房屋的屋盖空间性能影响系数 η 可按公式(5-1)计算或按表 5-1 查用。

理论分析和实测结果表明[5.2],[5.3],多层房屋不仅存在沿房屋纵向各开间的相互作用,而且还存在各层之间的相互作用,因此多层房屋的空间性能影响系数 η_i 值比表 5-1 的数值偏小,但为简便和偏于安全,《规范》取多层房屋与单层房屋相同的系数值(即表 5-1 中的值)。

房屋各层的空间性能影响系数 η_i　　　　表 5-1

屋盖或楼盖类别	横墙间距 s (m)														
	16	20	24	28	32	36	40	44	48	52	56	60	64	68	72
1	—	—	—	—	0.33	0.39	0.45	0.50	0.55	0.60	0.64	0.68	0.71	0.74	0.77
2	—	0.35	0.45	0.54	0.61	0.68	0.73	0.78	0.82	—	—	—	—	—	—
3	0.37	0.49	0.60	0.68	0.75	0.81	—	—	—	—	—	—	—	—	—

注:i 取 $1\sim n$,n 为房屋的层数。

5.2.2 房屋静力计算方案的分类

按照房屋空间作用的大小,在进行混合结构房屋静力计算时可划分为三种方案:

1. 刚性方案

若房屋的空间刚度很大,在水平风荷载作用下 $u_s \approx 0$,这时屋盖可视为纵向墙体上端的不动铰支座,墙柱内力可按上端有不动铰支承的竖向构件进行计算,这类房屋称为刚性方案房屋。

2. 弹性方案

若房屋的空间刚度很小,在水平风荷载作用下 $u_s \approx u_p$,即墙顶的最大水平位移接近于平面结构体系,这时墙柱内力可按不考虑空间作用的平面排架或框架计算,这类房屋称为弹性方案房屋。

3. 刚弹性方案

若房屋的空间刚度介于上述两种方案之间，在水平风荷载作用下 $0<u_s<u_p$，纵墙顶端水平位移比弹性方案要小，但又不可忽略不计，其受力状态介于刚性方案和弹性方案之间，这时墙柱内力可按考虑空间作用的平面排架或框架计算，这类房屋称为刚弹性方案房屋。

《规范》规定，对于刚度较大的第一类屋盖，当 $\eta>0.77$ 时，按弹性方案计算，这一规定是偏于安全的。当 $\eta<0.33$ 时，按刚性方案计算，此时按刚弹性方案计算与按刚性方案计算所要求的截面尺寸的差别不显著，但按刚性方案计算可使计算大大简化。只有 $0.33<\eta<0.77$ 时，才按刚弹性方案计算。按照上述原则，为了方便设计，在《规范》中将房屋按屋盖和楼盖的刚度划分为三种类别，并按房屋横墙的间距 s（m）来确定静力计算方案（表 5-2）。

房屋的静力计算方案　　　　表 5-2

	屋盖或楼盖类别	刚性方案	刚弹性方案	弹性方案
1	整体式、装配整体和装配式无檩体系钢筋混凝土屋盖或钢筋混凝土楼盖	$s<32$	$32\leqslant s\leqslant 72$	$s>72$
2	装配式有檩体系钢筋混凝土屋盖、轻钢屋盖和密铺望板的木屋盖或木楼盖	$s<20$	$20\leqslant s\leqslant 48$	$s>48$
3	瓦材屋面的木屋盖和轻钢屋盖	$s<16$	$16\leqslant s\leqslant 36$	$s>36$

注：1. 表中 s 为房屋横墙间距，其长度单位为 m；
　　2. 当多层房屋的屋盖、楼盖类别不同或横墙间距不同时，可按本表规定分别确定各层（底层或顶部各层）房屋的静力计算方案；
　　3. 对无山墙或伸缩缝无横墙的房屋，应按弹性方案考虑。

应该注意的是，在设计多层混合结构房屋时，不宜采用弹性方案，因为弹性方案房屋水平位移较大，当房屋高度增加时，会因过大位移导致房屋的倒塌，或需要过度增加纵墙截面面积。

5.2.3　刚性方案或刚弹性方案的横墙

由以上分析可知，房屋的静力计算方案是根据房屋空间刚度的大小确定的，而房屋的空间刚度取决于屋盖或楼盖的类别和房屋中横墙的间距以及刚度的大小。作为刚性方案或刚弹性方案的横墙，其刚度必须符合要求，才能保证屋盖或楼盖水平梁的支座位移不致过大，满足抗侧力横墙的要求。

《规范》规定，刚性方案或刚弹性方案的横墙应符合下列要求：

(1) 横墙中开有洞口时，洞口的水平截面面积不应超过横墙截面面积的 50%；

(2) 横墙的厚度不宜小于 180mm；

(3) 单层房屋的横墙长度不宜小于其高度，多层房屋的横墙长度不宜小于 $H/2$（H 为横墙总高度）。

此外，横墙应与纵墙同时砌筑，如不能同时砌筑时，应采取其他措施以保证房屋的整体刚度。

当横墙不能同时符合上述要求时，应对横墙刚度进行验算。如其最大水平位移 $u_{max} \leqslant \dfrac{H}{4000}$ 时，仍可视作刚性或刚弹性方案房屋的横墙。凡符合上述刚度要求的一段墙或其他结构构件（如框架等），也可视作刚性或刚弹性方案房屋的横墙。

单层房屋横墙在水平集中力 P_1 作用下的最大水平位移 u_{max} 由弯曲产生的水平位移（弯曲变形）和剪力产生的水平位移（剪切变形）两部分组成。当门窗洞口的水平截面面积不超过横墙全截面面积的 75% 时，u_{max} 可按下式计算（图 5-7）。

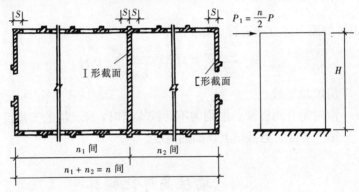

图 5-7 单层房屋横墙简图

$$u_{max} = \frac{P_1 H^3}{3EI} + \frac{\tau}{G}H = \frac{nPH^3}{6EI} + \frac{2.5nPH}{EA} \tag{5-2}$$

$$P_1 = \frac{n}{2}P \tag{5-3}$$

$$P = W + R \tag{5-4}$$

式中　P_1——作用于横墙顶端的集中水平荷载；

n——与该横墙相邻的两横墙的开间数（图 5-7）；

W——每开间中作用于屋架下弦、由屋面风荷载（包括屋盖下弦以上一段女儿墙上的风荷载）产生的集中风力；

R——假定排架无侧移时，每开间柱顶反力；

H——横墙高度；

E——砌体的弹性模量；

I——横墙的惯性矩，为简化计算，近似地取横墙的毛截面惯性矩，当横墙与纵墙连接时可按 I 形或 [形（图 5-7）截面考虑，与横墙共同工作的纵墙部分的计算长度 S，每边近似地取 $S=0.3H$ [5.4]；

τ——水平截面上的剪应力。

水平截面上的剪应力 τ 按下式计算：

$$\tau = \zeta \frac{P_1}{A} \tag{5-5}$$

式中　ζ——应力分布不均匀系数，可近似取 $\zeta=2.0$；
　　　A——横墙水平截面面积，可近似取毛截面面积；
　　　G——砌体的剪变模量。

砌体的剪变模量 G 按下式计算：

$$G = \frac{E}{2(1+\nu)} \approx 0.4E \tag{5-6}$$

多层房屋也可仿照上述方法进行计算：

$$u_{\max} = \frac{n}{6EI}\sum_{i=1}^{m} P_i H_i^3 + \frac{2.5n}{EA}\sum_{i=1}^{m} P_i H_i \tag{5-7}$$

式中　m——房屋总层数；
　　　P_i——假定每开间框架各层均为不动铰支座时，第 i 层的支座反力；
　　　H_i——第 i 层楼面至基础上顶面的高度。

§5.3　墙柱高厚比验算

混合结构房屋中的墙、柱均是受压构件，除了应满足承载力的要求外，还必须保证其稳定性。《规范》中规定用验算墙、柱高厚比的方法进行墙、柱稳定性的验算。这是保证砌体结构在施工阶段和使用阶段稳定性的一项重要构造措施。

高厚比系指砌体墙、柱的计算高度 H_0 和墙厚或边长（h）的比值。高厚比验算包括两方面，一是允许高厚比的限值，二是墙、柱实际高厚比的确定。

5.3.1　允许高厚比及影响高厚比的主要因素

允许高厚比的限值 $[\beta]$ 主要是根据实践经验规定的，它反映在一定的时期内材料的质量和施工的水平，《规范》规定的墙、柱允许高厚比见表5-3。

墙、柱的允许高厚比 $[\beta]$ 值　　　　　表5-3

砌体类型	砂浆强度等级	墙	柱
无筋砌体	M2.5	22	15
	M5.0 或 Mb5.0、Ms5.0	24	16
	≥M7.5 或 Mb7.5、Ms7.5	26	17
配筋砌块砌体	—	30	21

注：1. 毛石墙、柱允许高厚比应按表中数值降低20%；
　　2. 组合砖砌体的允许高厚比，可按表中数值提高20%，但不得大于28；
　　3. 验算施工阶段砂浆尚未硬化的新砌砌体高厚比时，允许高厚比对墙取14，对柱取11。

影响墙、柱高厚比的因素很复杂，难以用理论推导的公式来确定，《规范》中规定的验算方法是结合我国的工程经验，综合考虑下列各种因素确定的：

(1) 砂浆强度等级

砂浆强度直接影响砌体的弹性模量，而砌体弹性模量的大小又直接影响砌体的刚度。所以砂浆强度是影响允许高厚比的一项重要因素，由表 5-3 可以看出，砂浆强度高，允许高厚比可以大些；砂浆强度低，允许高厚比应小些。

(2) 砌体类型

毛石墙比一般砌体墙的刚度差，允许高厚比应降低；而组合砌体由于其中的钢筋混凝土刚度好，允许高厚比可提高（见表 5-3 注 1、2）。

(3) 横墙间距

横墙的间距越小，墙体的稳定性和刚性越好，横墙的间距越大，则稳定性和刚性越差。高厚比验算时用改变墙体的计算高度来考虑这一因素，柱子没有横墙连系，其允许高厚比应较墙小些。

(4) 支承条件

刚性方案房屋的墙柱在屋盖和楼盖支承处水平位移较小（计算时假定为不动铰支座），刚性好，允许高厚比可以大些。而弹性和刚弹性方案房屋的墙柱在屋盖和楼盖支承处水平位移较大，允许高厚比相对小些。高厚比验算时用改变其计算高度来考虑这一因素。

(5) 墙体截面刚度

墙体截面惯性矩较大，稳定性则好。当墙上门窗洞口削弱较多时，允许高比应降低，可以通过有门窗洞口墙允许高厚比的修正系数来考虑这一影响。

(6) 构件重要性和房屋的使用情况

对次要构件，如非承重墙允许高厚比可以增大；对于使用时有振动的房屋则应酌情降低。

(7) 构造柱间距

墙中设有钢筋混凝土构造柱时可提高墙体使用阶段的稳定性和刚度，高厚比验算时采用设构造柱墙允许高厚比提高系数来考虑这一影响。[5.5]

由于墙体在施工过程中大多是先砌墙后浇注构造柱，因此考虑构造有利作用的高厚比验算不适用于施工阶段，并应注意采取措施保证设构造柱墙在施工阶段的稳定性。

5.3.2 高厚比验算

1. 一般墙、柱的高厚比验算[5.6]：

(1) 一般墙、柱的高厚比应按下式进行验算：

$$\beta = \frac{H_0}{h} \leqslant \mu_1 \mu_2 [\beta] \tag{5-8}$$

式中 H_0——墙、柱计算高度,按表 5-4 采用[5.6]、[5.7];

h——墙厚或矩形柱与 H_0 相对应的边长;

μ_1——自承重墙允许高厚比修正系数;

μ_2——有门窗洞口墙允许高厚比修正系数。

自承重墙允许高厚比修正系数按下列规定采用:

$h=240$mm　　　$\mu_1=1.2$

$h=90$mm　　　$\mu_1=1.5$

240mm$>h>$90mm μ_1 可按插入法取值。

上端为自由端的墙的允许高厚比,除按上述规定提高外,尚可提高 30%;对厚度小于 90mm 的墙,当双面用不低于 M10 的水泥砂浆抹面,包括抹面层的墙厚不小于 90mm 时,可按墙厚等于 90mm 验算高厚比。

受压构件的计算高度 H_0 表 5-4

房屋类型			柱		带壁柱墙或周边拉结的墙		
			排架方向	垂直排架方向	$s>2H$	$2H \geqslant s>H$	$s \leqslant H$
有吊车的单层房屋	变截面柱上段	弹性方案	$2.5H_u$	$1.25H_u$	$2.5H_u$		
		刚性、刚弹性方案	$2.0H_u$	$1.25H_u$	$2.0H_u$		
	变截面柱下段		$1.0H_l$	$0.8H_l$	$1.0H_l$		
无吊车的单层和多层房屋	单跨	弹性方案	$1.5H$	$1.0H$	$1.5H$		
		刚弹性方案	$1.2H$	$1.0H$	$1.2H$		
	多跨	弹性方案	$1.25H$	$1.0H$	$1.25H$		
		刚弹性方案	$1.10H$	$1.0H$	$1.1H$		
		刚性方案	$1.0H$	$1.0H$	$1.0H$	$0.4s+0.2H$	$0.6s$

注:1. 表中 H_u 为变截面柱的上段高度,H_l 为变截面柱的下段高度。

2. 对于上端为自由端的构件,$H_0=2H$。

3. 独立砖柱,当无柱间支撑时,柱在垂直排架方向的 H_0 应按表中数值乘以 1.25 后采用。

4. s 为房屋横墙间距。

5. 自承重墙的计算高度应根据周边支承或拉接条件确定。

6. 表中的构件高度 H 应按下列规定采用:在房屋底层,为楼板顶面到构件下端支点的距离,下端支点的位置可取在基础顶面,当埋置较深且有刚性地坪时,可取室外地面下 500mm 处;在房屋的其他层,为楼板或其他水平支点间的距离;对于无壁柱的山墙,可取层高加山墙尖高度的 1/2;对于带壁柱山墙可取壁柱处的山墙高度。

文献 [5.7] 对周边拉结的墙的计算高度进行了研讨,可供读者参考。

有门窗洞口墙允许高厚比修正系数 μ_2 按下式计算:

$$\mu_2 = 1 - 0.4 \frac{b_s}{s} \quad (5-9)$$

式中 b_s——在宽度 s 范围内的门窗洞口总宽度；

s——相邻横墙、壁柱或构造柱间的距离（图 5-8）。

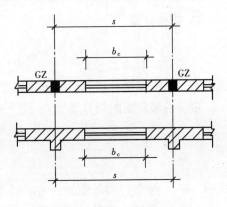

图 5-8 门窗洞口宽度示意图

当按公式（5-9）算得的 μ_2 小于 0.7 时，应采用 0.7；当洞口高度等于或小于墙高的 1/5 时，可取 $\mu_2=1.0$；当洞口的高度大于或等于墙高的 4/5 时，可按独立墙段验算高厚比。

(2) 在进行墙、柱的高厚比验算时应注意以下几点：

1) 当与墙连接的相邻两墙间的距离 $s \leqslant \mu_1 \mu_2 [\beta] h$ 时，墙的高度可不受式 (5-8) 即 $\beta = \frac{H_0}{h} \leqslant \mu_1 \mu_2 [\beta]$ 的限制；

2) 变截面柱的高厚比可按上、下截面分别验算，对有吊车的房屋，当荷载组合不考虑吊车作用时，变截面柱上段的计算高度按表 5-4 的规定采用；变截面柱下段的计算高度可按下列规定采用：

① 当 $H_u/H \leqslant 1/3$ 时，取无吊车房屋的 H_0；

② 当 $1/3 < H_u/H < 1/2$ 时，取无吊车房屋的 H_0 乘以修正系数 μ，$\mu = 1.3 - 0.3 I_u/I_l$，I_u 为变截面柱上段的惯性矩，I_l 为变截面柱下段的惯性矩；

③ 当 $H_u/H \geqslant 1/2$ 时，取无吊车房屋的 H_0，但在确定 β 时，应采用上柱截面。

上述规定也适用于无吊车厂房的变截面柱。验算上柱的高厚比时，墙、柱的允许高厚比可按表 5-3 的数值乘以 1.3 后采用。

3) 当构造柱截面宽度不小于墙厚时，墙的允许高厚比可乘以系数 μ_c；

$$\mu_c = 1 + \gamma \frac{b_c}{l} \quad (5-10)$$

式中 γ——系数，对细料石、半细料石砌体，$\gamma=0$，对混凝土砌块、粗料石、毛料石及毛石砌体，$\gamma=1.0$，其他砌体，$\gamma=1.5$；

b_c——构造柱沿墙长方向的宽度；

l——构造柱的间距。

按式（5-10）计算 μ_c 时，当 $b_c/l > 0.25$ 时取 $b_c/l = 0.25$，当 $b_c/l < 0.05$ 时取 $b_c/l = 0$。

2. 带壁柱墙或带构造柱墙的高厚比验算

(1) 整片墙高厚比验算

1) 带壁柱墙

$$\beta = \frac{H_0}{h_T} \leqslant \mu_1 \mu_2 [\beta] \tag{5-11}$$

式中 h_T——带壁柱墙截面的折算厚度。

带壁柱墙截面的折算厚度 h_T 按下式计算：

$$h_T = 3.5i \tag{5-12}$$

$$i = \sqrt{\frac{I}{A}} \tag{5-13}$$

式中 i——带壁柱墙截面的回转半径；

I、A——分别为带壁柱墙截面的惯性矩和截面面积。

当确定带壁柱墙的计算高度 H_0 时，s 应取相邻横墙间距，如图 5-9（a）所示。

在确定带壁柱墙截面回转半径时，墙计算截面翼缘宽度 b_f 可按下列规定采用：

①多层房屋，当有门窗洞口时可取窗间墙宽度；当无门窗洞口时每侧翼墙宽度可取壁柱高度（层高）的 1/3，但不应大于相邻壁柱间的距离；

②单层房屋，可取壁柱宽加 2/3 墙高，但不大于窗间墙宽度和相邻壁柱间距离；

③计算带壁柱墙的条形基础时，可取相邻壁柱间的距离。

2) 带构造柱墙

带构造柱墙整片墙的高厚比仍按公式（5-8）进行验算，但墙的允许高厚比 $[\beta]$ 可按表 5-3 的数值乘以提高系数 μ_c，μ_c 按公式（5-10）计算。当确定带构造柱墙的计算高度 H_0 时，s 应取相邻横墙间距，如图 5-9 所示。

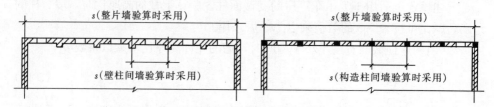

图 5-9 带壁柱墙或带构造柱墙高厚比验算图

(2) 壁柱间墙或构造柱间墙的高厚比验算

壁柱间墙或构造柱间墙的高厚比可按公式（5-8）进行验算。在确定计算高度 H_0 时 s 应取相邻壁柱间或相邻构造柱的距离，不论带壁柱墙或带构造柱墙的静力计算采用何种方案，壁柱间墙或构造柱间墙 H_0 的计算，可一律按刚性方案考虑。设有钢筋混凝土圈梁的带壁柱墙或带构造柱墙，当 $b/s \geqslant 1/30$ 时，圈梁可视作壁柱间墙或构造柱间墙的不动铰支点（b 为圈梁宽度）。如不允许增加圈梁宽度，可按墙体平面外等刚度原则增加圈梁高度，以满足壁柱间墙或构造柱间墙不动铰支点的要求。

【例 5-1】 某三层办公楼平面布置如图 5-10，采用装配式钢筋混凝土楼盖，纵横向承重墙厚度均为 190mm，采用 MU7.5 单排孔混凝土砌块、双面粉刷，一层用 Mb7.5 砂浆，二至三层采用 Mb5 砂浆，层高为 3.3m，一层墙从楼板顶面到基础顶面的距离为 4.1m，窗洞宽均为 1800mm，门洞宽均为 1000mm，在纵横墙相交处和屋面或楼面大梁支承处，均设有截面为 190mm×250mm 的钢筋混凝土构造柱（构造柱沿墙长方向的宽度为 250mm），试验算各层纵、横墙的高厚比。

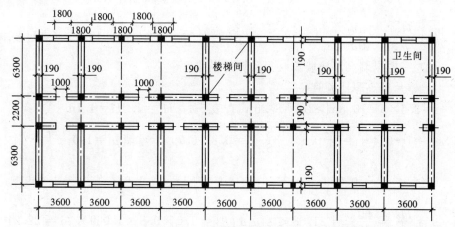

图 5-10 例 5-1 办公楼平面图

【解】

1. 纵墙高厚比验算

（1）确定静力计算方案

最大横墙间距 $s=3.6\times3=10.8m<32m$，查表 5-2 属刚性方案；二、三层墙高 $H=3.3m$（$2H=6.6m$），墙厚 $h=190mm$，Mb5 砂浆，查表 5-3，$[\beta]=24$；一层墙高 $H=4.1m$（$2H=8.2m$），墙厚 $h=190mm$，Mb7.5 砂浆，查表 5-3，$[\beta]=26$。

（2）二、三层纵墙高厚比验算

由于外纵墙窗洞口的宽度大于内纵墙门洞口的宽度，只需要验算外纵墙的高厚比。

1）整片墙高厚比验算

$s=3.6\times3=10.8m>2H=6.6m$，查表 5-4，$H_0=1.0H=3.3m$

$\mu_2=1-0.4\dfrac{b_s}{s}=1-0.4\times\dfrac{1.8\times3}{3.6\times3}=0.8>0.7$，承重墙 $\mu_1=1.0$

$$0.05 < \frac{b_c}{l} = \frac{250}{3600} = 0.069 < 0.25, \mu_c = 1 + \gamma\frac{b_c}{l} = 1 + 1.0 \times \frac{250}{3600} = 1.069$$

$$\beta = \frac{H_0}{h} = \frac{3300}{190} = 17.37 < \mu_1\mu_2\mu_c[\beta] = 1.0 \times 0.8 \times 1.069 \times 24 = 20.52$$

(满足要求)

2) 构造柱间墙高厚比验算

构造柱间距 $s=3.6\text{m}$，$H=3.3\text{m} < s < 2H=6.6\text{m}$

$$H_0 = 0.4s + 0.2H = 0.4 \times 3.6 + 0.2 \times 3.3 = 2.1\text{m}$$

$\mu_2 = 1 - 0.4\dfrac{b_s}{s} = 1 - 0.4 \times \dfrac{1.8}{3.6} = 0.8 > 0.7$，承重墙 $\mu_1 = 1.0$

$$\beta = \frac{H_0}{h} = \frac{2100}{190} = 11.05 < \mu_1\mu_2[\beta] = 1.0 \times 0.8 \times 24 = 19.2 \quad (满足要求)$$

(3) 一层纵墙高厚比验算（只验算外纵墙）

1) 整片墙高厚比验算

$s = 3.6 \times 3 = 10.8\text{m} > 2H = 8.2\text{m}$，查表 5-4，$H_0 = 1.0H = 4.1\text{m}$

$\mu_2 = 1 - 0.4\dfrac{b_s}{s} = 1 - 0.4 \times \dfrac{1.8 \times 3}{3.6 \times 3} = 0.8 > 0.7$，承重墙 $\mu_1 = 1.0$

$$0.05 < \frac{b_s}{l} = 0.069 < 0.25, \mu_c = 1 + \gamma\frac{b_c}{l} = 1 + 1.0 \times \frac{250}{3600} = 1.069$$

$$\beta = \frac{H_0}{h} = \frac{4100}{190} = 21.58 < \mu_1\mu_2\mu_c[\beta] = 1.0 \times 0.8 \times 1.069 \times 26 = 22.24$$

(满足要求)

2) 构造柱间墙高厚比验算

构造柱间距 $s = 3.6\text{m} < H = 4.1\text{m}$，$H_0 = 0.6s = 0.6 \times 3.6 = 2.16\text{m}$

$\mu_2 = 1 - 0.4\dfrac{b_s}{s} = 1 - 0.4 \times \dfrac{1.8}{3.6} = 0.8 > 0.7$，承重墙 $\mu_1 = 1.0$

$\beta = \dfrac{H_0}{h} = \dfrac{2160}{190} = 11.37 < \mu_1\mu_2[\beta] = 1.0 \times 0.8 \times 26 = 20.8$（满足要求）

2. 横墙高厚比验算

(1) 确定静力计算方案

最大纵墙间距 $s = 6.3\text{m} < 32\text{m}$，查表 5-2，属刚性方案；二、三层墙高 $H = 3.3\text{m}$ ($2H = 6.6\text{m}$)，$[\beta] = 24$；底层墙高 $H = 4.1\text{m}$ ($2H = 8.2\text{m}$)，$[\beta] = 26$。

(2) 二、三层横墙高厚比验算

$s = 6.3\text{m}$，$H = 3.3\text{m}$，$2H = 6.6\text{m}$，$H < s < 2H$

查表 5-4，$H_0 = 0.4s + 0.2H = 0.4 \times 6.3 + 0.2 \times 3.3 = 3.18\text{m}$

承重墙 $\mu_1 = 1.0$，无门窗洞口 $\mu_2 = 1.0$，且 $\dfrac{b_c}{l} = \dfrac{190}{6300} = 0.03 < 0.05$，不考虑

构造柱的影响（即 $\mu_c=1.0$）。

$$\beta = \frac{H_0}{h} = \frac{3180}{190} = 16.74 < \mu_1\mu_2[\beta] = 1.0 \times 1.0 \times 24 = 24 \quad \text{（满足要求）}$$

（3）一层横墙高厚比验算

$s=6.3\text{m}$，$H=4.1\text{m}$，$2H=8.2\text{m}$，$H<s<2H$

查表 5-4，$H_0=0.4s+0.2H=0.4\times 6.3+0.2\times 4.1=3.34\text{m}$

$$\beta = \frac{H_0}{h} = \frac{3340}{190} = 17.58 < \mu_1\mu_2[\beta] = 1.0 \times 1.0 \times 26 = 26 \quad \text{（满足要求）}$$

【例 5-2】 某单层仓库如图 5-11 所示，其纵墙设有壁柱，两端横墙设有钢筋混凝土构造柱，纵、横墙均为承重墙；墙体采用 MU10 烧结多孔砖、M7.5 砂浆砌筑，层高 4.5m，装配式无檩体系屋盖。试验算外纵墙和两端横墙的高厚比。

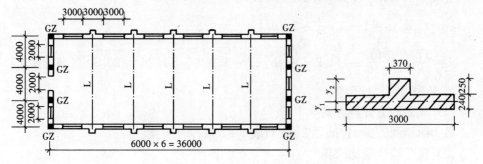

图 5-11 例 5-2 仓库平面图、壁柱墙截面

【解】

1. 外纵墙高厚比验算

（1）确定静力计算方案

该仓库采用装配式无檩体系屋盖，属 1 类屋盖，横墙间距 32m<s=36m<72m，查表 5-2，属刚弹性方案。壁柱下端嵌固于室内地坪以下 0.5m 处，H=4.5+0.5=5m，M7.5 砂浆，查表 5-3，$[\beta]$=26。

（2）带壁柱墙截面几何参数

截面面积 $A=240\times 3000+250\times 370=8.125\times 10^5 \text{mm}^2$

形心位置 $y_1=\dfrac{3000\times 240\times 120+250\times 370\times (240+250/2)}{8.125\times 10^5}=147.9\text{mm}$

$y_2=240+250-147.9=342.1\text{mm}$

截面惯性矩

$$I = \frac{3000\times 147.9^3}{3} + \frac{370\times 342.1^3}{3} + \frac{(3000-370)\times (240-147.9)^3}{3}$$

$$=8.858\times 10^9 \text{mm}^4$$

回转半径 $i=\sqrt{\dfrac{I}{A}}=\sqrt{\dfrac{8.858\times10^9}{8.125\times10^5}}=104.4$ mm

折算厚度 $h_T=3.5i=3.5\times104.4=365.4$ mm

(3) 整片墙高厚比验算

查表 5-4，$H_0=1.2H=1.2\times5000=6000$ mm

$\mu_2=1-0.4\dfrac{b_s}{s}=1-0.4\times\dfrac{3\times6}{6\times6}=0.8>0.7$，承重墙 $\mu_1=1.0$

$\beta=\dfrac{H_0}{h_T}=\dfrac{6000}{365.4}=16.42<\mu_1\mu_2[\beta]=1.0\times0.8\times26=20.8$ （满足要求）

(4) 壁柱间墙高厚比验算

$s=6$m，$H=5$，$2H=10$m，$H<s<2H$

查表 5-4，$H_0=0.4s+0.2H=0.4\times6.0+0.2\times5.0=3.4$ m

$\mu_1=1.0$，$\mu_2=1-0.4\dfrac{b_s}{6}=1-0.4\times\dfrac{3}{6}=0.8$

$\beta=\dfrac{H_0}{h}=\dfrac{3400}{240}=14.2<\mu_1\mu_2[\beta]=1.0\times0.8\times26=20.8$ （满足要求）

2. 外横墙高厚比验算

(1) 确定静力计算方案

最大纵墙间距 $s=12$m<32m，查表 5-2，属刚性方案。

(2) 整片墙高厚比验算

外横墙厚 240mm，设有与墙等厚度的钢筋混凝土构造柱，$0.05<\dfrac{b_c}{l}=\dfrac{240}{4000}=0.06<0.25$

$\mu_c=1+\gamma\dfrac{b_c}{l}=1+1.5\times0.06=1.09$

$s=12$m$>2H=10$m，查表 5-4，$H_0=1.0H=5000$ mm

$\mu_2=1-0.4\dfrac{b_s}{s}=1-0.4\times\dfrac{2\times3}{4\times3}=0.8>0.7$

$\mu_1=1.0$

$\beta=\dfrac{H_0}{h}=\dfrac{5000}{240}=20.83<\mu_1\mu_2\mu_c[\beta]=1.0\times0.8\times1.09\times26=22.67$ （满足要求）

(3) 构造柱间墙高厚比验算

$s=4$m$<H=5$m，查表 5-4，$H_0=0.6s=0.6\times4000=2400$ mm

$\mu_2=1-0.4\dfrac{b_s}{s}=1-0.4\times\dfrac{2.0}{4.0}=0.8>0.7$，承重墙 $\mu_1=1.0$

$\beta=\dfrac{H_0}{h}=\dfrac{2400}{240}=10<\mu_1\mu_2[\beta]=1.0\times0.8\times26=20.8$ （满足要求）

§5.4 刚性方案房屋计算

5.4.1 承重纵墙的计算

1. 单层刚性方案房屋承重纵墙的计算

由 5.2 节的分析可知,对于刚性方案单层房屋,纵墙顶端的水平位移很小,静力分析时可以认为水平位移为零,计算时采用下列假定:

在荷载作用下,墙、柱可视为上端不动铰支承于屋盖,下端嵌固于基础的竖向构件(图 5-12)。除非地基很差,这样的假定一般是与实际情况比较符合的。

按照上述假定,每片纵墙就可以按上端支承在不动铰支座和下端支承在固定支座上的竖向构件单独计算,使计算工作大为简化。

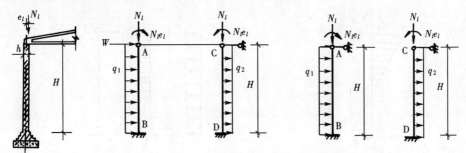

图 5-12 单层刚性方案房屋纵墙计算简图

作用于结构上的荷载及内力计算如下:

(1) 屋面荷载作用

屋面荷载包括屋盖构件自重、屋面活荷载(或雪荷载),这些荷载通过屋架或屋面大梁以集中力的形式作用于墙体顶端。在通常情况下,屋架或屋面大梁传至墙体顶端集中力 N_l 的作用点,对墙体中心线有一个偏心距 e_l,所以作用于墙体顶端的屋面荷载可视为由轴心压力 N_l 和弯矩 $M=N_l e_l$ 组成,由此可计算出其内力为(图 5-13):

$$R_A = -R_B = -\frac{3M}{2H}$$

$$M_A = M$$

$$M_B = -\frac{M}{2}$$

$$M_x = \frac{M}{2}\left(2 - 3\frac{x}{H}\right)$$

(2) 风荷载作用

风荷载包括作用于墙面上和屋面上的风荷载,屋面上的风荷载(包括作用在女儿墙上的风荷载）一般简化为作用于墙、柱顶端的集中荷载 W，对于刚性方案房屋，W 已通过屋盖直接传至横墙，再由横墙传至基础后传给地基，所以在纵墙上不产生内力。墙面风荷载为均布荷载，应考虑两种风向，迎风面为压力，背风面为吸力。在均布风荷载 q 作用下，墙体的内力为（图 5-14）：

$$R_A = \frac{3qH}{8}$$

$$R_B = \frac{5qH}{8}$$

$$M_B = \frac{qH^2}{8}$$

$$M_x = -\frac{qH}{8}x\left(3 - 4\frac{x}{H}\right)$$

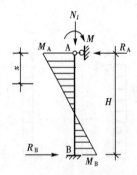

图 5-13 屋面荷载作用下内力图

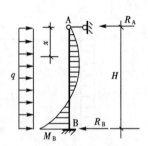

图 5-14 风荷载作用下内力图

当 $x = \frac{3}{8}H$ 时，$M_{max} = -\frac{9qH^2}{128}$。对迎风面，$q = q_1$；对背风面，$q = q_2$。

(3) 墙体自重作用

墙体自重包括砌体、内外粉刷及门窗的自重，作用于墙体的轴线上。当墙柱为等截面时，自重不引起弯矩；当墙柱为变截面时，上阶柱自重 G_1 对下阶柱各截面产生弯矩 $M_1 = G_1 e_1$（e_1 为上下阶柱轴线间距离）。因 M_1 在施工阶段就已存在，应按悬臂柱计算。

(4) 控制截面及内力组合

在进行承重墙、柱设计时，应先求出多种荷载作用下控制截面的内力，然后根据荷载规范考虑多种荷载组合，并取其最不利者进行验算。

墙截面宽度一般取窗间墙宽度，其控制截面为：墙柱顶端Ⅰ-Ⅰ截面、墙柱下端Ⅱ-Ⅱ截面和风荷载作用下最大弯矩 M_{max} 对应的Ⅲ-Ⅲ截面（图 5-15）。Ⅰ-Ⅰ截面既有轴力 N

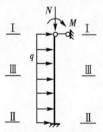

图 5-15 墙柱控制截面位置

又有弯矩M，按偏心受压验算承载力，同时还应验算梁下砌体的局部受压承载力；Ⅱ-Ⅱ和Ⅲ-Ⅲ截面均应按偏心受压验算承载力。

2. 多层刚性方案房屋承重纵墙的计算

对多层民用房屋，如住宅、教学楼、办公楼等，由于横墙间距较小，一般属于刚性方案。设计时既需验算墙体的高厚比，又要验算承重墙的承载力。

(1) 选取计算单元

混合结构房屋的纵墙一般比较长，设计时可仅取其中有代表性的一段墙柱（一个开间）作为计算单元。如图 5-16 所示，一般情况下，计算单元的受荷宽度为 $\dfrac{l_1+l_2}{2}$。有门窗洞口时，内外纵墙的计算截面宽度 B 一般取一个开间的门间墙或窗间墙的宽度；无门窗洞口时，计算截面宽度 B 取 $\dfrac{l_1+l_2}{2}$；如壁柱的距离较大且层高较小时，B 可按下式取用：

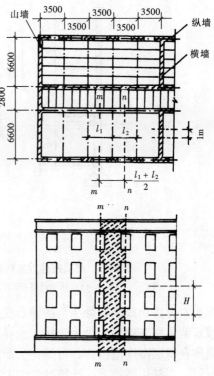

图 5-16　计算单元的选取

$$B = b + \dfrac{2}{3}H \leqslant \dfrac{l_1+l_2}{2} \tag{5-14}$$

式中　b——壁柱宽度。

(2) 竖向荷载作用下的计算

在竖向荷载作用下，多层房屋的墙、柱在每层高度范围内，可近似地视作两端铰支的竖向构件。

由于楼盖的梁或板嵌砌于墙体内，墙体在楼盖支承处截面被削弱，在支承点处被削弱的截面所能传递的弯矩是不大的，为简化计算，可假定墙体在楼盖处为铰接。在基础顶面，由于轴向压力较大，弯矩相对较小，因此墙体在基础顶面处也可假定为铰接。计算简图如图 5-17 所示。

应该指出的是，无论单层房屋或多层房屋，墙体与基础顶面的连接方式都是一样的。但在单层房屋的计算中，假定墙柱在基础顶面固接；而在多层房屋的计算中，假定墙柱和基础顶面铰接。这是因为在多层刚性方案房屋墙体与基础的连接面上，主要决定因素是竖向轴力，弯矩相对较小，所引起的偏心距 $e = \dfrac{M}{N}$ 也

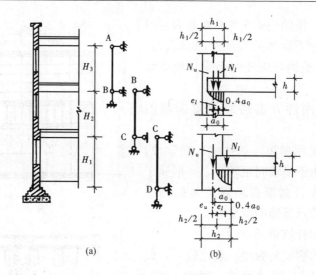

图 5-17 多层刚性方案房屋在竖向荷载作用下墙体计算简图
(a) 纵墙计算简图；(b) 梁端支承处受力示意图

很小，考虑到按偏心受压与按轴心受压在承载力计算上相差不大，为简化计算，假定墙体在基础顶面处为铰接。这样，在竖向荷载作用下，刚性方案多层房屋的墙体在每层高度范围内，可简化为两端铰接的竖向构件进行计算。而单层房屋则不同，一般层高较大，计算时常需考虑风荷载，因而弯矩较大，墙体与基础顶面交接处截面的轴向力和弯矩都是最大的，不能把弯矩作为次要因素而忽略。因此，在单层房屋的计算简图中，假定墙体在基础顶面固接。

按照上述假定，多层房屋上下层墙体在楼盖支承处均为铰接。在计算某层墙体时，以上各层荷载传至该层墙体顶端支承截面处的弯矩为零；而在所计算层墙体顶端截面处，由楼盖传来的竖向力则应考虑其偏心距。实践证明，这种假定既偏于安全，又基本符合实际。

以图 5-18 所示三层楼房的第二层和第一层砖墙为例来说明其内力的计算

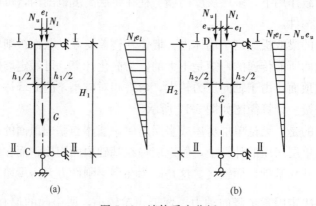

图 5-18 墙体受力分析

方法。

对第二层墙，其受力情况如图 5-18（a）所示。

上端截面
$$N_{\text{I}} = N_u + N_l$$
$$M_{\text{I}} = N_l e_l$$

下端截面
$$N_{\text{II}} = N_u + N_{\text{I}} + G$$
$$M_{\text{II}} = 0$$

对底层墙，假定墙体在一侧加厚，则由于上下层墙厚不同，上下层墙轴线偏离 e_u。因此，由上层墙传来的竖向荷载 N_u 将对下层墙产生弯矩，如图 5-18（b）所示。

上端截面
$$N_{\text{I}} = N_u + N_l$$
$$M_{\text{I}} = N_l e_l - N_u e_u$$

下端截面
$$N_{\text{II}} = N_u + N_l + G$$
$$M_{\text{II}} = 0$$

式中　N_l——本层墙顶楼盖的梁或板传来的荷载，即支承压力；

　　　e_l——N_l 对本层墙体截面形心线的偏心距；

　　　N_u——由上层墙传来的荷载；

　　　e_u——N_u 对本层墙体截面形心线的偏心距；

　　　G——本层墙体自重（包括内外粉刷、门窗自重等）。

N_l 对本层墙体截面形心线的偏心距 e_l 可按下面方式确定。当梁、板支承在墙体上时，梁或板的有效支承长度为 a_0，由于梁或板砌入墙内，上部墙体压在梁或板的上面阻止其端部上翘使 N_l 作用点内移。规范规定这时取 N_l 作用点距墙体内边缘 $0.4a_0$ 处（图 5-17）。因此，梁或板反力对本层墙体截面形心线的偏心距 e_l 为：

$$e_l = y - 0.4a_0 \tag{5-15}$$

式中　y——墙截面形心到受压最大边缘的距离，对矩形截面墙体，$y = \dfrac{h}{2}$，h 为墙厚，如图 5-17 所示。当墙体在一侧加厚时，上下墙形心线间的距离为：

$$e_u = \frac{1}{2}(h_2 - h_1) \tag{5-16}$$

式中　h_1、h_2——分别为上、下层墙体的厚度。

当楼面梁支承于墙上时，梁端上下的墙体对梁端转动有一定的约束作用，因而梁端也有一定的约束弯矩。当梁的跨度较小时，约束弯矩可以忽略；但当梁的跨度较大时，约束弯矩不可忽略。约束弯矩将在梁端上、下墙体内产生弯矩，使墙体偏心距增大（曾经发生过因梁端约束弯矩较大而引起的工程事故），为防止这种情况发生,《规范》规定对于梁跨度大于 9m 的墙承重的多层房屋,除按上述方法计算墙体内力外,应考虑梁端约束弯矩的影响,可再按梁两端固结计算梁端弯矩,再将其乘以修正系数 γ 后,按墙体线刚度分到上层墙底部和下层墙顶部。此时墙柱下端截面弯矩不为零时,也应按偏心受压截面计算。修正系数 γ 可按下式计算:

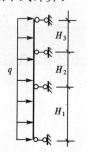

图 5-19 风荷载作用计算简图

$$\gamma = 0.2\sqrt{\frac{a}{h}} \quad (5-17)$$

式中 a——梁端实际支承长度;
h——支承墙体的墙厚,当上下墙厚不同时取下部墙厚,当有壁柱时取 h_T。

(3) 水平荷载作用下的计算

在水平荷载作用下,墙柱可视作竖向连续梁(图 5-19)。为了简化起见,风荷载引起的弯矩 M 可按下式计算:

$$M = \frac{wH_i^2}{12} \quad (5-18)$$

式中 w——沿楼层高度均布的风荷载设计值(kN/m);
H_i——第 i 层高(m)。

当刚性方案多层房屋的外墙符合下列要求时,静力计算可不考虑风荷载的影响:

1) 洞口水平截面面积不超过全截面面积的 2/3。
2) 层高和总高不超过表 5-5 的规定。
3) 屋面自重不小于 $0.8kN/m^2$。

外墙不考虑风荷载影响时的最大高度 表 5-5

基本风压值 (kN/m²)	层　　高 (m)	总　　高 (m)
0.4	4.0	28
0.5	4.0	24
0.6	4.0	18
0.7	3.5	18

注:对于多层混凝土砌块房屋,当外墙厚度不小于 190mm,层高不大于 2.8m,总高不大于 19.6m,基本风压不大于 $0.7kN/m^2$ 时,可不考虑风荷载的影响。

5.4.2 承重横墙的计算

在以横墙承重的房屋中,纵墙长度较大,但其间距(一般为房间的进深)不大。符合表 5-2 中刚性方案房屋对横墙间距的要求(计算横墙时则为纵墙间距),属于刚性方案房屋。在计算这类房屋的横墙时,楼(屋)盖可作为墙体的不动铰支座。因此承重横墙的计算简图和内力分析和刚性方案承重纵墙相同,但以下特点:

1. 计算单元和计算简图

横墙一般承受屋盖、楼盖传来的均布荷载,通常取 $b=1m$ 宽度作为计算单元,每层横墙视为两端不动铰接的竖向构件(图 5-20)。

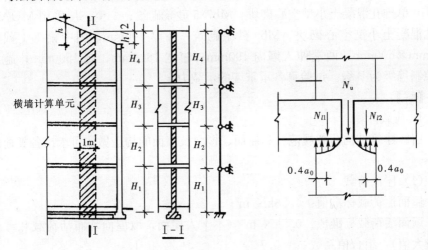

图 5-20 横墙计算简图

构件的高度 H 取值和纵墙相同,对于房屋底层,为楼板顶面到基础顶面的距离,当基础埋置较深且有刚性地坪时,可取室外地面下 500mm 处;对于房屋其他层,为楼板或其他水平支承点间的距离(即层高);但当顶层为坡屋顶时,则取层高加上山墙高度的一半。

2. 承载力验算

横墙承受的荷载也和纵墙一样计算,但对中间墙则承受两边楼盖传来的竖向力,即 N_u、N_{l1}、N_{l2}、G(图 5-20),其中 N_{l1}、N_{l2} 分别为横墙左、右两侧楼板传来的竖向力。当由横墙两边的恒载和活载引起的竖向力相同时,沿整个墙体高度都承受轴心压力,这时控制截面应取墙体底部。如果横墙两边楼板的构造不同或开间不等,则作用于墙顶上的荷载为偏心荷载,尚应按偏心受压构件来验算横墙上部截面的承载力;当活荷载很大时,也应考虑只有一边作用着活荷载的情况,按偏心受压构件来验算横墙上部截面的承载力。

当有楼面或屋面大梁支承于横墙上时,应验算大梁底面墙体的局部受压承载力;在验算墙体下部截面的轴心受压承载力时,和无洞口的纵墙一样,取 $B=b+\frac{2}{3}H \leqslant \frac{l_1+l_2}{2}$,此处 b 为壁柱宽度,无壁柱时为大梁截面宽度。

当横墙上有洞口时,应考虑洞口削弱的影响。对直接承受风荷载的山墙,其计算方法和纵墙相同。

5.4.3 刚性方案多层房屋墙体计算示例

【例 5-3】 例 5-1 三层办公楼结构平面、剖面如图 5-21 所示,底层采用 MU10 单排孔混凝土小型空心砌块、Mb7.5 砂浆砌筑;二至三层采用 MU7.5 单排孔混凝土小型空心砌块、Mb5 砂浆砌筑,墙厚 190mm;图中梁 L-1 截面为 250mm×600mm,两端伸入墙内 190mm;窗宽 1800mm、高 1500mm;施工质量控制等级为 B 级。试验算各承重墙的承载力。

【解】

1. 荷载计算

由《建筑结构荷载规范》和屋面、楼面及墙面的构造做法可求出各类荷载值如下[5.8]:

（1）屋面荷载

屋面恒荷载标准值：4.28kN/m²

屋面活荷载标准值：0.5kN/m²（不上人屋面,取屋面均布活荷载和雪荷载的较大值）,组合值系数 $\psi_c=0.7$

（2）楼面荷载

楼面恒荷载标准值：3.19kN/m²

楼面活荷载标准值：2.0kN/m²,组合值系数 $\psi_c=0.7$

（3）墙体荷载

190mm 厚混凝土小型空心砌块墙体双面水泥砂浆粉刷 20mm：2.96kN/m²

铝合金窗：0.25kN/m²

（4）L-1 梁自重：0.25×0.6×25=3.75kN/m

2. 静力计算方案

采用装配式钢筋混凝土屋盖,最大横墙间距 $s=3.6×3=10.8m<32m$,查表 5-2,属于刚性方案房屋;且洞口水平截面面积不超过全截面面积的 2/3,风荷载较小,屋面自重较大,本例外墙可不考虑风荷载的影响。

3. 高厚比验算（例 5-1）

4. 纵墙内力计算和截面承载力验算

（1）计算单元

外纵墙取一个开间为计算单元,取图 5-21（a）中斜虚线部分为纵墙计算单元的受荷面积,窗间墙为计算截面。纵墙承载力由外纵墙（A、D 轴线）控制,内纵墙由于洞口面积较小,不起控制作用,因而不必计算。

（2）控制截面

由于一层和二、三层砂浆等级不同,需验算一层及二层墙体承载力,每层墙取两个控制截面Ⅰ-Ⅰ、Ⅱ-Ⅱ（图 5-21b）。二、三层砌体抗压强度设计值 $f=1.71MPa$,一层砌体抗压强度设计值 $f=2.50MPa$。每层墙计算截面的面积为:

§5.4 刚性方案房屋计算　131

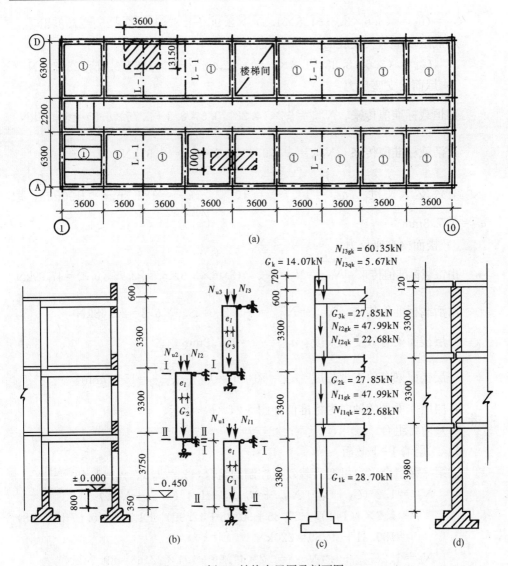

图 5-21　例 5-3 结构布置图及剖面图
(a) 平面图；(b) 纵墙剖面图和计算简图；(c) 主梁 (L-1) 底部受压荷载示意图；(d) 横墙剖面图

$$A_1 = A_2 = A_3 = 190 \times 1800 = 342000 \text{mm}^2$$

(3) 各层墙体内力标准值计算

1) 各层墙重

①女儿墙及顶层梁高范围内墙重：

女儿墙高度为 600mm，屋面板或楼面板的厚度为 120mm，梁高度为 600mm，则

$$G_k = (0.6 + 0.12 + 0.6) \times 3.6 \times 2.96 = 14.07 \text{kN}$$

②二至三层墙重（从上一层梁底面到下一层梁底面）：

$G_{2k}=G_{3k}=(3.6\times3.3-1.8\times1.5)\times2.96+1.8\times1.5\times0.25=27.85\text{kN}$

③底层墙重（大梁底面到基础顶面）：

$G_{1k}=(3.6\times3.38-1.8\times1.5)\times2.96+1.8\times1.5\times0.25=28.70\text{kN}$

2) 屋面梁支座反力

由恒载标准值传来 $N_{l3gk}=\dfrac{1}{2}\times(4.28\times3.6\times6.3+3.75\times6.3)=60.35\text{kN}$

由活载标准值传来 $N_{l3qk}=\dfrac{1}{2}\times0.5\times3.6\times6.3=5.67\text{kN}$

有效支承长度 $a_{03}=10\sqrt{\dfrac{h_c}{f}}=10\times\sqrt{\dfrac{600}{1.71}}=187.3\text{mm}<190\text{mm}$，取 $a_{03}=187.3\text{mm}$

3) 楼面梁支座反力

由恒载标准值传来 $N_{l2gk}=N_{l1gk}=\dfrac{1}{2}\times(3.19\times3.6\times6.3+3.75\times6.3)=47.99\text{kN}$

由活载标准值传来 $N_{l2qk}=N_{l1qk}=\dfrac{1}{2}\times2.0\times3.6\times6.3=22.68\text{kN}$

二层楼面梁有效支承长度 $a_{02}=a_{03}=187.3\text{mm}$

一层楼面梁有效支承长度 $a_{01}=10\sqrt{\dfrac{h_c}{f}}=10\times\sqrt{\dfrac{600}{2.50}}=154.9\text{mm}$

各层墙体承受的轴向力标准值如图 5-21（c）所示。

(4) 内力组合

1) 二层墙Ⅰ-Ⅰ截面

①第一种组合（由可变荷载效应控制的组合，$\gamma_G=1.2$、$\gamma_Q=1.4$）[5.8]

$N_{2\text{I}}=1.2(G_k+G_{3k}+N_{l3gk}+N_{l2gk})+1.4(N_{l3qk}+N_{l2qk})$
$=1.2\times(14.07+27.85+60.35+47.99)+1.4\times(5.67+22.68)$
$=180.31+39.69=220\text{kN}$

$N_{l2}=1.2N_{l2gk}+1.4N_{l2qk}=1.2\times47.99+1.4\times22.68=89.34\text{kN}$

$e_{l2}=\dfrac{190}{2}-0.4a_{02}=95-0.4\times187.3=20.1\text{mm}$

$e=\dfrac{N_{l2}e_{l2}}{N_{2\text{I}}}=\dfrac{89.34\times20.1}{220}=8.16\text{mm}$

②第二种组合（由永久荷载效应控制的组合，$\gamma_G=1.35$、$\gamma_Q=1.4$、$\psi_c=0.7$）[5.8]

$N_{2\text{I}}=1.35(G_k+G_{3k}+N_{l3gk}+N_{l2gk})+1.4\times0.7\times(N_{l3qk}+N_{l2qk})$
$=1.35\times(14.07+27.85+60.35+47.99)+1.4\times0.7\times(5.67+22.68)$
$=202.85+27.78=230.63\text{kN}$

$N_{l2} = 1.35 N_{l2gk} + 1.4 \times 0.7 \times N_{l2qk} = 1.35 \times 47.99 + 1.4 \times 0.7 \times 22.68 = 87.01 \text{kN}$

$$e = \frac{N_{l2} e_{l2}}{N_{2\text{I}}} = \frac{87.01 \times 20.1}{230.63} = 7.58 \text{ mm}$$

2) 二层墙 II-II 截面

①第一种组合（由可变荷载效应控制的组合，$\gamma_G = 1.2$、$\gamma_Q = 1.4$）

$N_{2\text{II}} = 1.2 G_{2k} + 220 = 1.2 \times 27.85 + 220 = 253.42 \text{kN}$

②第二种组合（由永久荷载效应控制的组合，$\gamma_G = 1.35$、$\gamma_Q = 1.4$、$\psi_c = 0.7$）

$N_{2\text{II}} = 1.35 G_{2k} + 230.63 = 1.35 \times 27.85 + 230.63 = 268.23 \text{kN}$

3) 一层墙 I-I 截面（考虑二至三层楼面活荷载折减系数 0.85）[5.8]

①第一种组合（由可变荷载效应控制的组合，$\gamma_G = 1.2$、$\gamma_Q = 1.4$）

$N_{1\text{I}} = 1.2(G_k + G_{3k} + G_{2k} + N_{l3gk} + N_{l2gk} + N_{l1gk}) + 1.4[N_{l3qk} + 0.85 \times (N_{l2qk} + N_{l1qk})]$
$= 1.2 \times (14.07 + 27.85 \times 2 + 60.35 + 47.99 \times 2) + 1.4 \times (5.67 + 0.85 \times 22.68 \times 2) = 271.32 + 61.92 = 333.24 \text{kN}$

$N_{l1} = N_{l2} = 89.34 \text{kN}$

$e_{l1} = \frac{190}{2} - 0.4 a_{01} = 95 - 0.4 \times 154.9 = 33.04 \text{mm}$

$e = \frac{N_{l1} e_{l1}}{N_{l1}} = \frac{89.34 \times 33.04}{333.24} = 8.86 \text{mm}$

②第二种组合（由永久荷载效应控制的组合，$\gamma_G = 1.35$、$\gamma_Q = 1.4$、$\psi_c = 0.7$）

$N_{1\text{I}} = 1.35 (G_k + G_{3k} + G_{2k} + N_{l3gk} + N_{l2gk} + N_{l1gk}) + 1.4 \times 0.7 \times [N_{l3qk} + 0.85 (N_{l2qk} + N_{l1qk})]$
$= 1.35 \times (14.07 + 27.85 \times 2 + 60.35 + 47.99 \times 2) + 1.4 \times 0.7 \times (5.67 + 0.85 \times 22.68 \times 2)$
$= 305.24 + 43.34 = 348.58 \text{kN}$

$N_{l1} = N_{l2} = 87.01 \text{kN}$

$$e = \frac{N_{l1} e_{l1}}{N_{\text{II}}} = \frac{87.01 \times 33.04}{348.58} = 8.25 \text{mm}$$

4) 一层墙 II-II 截面

①第一种组合（由可变荷载效应控制的组合，$\gamma_G = 1.2$、$\gamma_Q = 1.4$）

$N_{1\text{II}} = 1.2 G_{1k} + 333.24 = 1.2 \times 28.70 + 333.24 = 367.68 \text{kN}$

②第二种组合（由永久荷载效应控制的组合，$\gamma_G = 1.35$、$\gamma_Q = 1.4$、$\psi_c = 0.7$）

$N_{1\text{II}} = 1.35 G_{1k} + 348.58 = 1.35 \times 28.70 + 348.58 = 387.32 \text{kN}$

(5) 截面承载力验算

1) 二层墙体 I-I 截面

①第一种组合：$A = 342000 \text{mm}^2$，$f = 1.71 \text{MPa}$、$H_0 = 3300 \text{mm}$

$$\beta = \gamma_\beta \frac{H_0}{h} = 1.1 \times \frac{3300}{190} = 19.1, e = 8.16\text{mm} < 0.6y = 0.6 \times 95 = 57\text{mm}$$

$$\frac{e}{h} = \frac{8.16}{190} = 0.043，查表 4-1 (a)，\varphi = 0.56$$

$$\varphi f A = 0.56 \times 1.71 \times 342000 = 327.5\text{kN} > N_{2\text{I}} = 220\text{kN} \quad （满足要求）$$

②第二种组合：$e = 7.58\text{mm}$，$\frac{e}{h} = \frac{7.58}{190} = 0.04$，$\beta = 19.1$，查表 $\varphi = 0.566$

$$\varphi f A = 0.566 \times 1.71 \times 342000 = 331\text{kN} > N_{2\text{I}} = 230.63\text{kN} \quad （满足要求）$$

2) 二层墙体Ⅱ-Ⅱ截面

按轴心受压计算（$e = 0$），取两种组合中较大的轴力 $N = 268.23\text{kN}$ 进行验算

$\beta = 19.1$，查表 4-1 (a)，$\varphi = 0.643$

$$\varphi f A = 0.643 \times 1.71 \times 342000 = 376.04\text{kN} > N_{2\text{I}} = 268.23\text{kN} \quad （满足要求）$$

3) 一层墙体Ⅰ-Ⅰ截面

①第一种组合：$A = 342000\text{mm}^2$，$f = 2.50\text{MPa}$、$H_0 = 4100\text{mm}$

$$\beta = \gamma_\beta \frac{H_0}{h} = 1.1 \times \frac{4100}{190} = 23.74, e = 8.86\text{mm} < 0.6y = 0.6 \times 95 = 57\text{mm}$$

$$\frac{e}{h} = \frac{8.86}{190} = 0.047，查表 4-1 (a)，\varphi = 0.46$$

$$\varphi f A = 0.46 \times 2.50 \times 342000 = 393.3\text{kN} > N_{1\text{I}} = 333.24\text{kN} \quad （满足要求）$$

②第二种组合：$e = 8.25\text{mm}$，$\frac{e}{h} = \frac{8.25}{190} = 0.043$，$\beta = 23.74$，查表 4-1a，$\varphi = 0.466$

$$\varphi f A = 0.466 \times 2.50 \times 342000 = 398.43\text{kN} > N_{1\text{I}} = 348.58\text{kN} \quad （满足要求）$$

4) 一层墙体Ⅱ-Ⅱ截面

按轴心受压计算（$e = 0$），取两种组合中较大的轴力 $N = 387.32\text{kN}$ 进行验算

$\beta = 23.74$，查表 $\varphi = 0.545$

$$\varphi f A = 0.545 \times 2.50 \times 342000 = 465.98\text{kN} > N_{2\text{I}} = 387.32\text{kN} \quad （满足要求）$$

(6) 梁下局部承压验算

本例在大梁支承处均设有钢筋混凝土构造柱（大梁支承在构造柱上），由于构造柱混凝土抗压强度（一般为C20）远大于砌体抗压强度，因而可不进行梁下局部承压验算。但若大梁支承处未设钢筋混凝土构造柱或构造柱混凝土强度偏低，则应进行梁下局部承压验算。

5. 横墙内力计算和承载力验算

取 1m 宽墙体作为计算单元，沿房屋纵向取 3.6m 为受荷宽度，计算截面面积 $A = 1000 \times 190 = 190000\text{mm}^2$。由于房屋开间及所承受荷载均相同，因而可按轴心受压计算。

(1) 第二层墙体Ⅱ-Ⅱ截面

1) 第一种组合（由可变荷载效应控制的组合，$\gamma_G=1.2$、$\gamma_Q=1.4$）

$$N_{2\mathrm{II}}=1.2\times(1\times3.3\times2.96\times2+1\times3.6\times4.28+1\times3.6\times3.19)$$
$$+1.4\times(1\times0.5+1\times2.0)\times3.6$$
$$=55.71+12.6=68.31\mathrm{kN}$$

2) 第二种组合（由永久荷载效应控制的组合，$\gamma_G=1.35$、$\gamma_Q=1.4$、$\psi_c=0.7$）

$$N_{2\mathrm{II}}=1.35\times(1\times3.3\times2.96\times2+1\times3.6\times4.28+1\times3.6\times3.19)$$
$$+1.4\times0.7\times(1\times0.5+1\times2.0)\times3.6$$
$$=62.68+8.82=71.5\mathrm{kN}$$

取 $N=71.5\mathrm{kN}$

$e=0$，由例 5-1 求得 $H_0=3.18\mathrm{m}$，$\beta=\gamma_\beta\dfrac{H_0}{h}=1.1\times\dfrac{3180}{190}=18.41$，查表得 $\varphi=0.66$

$\varphi f A=0.66\times1.71\times190000=214.43\mathrm{kN}>N=71.5\mathrm{kN}$ （满足要求）

(2) 第一层墙体 II-II 截面

1) 第一种组合（由可变荷载效应控制的组合，$\gamma_G=1.2$、$\gamma_Q=1.4$）

$N_{1\mathrm{II}}=68.31+1.2\times(1\times3.98\times2.96+1\times3.6\times3.19)+1.4\times1\times3.6\times2$
$=68.31+27.92+10.08=106.31\mathrm{kN}$

2) 第二种组合（由永久荷载效应控制的组合，$\gamma_G=1.35$、$\gamma_Q=1.4$、$\psi_c=0.7$）

$N_{1\mathrm{II}}=71.5+1.35\times(1\times3.98\times2.96+1\times3.6\times3.19)$
$\qquad+1.4\times0.7\times1\times3.6\times2$
$=71.5+31.41+7.06=109.97\mathrm{kN}$

取 $N=109.97\mathrm{kN}$

$e=0$，由例 5-1 求得 $H_0=3.34\mathrm{m}$，$\beta=\gamma_\beta\dfrac{H_0}{h}=1.1\times\dfrac{3340}{190}=19.34$，查表 4-1 (a)，$\varphi=0.637$

$\varphi f A=0.637\times2.50\times190000=302.58\mathrm{kN}>N=109.97\mathrm{kN}$ （满足要求）

§5.5 弹性和刚弹性方案房屋计算

5.5.1 弹性方案单层房屋的计算

1. 基本假定

弹性方案单层房屋的静力计算，可按屋架或大梁与墙（柱）为铰接的、不考虑空间作用的平面排架计算。计算采用以下假定：

(1) 纵墙、柱上端与屋架（或屋面梁）铰接，下端在基础顶面处固接。

(2) 屋架（或屋面梁）可视作刚度无限大的系杆，在荷载作用下不产生拉伸或压缩变形，因此柱顶水平位移值相等（图 5-22）。

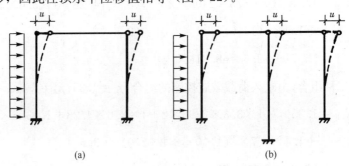

图 5-22 弹性方案单层房屋的计算简图

2. 计算步骤

根据上述假定，弹性方案单层房屋的计算简图为铰接平面排架，可按平面排架进行内力分析，计算步骤如下：

(1) 先在排架上端加上一个假设的不动铰支座，成为无侧移的平面排架，计算出此时假设的不动铰支座的反力和相应的内力，其内力计算方法和刚性方案相同；

(2) 把已求出的假设柱顶支座反力反方向作用在排架顶端，求出这种受力情况下的内力；

(3) 将上述两种计算结果进行叠加，抵消了假设的柱顶支座反力，仍为有侧移的平面排架，可得到按弹性方案的计算结果。

现以两柱均为等截面，且柱高、截面尺寸和材料均相同的单层单跨弹性方案房屋为例，简略说明其内力计算过程。

①屋盖荷载作用下

对如图 5-23 所示的单层单跨等高房屋，其两边墙（柱）的刚度相等，当荷载对称时，排架柱顶不发生侧移（$u=0$），可求出其内力为：

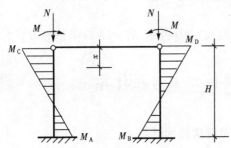

图 5-23 单层弹性方案房屋在屋盖荷载作用下内力

$$M_C = M_D = M$$

$$M_A = M_B = -\frac{M}{2}$$

$$M_x = \frac{M}{2}\left(2 - 3\frac{x}{H}\right)$$

②风荷载作用下

在风荷载作用下排架产生侧移，假定在排架顶端加一个不动铰支座（图5-24b），与刚性方案相同。由图 5-24（b）

可得：

$$R = W + \frac{3}{8}(q_1 + q_2)H$$

$$M_{A(b)} = \frac{1}{8}q_1 H^2$$

$$M_{B(b)} = -\frac{1}{8}q_2 H^2$$

将反力 R 反向作用于排架顶端，由图 5-24（c）可得：

$$M_{A(c)} = \frac{1}{2}RH = \frac{H}{2}\left[W + \frac{3}{8}(q_1 + q_2)H\right] = \frac{W}{2}H + \frac{3}{16}H^2(q_1 + q_2)$$

$$M_{B(c)} = -\frac{1}{2}RH = -\left[\frac{W}{2}H + \frac{3}{16}H^2(q_1 + q_2)\right]$$

叠加图 5-24 中（b）和（c）可得：

$$M_A = M_{A(b)} + M_{A(c)} = \frac{WH}{2} + \frac{5}{16}q_1 H^2 + \frac{3}{16}q_2 H^2$$

$$M_B = M_{B(b)} + M_{B(c)} = -\left(\frac{WH}{2} + \frac{3}{16}q_1 H^2 + \frac{5}{16}q_2 H^2\right)$$

弹性方案房屋墙柱控制的截面为柱顶 I-I 截面及柱底 II-II 截面，其承载力验算与刚性方案相同。

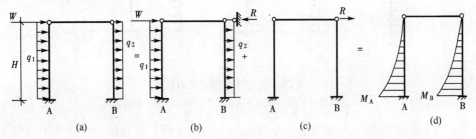

图 5-24 弹性方案单层房屋在风荷载作用下的内力计算
(a) 计算简图；(b) 设置不动铰支座；(c) 拆除不动铰支座；(d) 弯矩图

5.5.2 刚弹性方案单层房屋的计算

在水平荷载作用下，刚弹性方案房屋墙顶也产生水平位移，其值比弹性方案中按平面排架计算的要小，但又不能忽略。因此计算时应考虑房屋的空间作用，其计算简图和弹性方案的计算简图相似，不同点只是在排架的柱顶上加上一个弹性支座，弹性支座的刚度与房屋空间性能影响系数 η 有关，其计算简图如图 5-25 所示。

对于刚弹性方案房屋，由于空间工作的影响，当排架柱顶作用一集中力 R 时，

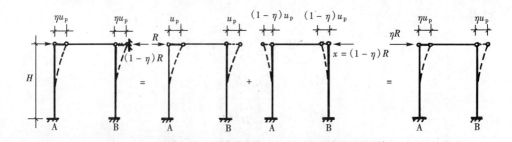

图 5-25 刚弹性方案单层房屋计算简图

其柱顶水平位移为 $u_s = \eta u_p$，较平面排架的柱顶水平位移 u_p 减小，其差值为：

$$u_p - u_s = (1-\eta) u_p \tag{5-19}$$

设 x 为弹性支座反力，根据位移与内力成正比的关系可求出此反力 x，即

$$u_p : (1-\eta) u_p = R : x$$

则

$$x = (1-\eta) R \tag{5-20}$$

因此，对于刚弹性方案单层房屋的内力计算，只需在弹性方案单层房屋的计算简图上，加上一个由空间工作引起的弹性支座反力 $(1-\eta) R$ 的作用即可。内力分析的步骤如下（图 5-26）：

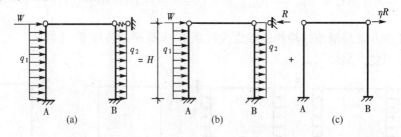

图 5-26 刚弹性方案的内力计算
(a) 计算简图；(b) 设置不动铰支座；(c) 拆除不动铰支座

(1) 先在排架的顶端加上一个假设的不动铰支座，计算出此假设的不动铰支座的反力 R，并求出这种情况下的内力；

(2) 把假设的支座反力 R 反方向作用在排架顶端，与反向的柱顶弹性支座反力 $(1-\eta) R$ 进行叠加，然后按平面排架求出其内力。由于 $R - (1-\eta) R = \eta R$，只需把 ηR 反向作用于排架顶端，直接求出这种情况下的内力。η 为空间性能影响系数，按表 5-1 采用；

(3) 把上述两种情况的计算结果相叠加，即得到按刚弹性方案的计算结果。

现以两柱均为等截面，且柱高、截面尺寸和材料均相同的单层单跨弹性方案房屋为例，简略说明其内力计算过程。

①屋盖荷载作用下

屋盖荷载为对称荷载，排架顶端无位移，所以其计算方法和弹性方案一样。

②风荷载作用下

计算方法类似于弹性方案,由图 5-26 (b)、(c) 两部分内力叠加得到:

$$M_A = \frac{\eta WH}{2} + \left(\frac{1}{8} + \frac{3\eta}{16}\right)q_1 H^2 + \frac{3\eta}{16}q_2 H^2$$

$$M_B = -\left[\frac{\eta WH}{2} + \left(\frac{1}{8} + \frac{3\eta}{16}\right)q_2 H^2 + \frac{3\eta}{16}q_1 H^2\right]$$

多跨等高的刚弹性方案单层房屋,由于空间刚度比单跨房屋好,故其 η 值仍可按单跨房屋采用。

刚弹性方案房屋墙柱的控制截面也为柱顶Ⅰ-Ⅰ截面及柱底Ⅱ-Ⅱ截面,其承载力验算与刚性方案相同。截面验算时,应根据使用过程中可能同时作用的荷载进行组合,并取其最不利者进行验算。

5.5.3 计 算 示 例

【例 5-4】 试验算例5-2中仓库纵墙的承载力是否满足要求,施工质量控制等级为 B 级。已知屋盖恒载标准值为 $2kN/m^2$(水平投影),活荷载标准值为 $0.7kN/m^2$,组合值系数 $\psi_c = 0.7$;基本风压为 $w_0 = 0.4kN/m^2$,组合值系数 $\psi_c = 0.6$;窗高 3.2m,仓库剖面图如图 5-27 (a) 所示。

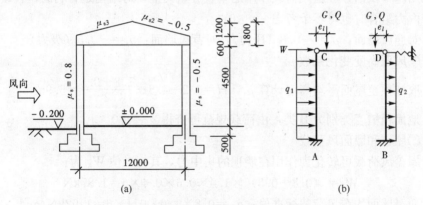

图 5-27 例 5-4 仓库剖面图和计算简图
(a) 横剖面图;(b) 计算简图

【解】

1. 计算简图及荷载

由例 5-2 分析可知,该单层房屋纵墙按刚弹性方案计算,墙体的高厚比满足要求。

(1) 计算简图

计算时取房屋中部一个壁柱间距(6m)作为计算单元,计算截面宽度取窗间墙宽度 3m,按等截面排架柱计算,计算简图如图 5-27 (b) 所示。

(2) 荷载计算

1) 屋面荷载

由屋架传至墙顶的集中力由两部分组成（恒载 G 和活载 Q）：

恒载标准值：$N_{lGK}=G_k=2\times 6\times \dfrac{12}{2}=72\text{kN}$

活荷载标准值：$N_{lQk}=Q_k=0.7\times 6\times \dfrac{12}{2}=25.2\text{kN}$

2) 风荷载

$w_k=\mu_s\mu_z w_0$，基本风压 $w_0=0.4\text{kN/m}^2$

①风荷载体型系数 μ_s

对图 5-27 所示建筑，由《建筑结构荷载规范》[5.8] 可查得：

对屋盖背风面：$\mu_{s2}=-0.5$（向上吸力）

对屋盖迎风面：屋面坡度 $\tan\alpha=\dfrac{1.8}{6}=0.3$，$\alpha=16.7°$

$$\mu_{s3}=-0.6\times\dfrac{30-16.7}{30-15}=-0.532\approx\mu_{s2}=-0.5\text{（向上吸力）}$$

因此屋盖风荷载作用在两个坡面上水平分量大小基本相等，但方向相反，两者作用基本抵消；屋盖风荷载作用的垂直分量向上，对结构是有利的，且量值较小，内力组合时也可不予考虑。

对迎风墙面：$\mu_s=+0.8$（压力），对背风墙面：$\mu_s=-0.5$（吸力）

②风压高度变化系数 μ_z

取柱顶至屋面平均高度计算 μ_z，$H=0.2+4.5+\dfrac{1.8+0.6}{2}=5.9\text{m}$

地面粗糙度类别为 B 类，由荷载规范可查得 $\mu_z=1.0$

③屋盖和墙面风荷载

屋盖风荷载可转化为作用在墙顶的集中力，其标准值 W_k 为：

$$W_k=(0.8+0.5)\times 1.0\times 0.6\times 0.4\times 6=1.87\text{kN}$$

迎风墙面均布风荷载标准值：$q_{1k}=0.8\times 1.0\times 0.4\times 6=1.92\text{kN/m}$

背风墙面均布风荷载标准值：$q_{2k}=0.5\times 1.0\times 0.4\times 6=1.20\text{kN/m}$

2. 内力计算

(1) 轴向力

1) 墙体自重（砖砌体自重 19kN/m^3，水泥砂浆粉刷墙面 20mm 厚 0.36kN/m^2）

窗间墙自重（包括粉刷层）：

$(3\times 0.24+0.37\times 0.25)\times 5\times 19+(3\times 2\times 0.25\times 2)\times 5\times 0.36=77.19+11.7=88.89\text{kN}$

窗上墙自重（包括粉刷层）：窗台距室内地坪高度 1m，窗宽 3m、高 3.2m，窗上墙高度为 0.3m：$3\times 0.24\times 0.3\times 19+3\times 0.3\times 2\times 0.36=4.1+0.65=4.75\text{kN}$

§5.5 弹性和刚弹性方案房屋计算   141

本例纵墙采用条形基础，窗自重及窗下墙自重直接传至基础，计算时可不考虑。则在基础顶面由墙自重产生轴向力的标准值为：88.89+4.75=93.64kN

2）基础顶面恒载产生的轴向力标准值：N_{Gk}=93.64+72=165.64kN

3）基础顶面活载产生的轴向力标准值：N_{Qk}=25.2kN

（2）排架内力计算

计算简图如图 5-27（b）所示，查表 5-1，房屋空间性能影响系数 η=0.39

1）屋盖恒载标准值作用下墙柱内力

根据构造要求，屋架支承反力作用点距外墙面 150mm，由例 5-2 可知，窗间墙截面形心位置 y_1=147.9≈148mm，则屋架支承反力对截面形心偏心距为：

e_l=150−(240−148)=58mm

墙顶面弯矩：$M_{CGk}=M_{DGk}=N_{lGk}e_l$=72×0.058=4.18kN·m

墙底面弯矩：$M_{AGk}=M_{BGk}=-\dfrac{M_{CGk}}{2}=-\dfrac{4.18}{2}=-2.09$kN·m

屋盖恒载标准值作用下墙柱内力图如图 5-28（b）所示。

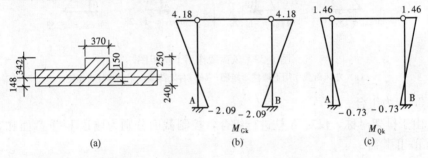

图 5-28 屋盖荷载作用下排架内力
(a) 纵墙计算截面；(b) 屋盖恒载作用下弯矩图；(c) 屋盖活载作用下弯矩图

2）屋盖活载标准值作用下墙柱内力

墙顶面弯矩：$M_{CQk}=M_{DQk}=N_{lQk}e_l$=25.2×0.058=1.46kN·m

墙底面弯矩：$M_{AQk}=M_{BQk}=-\dfrac{M_{CQk}}{2}=-\dfrac{1.46}{2}=-0.73$kN·m

屋盖活载标准值作用下墙柱内力图如图 5-28（c）所示。

3）风荷载标准值作用下弯矩

左风：

$$M_{WAk}^l=\dfrac{\eta W_k H}{2}+\left(\dfrac{1}{8}+\dfrac{3\eta}{16}\right)q_{1k}H^2+\dfrac{3\eta}{16}q_{2k}H^2$$

$$=\dfrac{0.39\times1.87\times5}{2}+\left(\dfrac{1}{8}+\dfrac{3\times0.39}{16}\right)\times1.92\times5^2+\dfrac{3\times0.39}{16}\times1.2\times5^2=$$

13.53kN·m

$$M^l_{WBk} = -\left[\frac{\eta W_k H}{2} + \left(\frac{1}{8} + \frac{3\eta}{16}\right)q_{2k}H^2 + \frac{3\eta}{16}q_{1k}H^2\right]$$

$$= -\left[\frac{0.39 \times 1.87 \times 5}{2} + \left(\frac{1}{8} + \frac{3 \times 0.39}{16}\right) \times 1.2 \times 5^2 + \frac{3 \times 0.39}{16} \times 1.92 \times 5^2\right]$$

$$= -11.28 \text{kN} \cdot \text{m}$$

左风荷载标准值作用下墙柱内力（弯矩）图如图 5-29（a）所示。

右风（图 5-29b）：在右风作用下的弯矩与在左风作用下反对称，即 $M^r_{WAk} = -11.28 \text{kN} \cdot \text{m}$，$M^r_{WBk} = 13.53 \text{kN} \cdot \text{m}$

右风荷载标准值作用下墙柱内力（弯矩）图如图 5-29（b）所示。

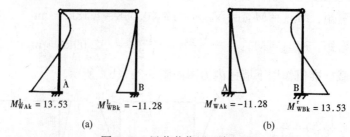

图 5-29 风荷载作用下弯矩图
(a) 左风荷载作用下墙柱弯矩图；(b) 右风荷载作用下墙柱弯矩图

3. 内力组合

由于排架对称，仅对 A 柱进行组合，控制截面分别为墙顶Ⅰ-Ⅰ截面和基础顶面Ⅱ-Ⅱ截面。

(1) Ⅰ-Ⅰ截面

1) 由可变荷载控制的组合

$$N_\text{I} = 1.2 \times 72 + 1.4 \times 25.2 = 121.68 \text{kN}$$

$$M_\text{I} = 1.2 \times 4.18 + 1.4 \times 1.46 = 7.06 \text{kN} \cdot \text{m}$$

$$e_\text{I} = \frac{M_\text{I}}{N_\text{I}} = \frac{7.06}{121.68} = 0.058 \text{m} = 58 \text{mm}$$

2) 由永久荷载控制的组合

$$N_\text{I} = 1.35 \times 72 + 1.4 \times 0.7 \times 25.2 = 121.9 \text{kN}$$

$$M_\text{I} = 1.35 \times 4.18 + 1.4 \times 0.7 \times 1.46 = 7.07 \text{kN} \cdot \text{m}$$

$$e_\text{I} = \frac{M_\text{I}}{N_\text{I}} = \frac{7.07}{121.9} = 0.058 \text{m} = 58 \text{mm}$$

(2) Ⅱ—Ⅱ截面

1) 由可变荷载控制的组合

$N_{II} = 1.2 \times 165.64 + 1.4 \times 25.2 = 234.05 \text{kN}$

$M_{II} = 1.2 \times 2.09 + 1.4 \times (11.28 + 0.7 \times 0.73) = 19.02 \text{kN} \cdot \text{m}$（取墙内侧受拉弯矩，有多个可变荷载作用时考虑组合系数）[5.8]

$e_{II} = \dfrac{M_{II}}{N_{II}} = \dfrac{19.02}{234.05} = 0.081 \text{m} = 81 \text{mm}$

2）由永久荷载控制的组合

$N_{II} = 1.35 \times 165.64 + 1.4 \times 0.7 \times 25.2 = 248.3 \text{kN}$

$M_{II} = 1.35 \times 2.09 + 1.4 \times (0.7 \times 0.73 + 0.6 \times 11.28) = 13.01 \text{kN} \cdot \text{m}$（取墙内侧受拉弯矩）

$e_{II} = \dfrac{M_{II}}{N_{II}} = \dfrac{13.01}{248.3} = 0.052 \text{m} = 52 \text{mm}$

4. 承载力验算

由内力组合结果可知，基础顶面 II-II 截面内力为最不利内力，因此仅对 II-II 截面进行承载力验算，由例 5-2 计算结果，$A = 8.125 \times 10^5 \text{mm}^2$，$h_T = 365.4 \text{mm}$，$H_0 = 6000 \text{mm}$；MU10 烧结多孔砖、M7.5 砂浆砌筑，$f = 1.69 \text{MPa}$。

（1）对可变荷载控制的组合内力

$N = 234.05 \text{kN}$，$e = 81 \text{mm} < 0.6 y_2 = 0.6 \times 342 = 205.2 \text{mm}$（墙内侧受拉），

$\dfrac{e}{h_T} = \dfrac{81}{365.4} = 0.222$

$\beta = \gamma_\beta \dfrac{H_0}{h_T} = 1.0 \times \dfrac{6000}{365.4} = 16.42$，查表 4-1，$\varphi = 0.337$

$\varphi f A = 0.337 \times 1.69 \times 8.125 \times 10^5 = 462.74 \text{kN} > N = 234.05 \text{kN}$，满足要求。

（2）对永久荷载控制的组合内力

$N = 248.3 \text{kN}$，$e = 52 \text{mm} < 0.6 y_2 = 0.6 \times 342 = 205.2 \text{mm}$，$\dfrac{e}{h_T} = \dfrac{52}{365.4} = 0.142$

$\beta = \gamma_\beta \dfrac{H_0}{h_T} = 1.0 \times \dfrac{6000}{365.4} = 16.42$，查表 4-1，$\varphi = 0.442$

$\varphi f A = 0.442 \times 1.69 \times 8.125 \times 10^5 = 606.92 \text{kN} > N = 248.3 \text{kN}$，满足要求。

5.5.4 刚弹性方案多层房屋的计算

1. 刚弹性方案多层房屋的静力计算方法

多层房屋与单层房屋的空间作用是有区别的。单层房屋由于屋盖和纵、横墙的连系，在纵向各开间之间存在相互制约的空间作用。而多层房屋除了在纵向各开间之间存在空间作用外，各层之间也存在互相联系、互相制约的

空间作用。

在水平风荷载作用下，刚弹性方案多层房屋墙、柱的内力分析可仿照单层刚弹性方案房屋，考虑空间性能影响系数 η_i（表5-1），取多层房屋一个开间为计算单元作为平面排架的计算简图（图5-30），按下述步骤进行：

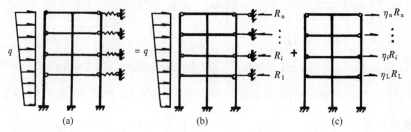

图 5-30　刚弹性方案多层房屋内力计算简图

（1）在平面排架计算简图中，各横梁与柱连接处加水平铰支杆，计算其在水平风荷载作用下的内力与各支杆反力 R_i（$i=1, 2, \cdots, n$）（图5-30b）；

（2）考虑房屋的空间作用，将各支杆反力 R_i 乘以由表5-1查得的相应的空间性能影响系数 η_i，并反向施加于节点上，计算其内力（图5-30c）；

（3）叠加上述两种情况下求得的内力，即可得到所求内力。

刚弹性方案多层房屋在竖向荷载作用下的内力计算方法和刚性方案多层房屋相同。

2. 上柔下刚多层房屋的计算

在多层房屋中，当下面各层作为办公室、宿舍、住宅时，横墙间距较小；而当顶层作为会议室、俱乐部等用房时，横墙间距较大。如果房屋顶层横墙的间距超过刚性方案的限值，而下面各层的横墙均符合刚性方案的要求，这类房屋称为上柔下刚的多层房屋。

计算上柔下刚多层房屋时，顶层可按单层房屋计算，其空间性能影响系数可根据屋盖类别按表5-1采用；下面各层按刚性方案计算。

3. 上刚下柔多层房屋

在多层房屋中，当底层用作商店、食堂、娱乐室，而上面各层用作住宅、办公室等时，其底层横墙的间距超过了刚性方案的限值，而上面各层的横墙均符合刚性方案的要求时，这类房屋称为上刚下柔的多层房屋。

上刚下柔的多层房屋因其底层可作为商业用房，顶层可用作住宅、办公等，有较好的实用价值，《砌体结构设计规范》GBJ 3—88曾给出了其静力计算的方法。但是近年来的一些研究和工程实践表明[5.9]，上刚下柔多层房屋这种结构存在着显著的刚度突变，在构造处理不当或偶发事件中存在着整体失效的可能性，因而《规范》取消了上刚下柔多层房屋的静力计算方案及其计算方法。

大量的工程设计实践表明，通过调整结构布置，如适当增加底层横墙等，可使原来的上刚下柔多层房屋成为符合刚性方案的房屋,既经济实用又安全可靠。当由于使用功能的限制,底层不能增加横墙时,也可考虑设计底层为钢筋混凝土框架结构,上部各层为砌体结构的房屋。

§5.6 地 下 室 墙

5.6.1 概　述

在建造混合结构房屋时,有时需要布置地下室。图 5-31 为一个地下室外墙的剖面,它的一侧为使用房屋,另一侧为回填土,有时还有地下水。在一般情况下,地下室顶板是现浇或装配式钢筋混凝土楼盖,地下室地面往往是现浇素混凝土地面,地下室墙体仍采用砌体结构。由于地下室外墙尚需承受土和地下水传来的侧压力,地下室的墙体一般比首层墙体要厚。此外,为了保证房屋上部结构有较好的空间刚度,要求地下室的横墙布置要密些,纵横墙之间要很好地砌合。

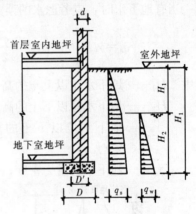

图 5-31　地下室墙体荷载

地下室墙体计算和一般墙计算类似,但也存在以下特点:

(1) 地下室墙体计算一般为刚性方案;

(2) 由于地下室墙体较厚,一般可不进行高厚比验算;

(3) 进行地下室墙体计算时,作用于墙体上的荷载除上部墙体传来的荷载、首层地面梁板传来的荷载和地下室墙体自重外,还有土的侧压力、地下水压力,有时还有室外地面荷载;

(4) 当墙下大放脚材料强度较低时,还应验算大放脚顶部的局部受压。

5.6.2 地下室墙体的荷载

如图 5-31 所示某办公楼地下室墙,取一有代表性的计算单元,设此单元的计算长度为 l,则作用在墙体上的荷载有:

(1) 上部墙体传来的荷载 N_u,作用于上层墙体截面的形心线上;

(2) 首层地面梁、板传来的轴向力 N_l,作用于距墙体内侧面 $0.4a_0$ 处;

(3) 土的侧压力 q_s;

当无地下水时,按照库伦理论,土的主动侧压力为:

$$q_s = \gamma l H \tan^2\left(45° - \frac{\varphi}{2}\right) \tag{5-21}$$

式中 γ——土的天然重力密度,按地质勘察资料确定,也可近似取 $18\sim20\text{kN/m}^3$;
 l——计算单元的长度(m);
 H——地表面以下产生侧压力的土的深度(m);
 φ——土的内摩擦角,按地质勘察资料确定,也可参考表 5-6 采用。

土的内摩擦角 表 5-6

土的名称		内摩擦角	土的名称	内摩擦角
黏 土	稍湿的	40°~45°	细 砂	30°~35°
砂质黏土	很湿的	30°~35°	中 砂	32°~38°
黏质砂土	很饱和的	20°~25°	粗 砂	35°~40°
粉 砂		28°~33°		

当有地下水时,应考虑水的浮力和水的侧压力影响,此时侧压力为:

$$q_s = \gamma l H_1 \tan^2\left(45°-\frac{\varphi}{2}\right) + \gamma' l H_2 \tan^2\left(45°-\frac{\varphi}{2}\right) + \gamma_w H_2 \quad (5-22)$$

式中 H_1——地下水位以上土的高度(m);
 H_2——地下水位以下土的高度(m);
 γ'——地下水位以下土的重力密度或称土的浮重度(kN/m^3),$\gamma'=\gamma-\gamma_w$;
 γ_w——地下水的重力密度,一般可取 10kN/m^3。

(4)室外地面活荷载

室外地面活荷载 p 系指堆积在室外地面上的建筑材料、车辆等产生的荷载,其值应按实际情况采用,如无特殊要求,一般可取 $p=10\text{kN/m}^2$。计算时可将地面活荷载 p 换算成当量的土层,其高度为 $H'=p/\gamma$,并近似认为当量土层对地下室墙体产生的侧压力 q_p 从地面到基础底面都是均匀分布的,其值为(图 5-32):

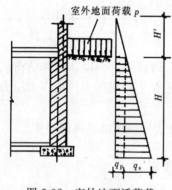

图 5-32 室外地面活荷载

$$q_p = \gamma l H' \tan^2\left(45°-\frac{\varphi}{2}\right) \quad (5-23)$$

5.6.3 地下室墙体的计算简图和截面验算

1. 计算简图

当地下室墙体基础的宽度较小时,其计算简图和楼层间的墙体一样,按两端铰支的竖向构件计算。上端铰支于地下室顶盖梁底或板底处,下端铰支于混凝土地面上皮水平处，计算高度取地下室层高（图 5-33）。但当施工期间未浇捣混凝土地面，或混凝土地面尚未达到足够强度时就进行回填土，这时应取基础底面处靠摩擦支承作为不动铰支点。

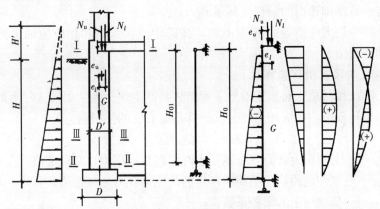

图 5-33 地下室墙内力计算

当地下室墙体的厚度 D' 与地下室墙体基础的宽度 D 之比 $D'/D<0.7$ 时，由于基础的刚度较大，墙体下部支座可按部分嵌固考虑。这时墙体如同上端为铰支座，下端为弹性固定支座的竖向构件，下端支座位置可取在基础底面水平处，其嵌固弯矩 M 可按下式计算：

$$M=\frac{M_0}{1+\frac{3E}{CH}\left(\frac{D'}{D}\right)^3} \tag{5-24}$$

式中　M_0——按地下室墙下支点完全固定时计算的固端弯矩（kN·m）；
　　　E——砌体的弹性模量；
　　　C——地基刚度系数，可按表 5-7 采用；
　　　D'——地下室墙体的厚度（m）；
　　　D——基础底面的宽度（m）；
　　　H——地下室顶盖底面至基础底面的距离（m）。

地基的刚度系数 C 值　　　　　　　　　表 5-7

地基的承载力特征值 （kPa）	地基刚度系数 C （kN/m²）	地基的承载力特征值 （kPa）	地基刚度系数 C （kN/m²）
150 以下	3000 以下	600	10000
350	6000	600 以上	10000 以上

2. 内力计算及截面验算

地下室墙体一般要进行三个截面的验算（图 5-33）：

（1）地下室墙体上部 I-I 截面，按偏心受压验算其承载力，同时还需验算大梁底面的局部受压承载力，当弯矩很大时应注意控制其极限偏心距；

(2) 地下室墙体下部Ⅱ-Ⅱ截面，一般情况下可按轴心受压验算其承载力；当地下室墙体的厚度与地下室墙体基础的宽度之比 $D'/D<0.7$ 时，应考虑基础底面嵌固弯矩的影响，按偏心受压验算其承载力；当基础强度较墙体强度为低时，还需验算基础顶面的局部受压承载力；

(3) 跨中最大弯矩处的Ⅲ-Ⅲ截面，按跨中最大弯矩和相应的轴力按偏心受压验算其承载力。

3. 施工阶段抗滑移验算

施工阶段在回填土时，土对地下室墙体将产生侧压力。如果这时上部结构产生的轴向力还较小，则应按下列公式验算基础底面的抗滑能力：

$$1.2Q_{sk}+1.4Q_{pk} \leqslant 0.8\mu N_k \tag{5-25}$$

式中 Q_{sk}——土侧压力合力（有地下水时应包括水压力）的标准值；

Q_{pk}——室外地面施工活荷载产生的侧压力合力的标准值；

μ——基础与土的摩擦系数；

N_k——回填土时基础底面实际存在的轴向压力标准值。

5.6.4 地下室墙计算示例

【例 5-5】 某四层办公楼的地下室，其开间尺寸为 3.6m，进深尺寸为 5.7m（均为轴线间距），最高地下水位在地下室基础以下，地下室顶盖大梁尺寸为 200mm×500mm，梁底到基础底面的高度为 3260mm，室外地面至梁底的土层厚度为 190mm；地下室墙采用 MU30 级毛料石（每皮高 300mm）、M7.5 水泥砂浆砌筑，墙厚 600mm，双面水泥砂浆粉刷，厚度 20mm；上部结构传至地下室顶盖大梁底面的荷载：

(1) 由恒载产生的轴向力标准值 95kN/m；

(2) 由活荷载产生的轴向力标准值 21kN/m；

(3) 由地下室顶盖大梁传来的由恒载产生的轴向力标准值 $N_{lGk}=41$kN；

(4) 由地下室顶盖大梁传来的由活荷载产生的轴向力标准值 $N_{lQk}=12.8$kN。

土的天然重力密度 $\gamma=20$kN/m³，内摩擦角 $\varphi=22°$，地面活荷载标准值 7kN/m²，试验算地下室墙体的承载力。

【解】

该地下室开间尺寸为 3.6m，从地下室楼板顶面到地下室基础顶面的层高为 3.4m，地下室顶盖大梁的宽度 $b=0.2$m，$0.2+\frac{2}{3}\times 3.4=2.467m<3.6$m，所以取计算单元长度 $B=2.467$m。地下室采用毛料石砌体，墙体较厚，可不进行高厚比验算，且墙基础的宽度相对较小，不考虑基础嵌固的影响，取计算高度 $H=3260$mm，计算简图如图 5-34 所示。

1. 内力计算

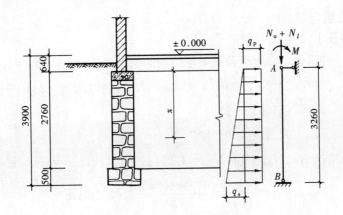

图 5-34 例 5-5 地下室墙

(1) 计算单元宽度内土侧压力标准值

$$q_{sk}=\gamma BH\tan^2\left(45°-\frac{22°}{2}\right)=20\times2.467\times3.26\times0.6745^2=73.18\text{kN/m}$$

(2) 计算单元宽度内地面活荷载侧压力标准值

室外地面至梁底的土层厚 190mm 为后填土，厚度不大，为简化计算一并计入当量土层厚度中。

当量土层厚度：

$$H''=\frac{P_k}{\gamma}=\frac{7}{20}=0.35,\quad H'=H''+0.19=0.54\text{m}$$

$$q_{pk}=\gamma BH'\tan^2\left(45°-\frac{22°}{2}\right)=20\times2.467\times0.54\times0.6745^2=12.12\text{kN/m}$$

(3) 计算单元宽度内上部结构传至地下室顶盖大梁底面的轴向力标准值

由恒载产生的轴向力标准值：$N_{uGk}=95\times2.467=234.37\text{kN}$

由活荷载产生的轴向力标准值：$N_{uQk}=21\times2.467=51.81\text{kN}$

由地下室顶盖大梁传来的由恒载产生的轴向力标准值：$N_{lGk}=41\text{kN}$

由地下室顶盖大梁传来的由活荷载产生的轴向力标准值：$N_{lQk}=12.8\text{kN}$

采用 MU30 级毛料石 M7.5 水泥砂浆砌筑（＞M5.0，$\gamma_a=1.0$），$f=2.97\text{N/mm}^2$，$h_c=500\text{mm}$

有效支承长度 $a_0=10\sqrt{\dfrac{h_c}{f}}=10\times\sqrt{\dfrac{500}{2.97}}=129.7\text{mm}$

$$e_l=\frac{h}{2}-0.4a_0=\frac{600}{2}-0.4\times129.7=248.1\text{mm}\;(0.2481\text{m})$$

(4) 计算单元宽度内地下室墙体自重

查《建筑结构荷载规范》，毛料石砌体自重 24kN/m³；水泥砂浆粉刷墙面 20mm 厚 0.36kN/m²。

$$G_k=2.467\times3.26\times0.6\times24+2.467\times3.26\times2\times0.36=121.6\text{kN}$$

2. 内力组合

(1) 墙顶Ⅰ-Ⅰ截面（偏心受压）

1) 第一种组合（由可变荷载效应控制的组合，$\gamma_G=1.2$、$\gamma_Q=1.4$）

$$N_I = 1.2(N_{uGk}+N_{lGk}) + 1.4(N_{uQk}+N_{lQk}) = 1.2\times(234.37+41)$$
$$+1.4\times(51.81+12.8)$$
$$=330.44+90.46=420.9\text{kN}$$

$$N_{lI} = 1.2N_{lGk}+1.4N_{lQk} = 1.2\times41+1.4\times12.8=67.12\text{kN}$$

$$e = \frac{N_{lI}e_l}{N_{lI}} = \frac{67.12\times248.1}{420.9} = 39.6\text{mm}$$

2) 第二种组合（由永久荷载效应控制的组合，$\gamma_G=1.35$、$\gamma_Q=1.4$、$\psi_c=0.7$）

$$N_I = 1.35(N_{uGk}+N_{lGk})+1.4\times0.7\times(N_{uQk}+N_{lQk})$$
$$=1.35\times(234.37+41)+1.4\times0.7\times(51.81+12.8)$$
$$=371.75+63.32=435.07\text{kN}$$

$$N_{lI} = 1.35N_{lGk}+1.4\times0.7\times N_{lQk}$$
$$=1.35\times41+1.4\times0.7\times12.8=67.89\text{kN}$$

$$e=\frac{N_{lI}e_l}{N_{lI}}=\frac{67.89\times248.1}{435.07}=38.7\text{mm}$$

(2) 墙底Ⅱ-Ⅱ截面（轴心受压）

1) 第一种组合（由可变荷载效应控制的组合，$\gamma_G=1.2$、$\gamma_Q=1.4$）

$$N_{II}=1.2(N_{uGk}+N_{lGk}+G_k)+1.4(N_{uQk}+N_{lQk})$$
$$=1.2\times(234.37+41+121.6)+1.4\times(51.81+12.8)$$
$$=476.36+90.46=566.82\text{kN}$$

2) 第二种组合（由永久荷载效应控制的组合，$\gamma_G=1.35$，$\gamma_Q=1.4$、$\psi_c=0.7$）

$$N_{II}=1.35(N_{uGk}+N_{lGk}+G_k)+1.4\times0.7\times(N_{uQk}+N_{lQk})$$
$$=1.35\times(234.37+41+121.6)+1.4\times0.7\times(51.81+12.8)$$
$$=535.91+63.32=599.23\text{kN}$$

(3) Ⅲ-Ⅲ截面（最大弯矩作用截面）

1) 第一种组合（由可变荷载效应控制的组合，$\gamma_G=1.2$、$\gamma_Q=1.4$）

$$N_l=1.2N_{lGk}+1.4N_{lQk}=1.2\times41+1.4\times12.8=67.12\text{kN} \quad e_l=0.2481\text{m}$$

$$q_s=1.2\times73.18=87.82\text{kN/m}, \quad q_p=1.4\times12.12=16.97\text{kN/m}$$

可求出最大弯矩位于地下室顶盖大梁底面下 $x=1.894$m 处（图5-34）

相应的最大弯矩：$M_{III}=74.85\text{kN}\cdot\text{m}$

相应的轴力：

$$N_{\text{III}}=1.2\left(N_{u\text{Gk}}+N_{l\text{Gk}}+G_k\frac{x}{H}\right)+1.4\ (N_{u\text{Qk}}+N_{l\text{Qk}})$$

$$=1.2\times\left(234.37+41+121.6\times\frac{1.894}{3.26}\right)+1.4\times(51.81+12.8)$$

$$=415.22+90.46=505.68\text{kN}$$

$$e=\frac{M_{\text{III}}}{N_{\text{III}}}=\frac{74.85}{505.68}=0.148\text{m}=148\text{mm}<0.6y=0.6\times300=180\text{mm}$$

2) 第二种组合（由永久荷载效应控制的组合，$\gamma_G=1.35$、$\gamma_Q=1.4$、$\psi_c=0.7$）

$$N_l=1.35N_{l\text{Gk}}+1.4\times0.7\times N_{l\text{Qk}}$$

$$=1.35\times41+1.4\times0.7\times12.8$$

$$=67.89\text{kN}\quad e_l=0.2481\text{m}$$

$q_s=1.35\times73.18=98.79\text{kN/m}$，$q_p=1.4\times0.7\times12.12=11.88\text{kN/m}$

可求出最大弯矩位于地下室顶盖大梁底面下 $x=1.914$m 处（图5-34）

相应的最大弯矩：$M_{\text{III}}=75.68$kN·m

相应的轴力：

$$N_{\text{III}}=1.35\left(N_{u\text{Gk}}+N_{l\text{Gk}}+G_k\frac{x}{H}\right)+1.4\times0.7\times(N_{u\text{Qk}}+N_{l\text{Qk}})$$

$$=1.35\times\left(234.37+41+121.6\times\frac{1.914}{3.26}\right)+1.4\times0.7\times(51.81+12.8)$$

$$=468.13+63.32=531.45\text{kN}$$

$$e=\frac{M_{\text{III}}}{N_{\text{III}}}=\frac{75.68}{531.45}=0.142\text{m}=142\text{mm}<0.6y=0.6\times300=180\text{mm}$$

3. 承载力验算

(1) 墙顶 I-I 截面（偏心受压）

两种组合中第二种组合较为不利，取 $N=435.07$kN，$e=38.7$mm，$H_0=H=3260$mm；地下室顶盖大梁宽 $b=200$mm，其下设有钢筋混凝土构造柱，承载面积宽度 $B=2467$mm

$A=2467\times600=1480200\text{mm}^2$，$\dfrac{e}{h}=\dfrac{38.7}{600}=0.065$，$\beta=\gamma_\beta\dfrac{H_0}{h}=1.5\times\dfrac{3260}{600}=8.15$

查表4-1，$\varphi=0.776$，$f=2.97\text{N/mm}^2$

$\varphi fA=0.776\times2.97\times1480200=3411.4\text{kN}>N=435.07\text{kN}$　（满足要求）

(2) 墙底 II-II 截面（轴心受压）

两种组合中第二种组合较为不利，取 $N=599.23\text{kN}$，$e=0$，$\beta=8.15$
查表 4-1，$\varphi=0.907$，$f=2.97\text{N/mm}^2$
$\varphi fA=0.907\times2.97\times1480200=3987.3\text{kN}>N=599.23\text{kN}$ （满足要求）

(3) Ⅲ-Ⅲ 截面（最大弯矩作用截面）

两种组合中第二种组合较为不利，取 $N=531.45\text{kN}$，$e=142\text{mm}$，$\beta=8.15$
$\dfrac{e}{h}=\dfrac{142}{600}=0.237$，查表 4-1，$\varphi=0.438$，$f=2.97\text{N/mm}^2$
$\varphi fA=0.438\times2.97\times1480200=1925.5\text{kN}>N=531.45\text{kN}$ （满足要求）

思 考 题

5.1 何谓混合结构房屋？按照结构的布置方式及荷载的传递路线可分为哪几类承重体系？试比较其优缺点。

5.2 什么是房屋的空间工作？房屋的空间性能影响系数 η 的含义是什么？其主要因素有哪些？

5.3 根据什么来区分房屋的静力计算方案？有哪几类静力计算方案？设计时怎样判别？

5.4 《规范》规定，刚性与刚弹性方案房屋的横墙应符合哪些要求？何时应验算横墙水平位移？

5.5 试述房屋空间性能影响系数 η 的物理意义。η 是大好，还是小好？你认为如何改变 η 的称谓为合适？

5.6 为什么要验算墙柱的高厚比？写出验算方式，说明参数意义，不满足时怎样处理？

5.7 怎样验算带壁柱墙的高厚比？

5.8 怎样确定刚性方案多层房屋在竖向及水平风荷载下的计算简图？试简述其理由。

5.9 怎样确定危险截面位置？简述其依据。据此，对用同等级块体和砂浆的多层房屋，应怎样计算最为方便？

5.10 总结多层砌体房屋计算或验算哪些内容方可保证承载力和稳定性。

5.11 绘出单层房屋当为弹性方案及刚弹性方案时在水平风荷载下的计算简图。

5.12 绘出多层房屋当为刚弹性方案时在水平风荷载下的计算简图。

5.13 地下室墙有何特点？承受哪些荷载？怎样进行计算或验算？

习 题

5.1 某单层单跨无吊车房屋，采用装配式有檩体系钢筋混凝土屋盖，两端有山墙，间距为 40m，柱距为 4m，每开间有 1.6m 宽的窗，窗间墙截面尺寸如图 5-35 所示（壁柱截面尺寸为 390mm×390mm，墙厚 190mm），采用 MU10 小型混凝土砌块及 Mb5 水泥混合砂浆砌筑，屋架下弦标高为 5.5m（室内地坪至基础顶面距离为 0.5m）。

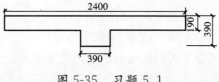

图 5-35 习题 5.1

(1) 试确定属何种计算方案；
(2) 确定带壁柱墙的高厚比是否满足要求。

5.2 某教学楼平剖面如图 5-36（a）及（b）所示，底层墙高取至室内地平标高以下 350mm 处。荷载情况如下：

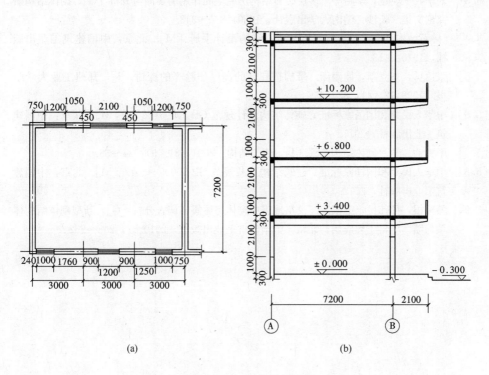

图 5-36 习题 5.2 图
(a) 平面图；(b) 剖面图

(1) 墙体厚度为 240mm，采用 MU10 烧结煤矸石砖，一层用 M5 水泥混合砂浆；二、三、四层用 M2.5 水泥混合砂浆。
(2) 砖墙及双面粉刷重量：$5kN/m^2$。
(3) 屋面恒载：$3.6kN/m^2$；梁自重：$3kN/m^2$；屋面活载：$0.5kN/m^2$。
(4) 各层楼面恒载：$2.4kN/m^2$；梁自重：$3kN/m^2$；楼面活载：$2.0kN/m^2$。

(5) 风载：$0.3kN/m^2$。

(6) 窗自重：$0.30kN/m^2$。

(7) 天沟荷载：$2.0kN/m^2$。

(8) 走廊栏板重 $2.0kN/m^2$。

试验算Ⓐ轴纵墙的承载力是否满足；如不满足，修改到满足为止。

参 考 文 献

[5.1]　丁大钧主编，丁大钧，金芷生，蓝宗建. 简明砖石结构 [M]. 上海：上海科学技术出版社，1981.

[5.2]　刘季，王焕定，李暄. 多层房屋的空间作用 [G]，砌体结构研究论文集. 长沙：湖南大学出版社，1989：323～329.

[5.3]　刘季，王焕定，李暄等. 多层砖石结构房屋空间作用的实测与分析 [G]，砌体结构研究论文集. 长沙：湖南大学出版社，1989：330～343.

[5.4]　《砖石结构设计手册》编写组. 砖石结构设计手册 [M]. 北京：中国建筑工业出版社，1976：413.

[5.5]　张达勇，刘立新，谢丽丽. 带构造柱墙的高厚比验算的探讨 [J]，郑州工业大学学报. 1999.12（4）：82～85.

[5.6]　中华人民共和国国家标准. 砌体结构设计规范 GB 50003—2011 [M]. 北京：中国建筑工业出版社，2011.

[5.7]　丁大钧. 学习砌体结构刍议 [J]，建筑结构. 2001，31（9）：34～38.

[5.8]　中华人民共和国国家标准. 建筑结构荷载规范 GB 50009—2012 [M]. 北京：中国建筑工业出版社，2012.

[5.9]　郭樟根，孙伟民，彭阳等. 汶川地震中砌体房屋震害调查分析 [G]，新型砌体结构体系与墙体材料工程应用，北京：中国建材工业出版社，2010. 7：248～252.

第6章 过梁、墙梁、挑梁及墙体的构造措施

过梁、墙梁和挑梁等都是梁与墙相结合而成的组合体,其特点是墙与梁共同工作。这构成了砌体结构中很有特色的一类内容。本章将讨论这类构件的受力特性和设计方法,并讲述墙体的构造措施。

§6.1 过 梁

6.1.1 过梁的形式

过梁是设置在墙体门窗洞口上的构件,用来承受门窗洞口上部的墙体重量以及梁、板传来的荷载。

过梁的形式有钢筋砖过梁、砖砌平拱、砖砌弧拱和钢筋混凝土过梁等四种,如图6-1所示。

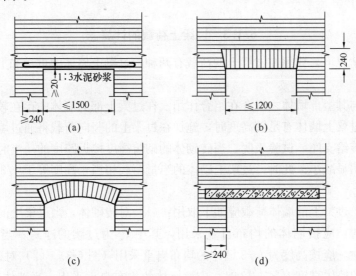

图 6-1 过梁
(a) 钢筋砖过梁;(b) 砖砌平拱;(c) 砖砌弧拱;(d) 钢筋混凝土过梁

6.1.2 过梁的破坏形式

过梁受弯矩和剪力作用。当过梁受拉区的拉应力超过材料的抗拉强度时,则

在跨中受拉区会出现垂直裂缝；当支座处斜截面的主拉应力超过材料的抗拉强度时，在靠近支座处会出现斜裂缝，在砌体材料中表现为阶梯形斜裂缝，如图6-2 (a)所示[6.1]。

砖砌平拱和砖砌弧拱过梁在跨中开裂后，会产生水平推力。此水平推力由两端支座处的墙体承受。当此墙体的灰缝抗剪强度不足时，会导致支座滑动而破坏（图6-2b）[6.1]，这种破坏在房屋端部的墙体处较易发生。

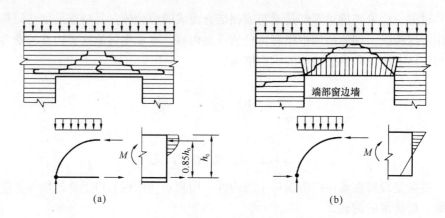

图6-2 过梁的破坏形式
(a) 钢筋砖过梁；(b) 砖砌平拱

6.1.3 过梁上荷载的计算

一般情况下，作用在过梁上的荷载有两种：过梁上墙体的重量和上部梁板传来的荷载。

过梁与其上部墙体之间存在组合作用。在过梁上部的墙体中存在较显著的拱作用。当过梁上墙体有足够高度时，施加在过梁上的竖向荷载将通过墙体内的拱作用直接传给支座。试验表明，当砖砌体的砌筑高度接近跨度的一半时，跨中挠度的增加明显减小。此时，过梁上砌体的当量荷载相当于高度等于1/3跨度时的墙体自重。

因此，过梁上的墙体荷载应如下取用：(1) 对砖砌体，当过梁上的墙体高度$h_w < l_n/3$时，应按墙体的均布自重采用，其中l_n为过梁的净跨；当墙体高度$h_w \geq l_n/3$时，应按高度为$l_n/3$墙体的均布自重采用（图6-3）。(2) 对砌块砌体，当过梁上的墙体高度$h_w < l_n/2$时，应按墙体的均布自重采用；当墙体高度$h_w \geq l_n/2$时，应按高度为$l_n/2$墙体的均布自重采用。

关于梁板荷载的传递，试验结果表明，当在砌体高度等于跨度的0.8倍左右的位置施加外荷载时，过梁的挠度变化已很微小[6.1]。因此可认为，在高度等于跨度的位置上施加外荷载时，荷载将全部通过拱作用传递，而不由过梁承受。对

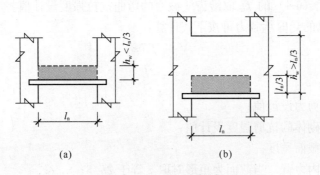

图6-3 过梁上的墙体荷载
(a) $h_w < l_n/3$; (b) $h_w \geqslant l_n/3$

中型砌块砌体,由于块体高度较大,当过梁上墙体皮数过少时,将难以产生良好的卸荷效应。因此,考虑到上述的拱作用,对过梁上部梁板传来的荷载,应如下取用[6.2] (图6-4):

对砖和砌块砌体,当梁、板下的墙体高度 $h_w < l_n$ 时,应计入梁、板传来的荷载。当梁、板下的墙体高度 $h_w \geqslant l_n$ 时,可不考虑梁、板荷载。

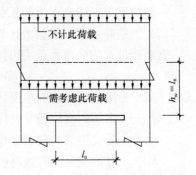

图6-4 梁、板传给过梁的荷载

注:在2001版规范中,上述规定仅用于砖和小型砌块砌体;而对中型砌块砌体,当梁、板下的墙体高度 $h_w < l_n$ 或 $h_w < 3h_b$ (h_b 为包括灰缝厚度在内的每皮砌块高度)时,按梁、板传来的荷载采用;当梁、板下墙体高度 $h_w \geqslant l_n$ 且 $h_w \geqslant 3h_b$ 时,可不考虑梁、板荷载。

6.1.4 过梁的承载力计算

由过梁的破坏形式可知,应对过梁进行受弯、受剪承载力验算。对砖砌平拱和弧拱还应按水平推力验算端部墙体的水平受剪承载力。

(1) 砖砌平拱的承载力计算

砖砌平拱的受弯承载力可按下式计算:

$$M \leqslant f_{tm} W \tag{6-1}$$

式中 M——按简支梁并取净跨计算的跨中弯矩设计值;

f_{tm}——沿齿缝截面的弯曲抗拉强度设计值;

W——截面模量。

过梁的截面计算高度取过梁底面以上的墙体高度,但不大于 $l_n/3$。砖砌平拱中由于存在支座水平推力,过梁垂直裂缝的发展得以延缓,受弯承载力得以提高。因此，式（6-1）的 f_{tm} 取沿齿缝截面的弯曲抗拉强度设计值。

砖砌平拱的受剪承载力可按下式计算：

$$V \leqslant f_v bz \qquad (6-2)$$

$$z = \frac{I}{S} \qquad (6-3)$$

式中 V——剪力设计值；

f_v——砌体的抗剪强度设计值；

b——截面宽度；

z——内力臂，当截面为矩形时取 z 等于 $2h/3$；

I——截面的惯性矩；

S——截面面积矩；

h——截面高度。

一般情况下，砖砌平拱的承载力主要由受弯承载力控制。

（2）钢筋砖过梁的承载力计算

钢筋砖过梁的受弯承载力可按下式计算：

$$M \leqslant 0.85 h_0 f_y A_s \qquad (6-4)$$

式中 M——按简支梁并取净跨计算的跨中弯矩设计值；

f_y——钢筋的抗拉强度设计值；

A_s——受拉钢筋的截面面积；

h_0——过梁截面的有效高度，$h_0 = h - a_s$；

a_s——受拉钢筋重心至截面下边缘的距离；

h——过梁的截面计算高度，取过梁底面以上的墙体高度，但不大于 $l_n/3$；当考虑梁、板传来的荷载时，则按梁、板下的高度采用。

钢筋砖过梁的受剪承载力计算与砖砌平拱相同。

（3）钢筋混凝土过梁的承载力计算

钢筋混凝土过梁的承载力应按钢筋混凝土受弯构件计算。过梁的弯矩按简支梁计算，计算跨度取 $(l_n + a)$ 和 $1.05 l_n$ 二者中的较小值，其中 a 为过梁在支座上的支承长度。在验算过梁下砌体局部受压承载力时，可不考虑上层荷载的影响。由于过梁与其上砌体共同工作，构成刚度很大的组合深梁，其变形非常小，故其有效支承长度可取过梁的实际支承长度（但不应大于墙厚[6.21]），并取应力图形完整系数 $\eta = 1$。

6.1.5 过梁的构造要求

砖砌过梁的跨度不应超过下列规定（图 6-1）：钢筋砖过梁为 1.5m，砖砌平拱为 1.2m。对有较大振动荷载或可能产生不均匀沉降的房屋，应采用钢筋混凝土过梁。

砖砌弧拱的最大跨度 l，当矢高 $f = l/12 \sim l/8$ 时为 $2.5 \sim 3.5$m，矢高 $f =$

$l/6 \sim l/5$ 时为 $3 \sim 4 \mathrm{m}^{[6.1]}$。砖砌弧拱由于施工较复杂,目前较少采用。

砖砌过梁的构造要求应符合下列规定:(1)砖砌过梁截面计算高度内的砂浆不宜低于 M5(Mb5、Ms5)。(2)砖砌平拱用竖砖砌筑部分的高度不应小于 240mm,砖砌弧拱竖砖砌筑高度不小于 120mm。二者的砂浆不宜低于 M10。(3)钢筋砖过梁底面砂浆层处的钢筋,其直径不应小于 5mm,间距不宜大于 120mm,钢筋伸入支座砌体内的长度不宜小于 240mm,砂浆层的厚度不宜小于 30mm。

钢筋混凝土过梁的支承长度不宜小于 240mm。

6.1.6 过梁例题

【例 6-1】 一钢筋砖过梁,其净跨 $l_n=1.8\mathrm{m}$,墙厚 $h=240\mathrm{mm}$(过梁的宽度与墙厚相同),采用 MU10 烧结普通砖和 M5 混合砂浆砌筑而成。在离洞口顶面 800mm 处承受楼板传来的均布竖向荷载,其中恒荷载标准值为 4kN/m,活荷载标准值为 2kN/m。砖墙自重为 $5.24\mathrm{kN/m^2}$。采用 HPB300 级钢筋。试设计该钢筋砖过梁。

【解】

1. 荷载计算

楼板下的墙体高度小于梁的净跨,故应考虑梁板荷载。$l_n/3=1.8/3=0.6\mathrm{m}$ <梁上墙高=0.8m。从而,作用在过梁上的均布荷载设计值为:
$$q=1.35\times(5.24\times0.6+4)+1.0\times2=1.35\times7.144+1.0\times2=11.64\mathrm{kN/m}$$

2. 受弯承载力计算

由于考虑梁板传来的荷载,故取梁高 h_b 为梁板以下的墙体高度,即取 $h_b=800\mathrm{mm}$。按砂浆层厚度为 30mm,则有 $a_s=15\mathrm{mm}$。从而截面有效高度 $h_0=h_b-a_s=800-15=785\mathrm{mm}$。弯矩设计值为:
$$M=\frac{1}{8}ql_n^2=\frac{1}{8}\times11.64\times1.8^2=4.714\mathrm{kN\cdot m}$$

由 $M\leqslant0.85h_0f_yA_s$ 得
$$A_s\geqslant\frac{M}{0.85h_0f_y}=\frac{4.714\times10^6}{0.85\times785\times270}=26.16\mathrm{mm^2}$$

钢筋选配 2Φ6。

3. 受剪承载力计算

查得砌体的抗剪强度 $f_v=0.11\mathrm{N/mm^2}$。

剪力设计值为 $V=ql_n/2=11.64\times1.8/2=10.48\mathrm{kN}$。

内力臂 $z=2h_b/3=2\times800/3=533.3\mathrm{mm}$。所以

$f_vhz=0.11\times240\times533.3=14080\mathrm{N}=14.08\mathrm{kN}>V=10.48\mathrm{kN}$(满足要求)

【例 6-2】 已知钢筋混凝土过梁净跨 $l_n=3000\mathrm{mm}$,在墙上的支承长度 $a=0.24\mathrm{m}$。砖墙厚度 $h=240\mathrm{mm}$,采用 MU10 烧结普通砖、M5 混合砂浆砌筑而成。

在窗口上方 1400mm 处作用有楼板传来的均布竖向荷载,其中恒载标准值为 10kN/m、活载标准值为 5kN/m。砖墙自重取 5.24kN/m², 混凝土容重取 25kN/m³。纵筋采用 HRB335 级钢筋,箍筋采用 HPB300 级钢筋。采用 C20 混凝土。试设计该钢筋混凝土过梁。

【解】 考虑过梁跨度及荷载等情况,过梁截面取 $b \times h_b = 240\text{mm} \times 300\text{mm}$。

1. 荷载计算

过梁上的墙体高度为 $h_w = 1400 - 300 = 1100\text{mm} < l_n$,故要考虑梁、板传来的均布荷载;因 h_w 大于 $l_n/3 = 1000\text{mm}$,所以应考虑 1000mm 高的墙体自重。从而得作用在过梁上的荷载为:

$$q = 1.35 \times (25 \times 0.24 \times 0.3 + 5.24 \times 1.0 + 10) + 1.0 \times 5$$
$$= 1.35 \times 17.04 + 1.0 \times 5 = 28.00 \text{kN/m}$$

2. 钢筋混凝土过梁的计算

过梁的计算跨度 $l_0 = 1.05 l_n = 1.05 \times 3000 = 3150\text{mm}$,弯矩和剪力分别为:

$$M = \frac{q l_0^2}{8} = \frac{28.00 \times 3.15^2}{8} = 34.73 \text{kN} \cdot \text{m}$$

$$V = \frac{q l_n}{2} = \frac{28.00 \times 3.0}{2} = 42.0 \text{kN}$$

算得纵筋面积 $A_s = 497.7\text{mm}^2$,纵筋选用 3Φ16。箍筋按构造配置,通长采用 Φ6@150。

3. 过梁梁端支承处局部抗压承载力验算

查得砌体抗压强度设计值 $f = 1.5\text{N/mm}^2$。取压应力图形完整系数 $\eta = 1.0$。过梁的有效支承长度为:

$$a_0 = 10\sqrt{\frac{h_b}{f}} = 10 \times \sqrt{\frac{300}{1.5}} = 141.4\text{mm}$$

承压面积 $A_l = a_0 \times h = 141.4 \times 240 = 33941\text{mm}^2$。

影响面积 $A_0 = (a_0 + h)h = (141.4 + 240) \times 240 = 91536\text{mm}^2$。

由于:$1 + 0.35\sqrt{\frac{A_0}{A_l} - 1} = 1 + 0.35 \times \sqrt{\frac{91536}{33941} - 1} = 1.456 > 1.25$

故取局部抗压强度提高系数 $\gamma = 1.25$。

不考虑上部荷载,则局部压力设计值 $N_l = p l_0/2 = 28.0 \times 3.15/2 = 44.1\text{kN}$。局部受压的承载力为:

$$\eta \gamma A_l f = 1.0 \times 1.25 \times 33941 \times 1.5 = 63640\text{N} = 63.64\text{kN} > N_l$$

故过梁支座处砌体局部受压是安全的(此题的有效支承长度也可取实际支承长度 240mm,结果显然也是安全的)。

§6.2 墙　梁

6.2.1 墙梁概述

由钢筋混凝土梁及砌筑于其上的计算高度范围内的墙体所组成的组合构件称为墙梁。其中的钢筋混凝土梁称为托梁。

墙梁可分为承重墙梁和自承重墙梁两类。前者承受相关梁板传来的荷载，后者则仅承受自身托梁和其上墙体的重量。

单层工业厂房中承托围护墙体的基础梁、连系梁等一般仅承受自重作用，为自承重墙梁（图6-5）[6.1]。

底层为商店、会议室、阅览室、食堂等大空间房间，上层为住宅、办公室、宿舍等小房间的多层房屋，可用托梁承托以上各层的墙体，组成墙梁结构。此时墙梁不仅承受墙梁（托梁与墙体）的自重，还承受托梁及以上各层楼盖和屋盖荷载，因而属于承重墙梁（图6-6）[6.1]。多层房屋采用墙梁结构，与每层设置钢筋混凝土大梁相比，可节省大量混凝土和钢筋，降低房屋造价，因此有着广泛的应用。

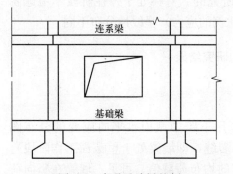

图6-5　自承重墙梁的例

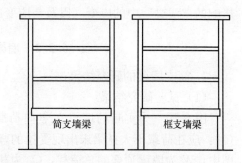

图6-6　承重墙梁的例

墙梁按支承方式可分为简支墙梁、连续墙梁和框支墙梁等；按是否开洞可分为有门窗洞口和无门窗洞口的墙梁。其选用取决于房屋的布置和使用要求。

在过去相当长的时期内对墙梁无较合理的设计方法。过去应用较多的设计方法有：(1) 全荷载法，即不考虑托梁与墙体的共同工作，所有荷载全部由托梁承受，托梁按受弯构件计算。(2) 前苏联日莫契金教授提出的弹性地基梁法，将托梁以上的墙体视为托梁的弹性地基，弹性地基的反力即为托梁所受的竖向荷载，并以此荷载分析托梁内力，托梁按受弯构件设计[6.3]。

从试验和工程实践中发现，墙梁中受弯裂缝不仅在托梁底部产生，而且有时还会贯通托梁全高[6.3]。这表明托梁不是单纯受弯构件，否则托梁上部为受压区，不可能产生竖向裂缝。托梁顶部产生竖向裂缝，是因为托梁与上面墙体通过二者间的砂浆联结而构成组合体，承受竖向荷载时在二者水平连接缝中产生水平剪应力。这项剪应力使托梁水平受拉，亦即托梁为偏心受拉构件，而非单纯受弯构件。在墙梁高度大、托梁高度小的情况下，为小偏心受拉构件，即整个截面受拉[6.4]，因而出现贯通的裂缝是不奇怪的（图6-10a）。以上是按弹性理论得出的。在相应的试验中也量测到：当荷载不大、构件基本处于弹性阶段时，所测得的中和轴位置基本在墙体内[6.3]。

根据大量的试验研究结果[6.3]，我国1988年颁布的《砌体结构设计规范》GBJ 3—88提出了考虑组合作用的单跨墙梁的设计方法。经过多年的研究，《砌体结构设计规范》GB 50003—2001又提出了包括简支墙梁、连续墙梁和（多跨）框支墙梁的设计方法。我国新颁布的《砌体结构设计规范》GB 50003—2011[6.2]基本上沿用了GB 50003—2001的设计方法。对满足本章所规定的构造要求的墙梁，可按本章讲述的规范方法进行设计。对不满足本章所规定的构造要求的墙梁，仍可按全荷载法或弹性地基梁法设计。

在试验中量测得到的墙梁各水平截面的垂直应变的分布表明，在墙梁（"深梁"）中不仅产生水平应力 σ_x，还产生垂直应力 σ_y。文献[6.5]明确指出：由于 σ_y 的存在，会使深梁（亦即墙梁）内产生沿截面高度的非线性分布的 ε_x（或 σ_x），如图6-7所示；这与"材料力学"中研究的、材料处于弹性阶段不考虑 σ_y 影响的"浅梁"中的应变（以及与应变成比例的应力）呈线性分布不同。

6.2.2 墙梁的研究结果

1. 简支墙梁的研究结果

（1）试验研究结果

图6-7[6.6]为实测的墙梁在竖向荷载作用下跨中截面水平向应变的分布图（注：应在荷载不大托梁未出现受拉的竖向裂缝，即墙梁处于整截面工作阶段）。图中，W 为墙梁顶部的总荷载，Q_2 为相应的均布荷载值。可见，墙梁在竖向荷载作用下，墙体大部分受压，托梁主要承受拉力，由墙体压应力合力与托梁承受的拉力组成力偶来抵抗竖向荷载产生的弯矩。

由于墙体参与工作，与托梁组成组合深梁，其内力臂远大于普通钢筋混凝土浅梁，使墙梁具有很大的抗弯刚度和很高的承载能力。大量的试验结果表明，墙体与托梁有着良好的组合工作性能，墙梁的承载能力往往数倍、甚至十数倍于相同配筋的钢筋混凝土浅梁（托梁）的承载能力。因此，考虑墙体与托梁的组合作用进行墙体设计有良好的经济效益。

（2）受力分析结果

图6-8为根据有限元分析结果绘制的墙梁在竖向荷载作用下的主应力迹线图。可以看出，对无洞口墙梁，两侧主压应力迹线直接指向支座，中部主压应力迹线则呈拱形指向支座，托梁顶面在两支座附近受到较大的竖向压力和剪应力作

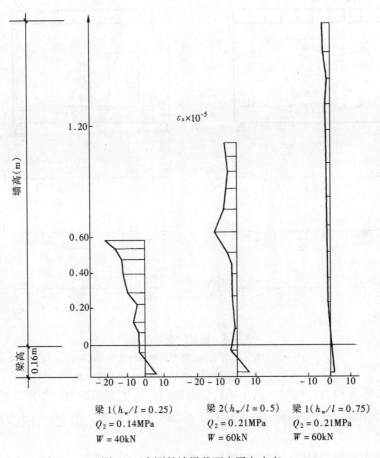

图 6-7 实测的墙梁截面水平向应变

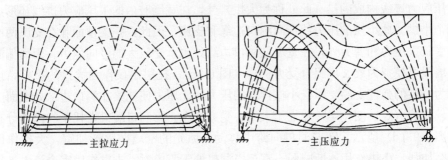

图 6-8 墙梁的主应力迹线图

用。在跨中的局部，墙体与托梁的界面处作用有竖向拉应力。墙体在支座的斜上方多处于拉、压复合受力状态。托梁内主拉应力迹线基本平行于托梁的轴线。因此，无洞口墙梁可模拟为组合拱受力机构，如图 6-9（a）所示[6.1]。托梁作为拉

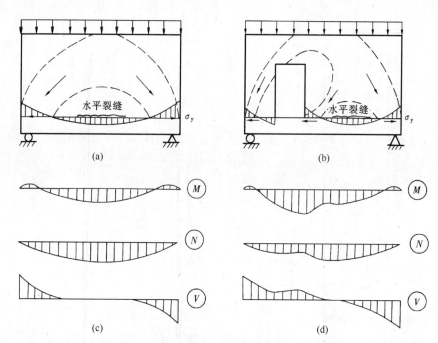

图 6-9　墙梁的受力机制
(a) 无洞口时的受力机制；(b) 有洞口时的受力机制；
(c) 无洞口时的托梁内力；(d) 有洞口时的托梁内力

杆，主要承受拉力。同时，由于托梁顶面竖向压应力和剪应力的作用，托梁中还存在部分弯矩。一般情况下，托梁处于小偏心受拉状态。图 6-9（b）为托梁内力示意图。

墙梁中有偏门洞时，门洞把墙体分成一宽一窄两个墙肢。此时，除形成前述主压应力迹线构成的拱（此处称为大拱）外，在宽墙肢内的主压应力迹线还形成一个小拱。此小拱的压力线指向洞口边缘和支座。因此，托梁顶面除在支座两端承受较大压力和剪力外，在宽墙肢洞口边缘处也承受较大的竖向压力。因而偏洞口墙梁可模拟为梁、拱组合受力机构（图 6-9b）。托梁不仅作为大拱的拉杆，还作为小拱的弹性支座，承受小拱传来的压力。此压力使托梁在洞口边缘处截面产生较大的弯矩，使托梁一般处于大偏心受力状态。偏洞口墙梁中托梁的内力分布如图 6-9（d）所示。随着洞口向跨中移动，原先的窄墙肢逐渐加宽，大拱作用不断加强，小拱作用逐渐减弱。直至当洞口处于跨中时，小拱作用完全消失，托梁的工作又接近于无洞口的状况[6.7]。在此过程中，托梁逐渐由大偏心受拉过渡到小偏心受拉。

（3）破坏形态

根据图 6-10（b）所示的Ⅰ、Ⅱ、Ⅲ、Ⅳ四部分强弱的不同[6.4]，墙梁可能发生的破坏形态主要有三种[6.6]：正截面受弯破坏、墙体或托梁受剪破坏、支座上方墙体局部受压破坏。

1）墙梁的受弯破坏

托梁配筋较弱时，发生正截面受弯破坏。对无洞口墙梁，在均布荷载作用下，破坏发生在具有最大弯矩的跨中截面。托梁受拉开裂后，起初裂缝开展和延伸都较小，随着荷载增大，钢筋应力不断增大，裂缝开展也因之不断增大，同时也不断向上延伸并贯通托梁而伸入墙体，直至托梁的下部和上部钢筋先后屈服，垂直裂缝迅速进一步伸入墙体，墙梁丧失承载能力。墙梁发生受弯破坏时，一般观察不到墙梁顶面受压区砌体压坏的迹象。破坏形式如图 6-10（a）所示。

偏洞口墙梁的受弯破坏发生在宽墙肢的洞口边缘截面。托梁下部受拉钢筋屈服后，托梁刚度迅速降低，引起托梁与墙体之间的内力重分布，墙体随之破坏，如图 6-10（b）所示[6.1]、[6.4]。

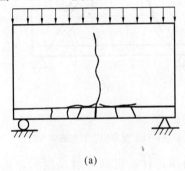 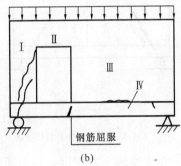

图 6-10 墙梁的受弯破坏

2）墙梁的受剪破坏

① 托梁的剪切破坏

当托梁的箍筋不足时，可能发生托梁斜截面剪切破坏。特别是在靠近支座附近设置洞口时，托梁在洞口范围内承受较大的剪力，且处于拉、弯、剪复合受力状态，受力较为不利。在托梁支座附近，由于梁端竖向压应力和梁顶端部剪力的作用，斜裂缝自托梁顶面向支座方向伸展，托梁处于斜压状态，因此有较高的抗剪承载力。

② 墙体的剪切破坏

当托梁的配筋较强，并且梁端砌体局部受压承载力得到保证时，一般发生墙体剪切破坏。

墙体高跨比较小（$h_w/l_0 < 0.5$）时，发生斜拉破坏（图 6-11a）[6.1]，墙体在主拉应力作用下产生较平缓的阶梯形斜拉裂缝，斜拉破坏的承载能力较低[6.6]。

墙体高跨比较大（$h_w/l_0 > 0.5$）时，发生剪压破坏（图 6-11b）[6.1]，墙体在主压应力作用下沿支座斜上方产生较陡的斜裂缝，斜裂缝贯穿墙高后，墙梁破坏[6.6]。

对有洞口的墙梁，其墙体剪切破坏一般发生在窄墙肢一侧（图 6-11c）。斜裂

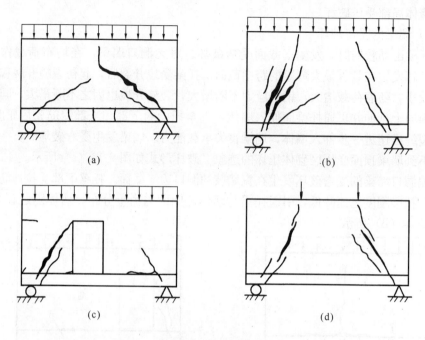

图 6-11 墙梁的受剪破坏

(a) 斜拉破坏；(b) 斜压破坏；(c) 有洞口时的破坏；(b) 受集中力时的破坏

缝首先在支座斜上方产生，并不断向支座和洞顶延伸，贯通墙肢高度后，墙梁破坏。

当墙梁承受集中荷载时，破坏斜裂缝发生在支座和集中荷载作用点的连线上（图 6-11d）[6.3]。

3) 墙梁的局部受压破坏

墙体高跨比较大时（$h_w/l_0 > 0.7$）[6.1]，墙梁还可能发生梁端砌体局部受压破坏（图 6-12）[6.3]。从图 6-8 所示的主应力迹线可见，在托梁顶面两端，竖向压应力高度集中，当超过砌体局部抗压强度时，梁端砌体发生局部受压破坏。墙梁两端有与其垂直相连的翼墙时，可显著降低托梁顶面的峰值压应力，提高墙体的局部受压承载力。

除上述主要破坏形态外，墙梁还可能发生托梁端部混凝土局部受压破坏、有洞口墙梁洞口上部砌体剪切破坏等。因此，还必须采取一定的构造措施，防止这些破坏形态的发生。

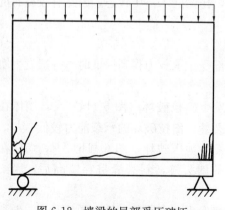

图 6-12 墙梁的局部受压破坏

2. 连续墙梁的研究结果

连续墙梁在单层厂房等建筑中应用较多。在连续墙梁的顶面处设有一道拉通的圈梁,称为顶梁。

图6-13的右侧所示为有限元分析所得的无洞口连续墙梁中托梁的内力图。可见,与一般连续梁相比,由于墙梁的组合作用,托梁的弯矩和剪力均有一定程度的降低;同时,托梁中却出现了轴力:在跨中区段出现了较大的轴拉力,在支座附近则受轴压力作用[6.8]、[6.9]。

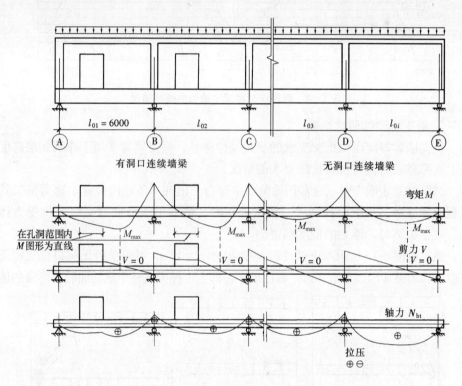

图6-13 连续墙梁中托梁的内力

图6-13的左侧所示为有限元分析所得的有洞口连续墙梁中托梁的内力图。随着洞口向支座移动,托梁的内力有较大增加;当超过表6-1的规定时,托梁某些截面的内力甚至可能超过普通连续梁相应截面的内力[6.8]、[6.9]。

两跨连续墙梁的试验表明[6.10]、[6.11],随着裂缝的出现和开展,连续墙梁的受力逐渐转为连续组合拱机制;托梁的大部分区段处于偏心受拉状态,仅在中间支座附近的很小区段,由于拱的推力而使托梁处于偏心受压和受剪的复合受力状态。顶梁的存在使连续墙梁的受剪承载力有较大提高。无翼墙或构造柱时,中间支座上方的砌体中竖向压应力过于集中,会使此处的墙体发生严重的局部受压破坏。中间支座处也比边支座处更容易发生剪切破坏。图6-14示出了两跨连续墙梁试验后的破坏情况[6.10]、[6.11]。

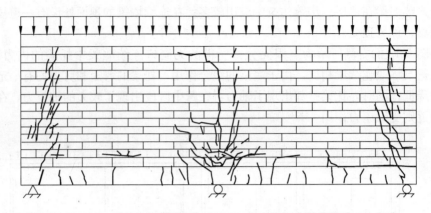

图 6-14　两跨连续墙梁试验后的破坏情况

3. 框支墙梁的研究结果

框支墙梁即底层由框架支承的墙梁结构体系。框支墙梁常用于建筑底层跨度较大或荷载较大及有抗震设防要求的情况。

试验结果表明[6.12]，通常托梁跨中截面会先出现一条竖向裂缝，随后框架其他截面和墙体会相继出现裂缝。接近破坏时，结构仍能形成框支组合拱受力体系。直至破坏时，墙梁的挠度都很小。

通过对图 6-15 所示六个试件试验结果的分析[6.13]，可得单跨无洞口框支墙梁可能出现的破坏形态如下。(1) 弯曲破坏：即由于托梁或柱中纵筋屈服而形成的破

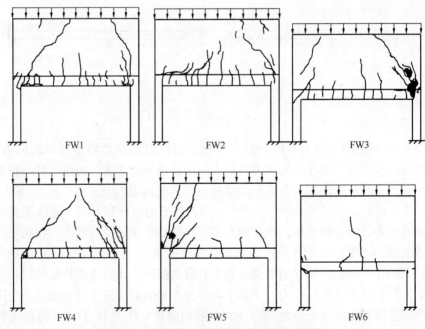

图 6-15　单跨无洞口框支墙梁试件的破坏形态

坏机构。托梁跨中第一条裂缝出现并上升到墙中后,梁底纵筋一般会首先屈服,形成弯拉性质的塑性铰。这种塑性铰是对整个墙梁而言的,实质上是墙梁的拱机构。后面的塑性铰可能在托梁支座处产生,形成托梁弯曲破坏机构(试件FW1);也可能在柱顶产生,形成托梁—柱弯曲破坏机构(试件FW6)。(2)剪切破坏。在托梁和柱的纵筋未屈服的情况下,墙体或托梁发生剪切破坏。其中墙体的剪切破坏又分为两种:其一是墙体主拉应力超过砌体的复合抗拉强度而产生的沿阶梯形斜裂缝的斜拉破坏(试件FW2),斜拉破坏易发生在墙体高跨比较小的情况,斜裂缝倾角一般小于45°;其二是墙体主压应力超过砌体的复合抗压强度而产生的沿穿过块体和水平灰缝的陡峭斜裂缝的斜压破坏(试件FW5),易发生在墙体高跨比较大的情况,斜裂缝倾角一般可达55°~60°,并且往往导致托梁端部或梁柱节点混凝土发生斜压破坏。(3)弯剪破坏。托梁跨中纵筋屈服的同时或稍后,墙体发生斜压破坏(试件FW4)。(4)局压破坏。框支柱上方砌体和混凝土应力集中使局部应力超过材料的局部受压强度,发生砌体或梁柱节点区局部受压破坏(试件FW3)。一般发生在墙体高跨比较大且支座上方未设构造柱的情况。

对承受顶部均布荷载的无洞口等跨框支墙梁,有限元计算结果表明,与同样条件下的框架相比,托梁内力有很大降低。托梁跨中区段为偏心受拉构件。框架边柱为偏心受压构件,柱反弯点距柱底约0.37倍柱的净高。由于存在大拱效应(图6-16)[6.14]、[6.15],边柱的轴力比一般框架边柱大。顶梁为偏心受压构件。构造柱的轴力从上到下近似呈线性增加,并且中间柱的轴力较两边大。构造柱的存在使托梁顶面处墙体中的压应力集中现象大大改善;无洞口墙梁在此处最大的竖向压应力一般约为墙梁顶面均布应力值的1.6倍。

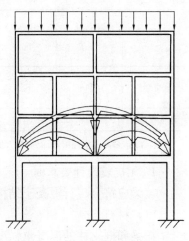

图6-16 框支墙梁传力路径示意图

有限元计算结果还表明,对于有洞口连续框支墙梁,当洞口位于跨中时,构件的内力与无洞口的情况几乎相同。当洞口靠近框架柱时,托梁在相应侧靠近支座截面的内力与普通框架接近。砌体中的最大压应力发生在洞口边处,约为墙梁顶面均布荷载值的1.8倍。

4. 墙梁的受力机理

由以上研究结果可见,包括托梁和其上计算高度范围内的墙体构成的墙梁,在受弯时如深梁一样工作。但是,由于是两种材料的组合,因此,在受弯时截面的内力臂系数γ要通过试验来确定。另一方面,一般而言,托梁在无洞口情况下是小偏心受拉,在有洞口情况下则是大偏心受拉,即都有一定的弯矩作用。

6.2.3 墙梁的构造要求

采用烧结普通砖砌体、混凝土普通砖砌体、混凝土多孔石和混凝土砌块砌体的墙梁设计应符合表 6-1 的规定，表中各符号的意义参见图 6-18。

墙梁计算高度范围内每跨允许设置一个洞口；洞口边至支座中心的距离 a_i，对边支座不应小于 $0.15l_{0i}$，对中支座不应小于 $0.07l_{0i}$。（托梁支座处上部墙体设置混凝土构造柱、且构造柱边缘至洞口边缘的距离不小于 240mm 时，洞口边至支座中心距离的限值可不受此限制）。对自承重墙梁，洞口至边支座中心的距离不应小于 $0.1l_{0i}$，门窗洞上口至墙顶的距离不应小于 0.5m。对多层房屋的墙梁，各层洞口宜设置在相同位置，并宜上下对齐。

托梁高跨比，对无洞口墙梁不宜大于 1/7，对靠近支座有洞口的墙梁不宜大于 1/6。配筋砌块砌体墙梁的托梁高跨比可适当宽度，但不宜小于 1/14；当墙梁结构中的墙体均为配筋砌块砌体时，墙体总高度可不受表 6-1 的限制。

墙梁的一般规定　　　　　　　　　　　　　　　表 6-1

墙梁类别	墙体总高度 (m)	跨度 (m)	墙体高跨比 h_w/l_{0i}	托梁高跨比 h_b/l_{0i}	洞宽比 b_{hi}/l_{0i}	洞高 h_h
承重墙梁	≤18	≤9	≥0.4	≥1/10	≤0.3	≤$5h_w/6$ 且 $h_w - h_h ≥ 0.4$m
自承重墙梁	≤18	≤12	≥1/3	≥1/15	≤0.8	—

注：墙体总高度指托梁顶面到檐口的高度，带阁楼的坡屋面应算到山尖墙 1/2 高度处。

1. 无抗震设计要求时

墙梁应符合现行混凝土结构设计规范和下列构造要求[6.2]：

(1) 材料

托梁和框支柱的混凝土强度等级不应低于 C30。

承重墙梁的块体强度等级不应低于 MU10，计算高度范围内墙体的砂浆强度等级不应低于 M10 (Mb10)。

(2) 墙体

框支墙梁的上部砌体房屋，以及设有承重的简支墙梁或连续墙梁的房屋，应满足刚性方案房屋的要求。

墙梁的计算高度范围内的墙体厚度，对砖砌体不应小于 240mm，对混凝土砌块砌体不应小于 190mm。

墙梁洞口上方应设置混凝土过梁，其支承长度不应小于 240mm。洞口范围不应施加集中荷载。

对承重墙梁，应按圈梁要求在墙梁计算高度顶面和每层纵横墙墙顶现浇混凝土顶梁,并且应与其他同一标高处的圈梁拉通,这对于连续墙梁尤其重要。

承重墙梁的支座处应设置落地翼墙。翼墙厚度,对砖砌体不应小于240mm,对混凝土砌块砌体不应小于190mm。翼墙宽度不应小于墙梁墙体厚度的3倍,并与墙梁墙体同时砌筑。当不能设置翼墙时,应设置落地且上下贯通的构造柱。

当墙梁墙体在靠近支座1/3跨度范围内开洞时,支座处应设置落地且上下贯通的构造柱,并应与每层圈梁连接。

墙梁计算高度范围内的墙体,每天可砌高度不应超过1.5m;否则,应加设临时支撑。通过墙梁砌体的施工临时通道的洞口宜开设在跨中$l_{0i}/3$的范围内,其高度不应大于$5h_w/6$。

(3) 托梁和柱

有墙梁的房屋的托梁两侧各两个开间应采用现浇混凝土楼盖,楼板厚度不宜小于120mm。当楼板厚度大于150mm时,应采用双层双向钢筋网。楼板上应少开洞,洞口尺寸大于800mm时应设洞边梁。

托梁每跨底部的纵向受力钢筋应通长设置,不应在跨中弯起或截断。钢筋接长应采用机械连接或焊接。

墙梁的托梁跨中截面纵向受力钢筋总配筋率不应小于0.6%。

托梁上部通长布置的纵向钢筋面积与跨中下部纵向钢筋面积之比值不应小于0.4。连续墙梁或多跨框支墙梁的托梁支座上部附加纵向钢筋从支座边算起每边延伸不少于$l_0/4$。

承重墙梁的托梁在砌体墙、柱上的支承长度不应小于350mm。纵向受力钢筋伸入支座应符合受拉钢筋的锚固要求。

当托梁高度$h_b \geqslant 450$mm时,应沿梁高设置通长水平腰筋,其直径不应小于12mm,间距不应大于200mm。

对于洞口偏置的墙梁,其托梁的箍筋加密区范围应延到洞口处,距洞边的距离大于等于托梁截面高度h_b,托梁箍筋直径不应小于8mm,间距不应大于100mm,如图6-17所示。

现浇承重托梁应在其混凝土达到设计强度后方可拆模。冬期施工时,托梁下应设临时支撑,在墙梁计算高度范围内的砌体强度达到设计强度的75%之前,不得拆除该临时支撑。

框支墙梁的柱截面,对矩形柱,不宜小于400mm×400mm;对圆形柱,其直径不宜小于450mm。

2. 按抗震设计时的构造要求

底层设置抗震墙的框支墙梁房屋的层数和高度应符合现行《建筑抗震设计规范》GB 50011—2010[6.16]的规

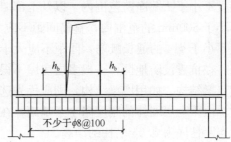

图6-17 偏开洞时托梁箍筋加密区

定。例如，采用底部框架-抗震墙结构，当烈度为7度、设计基本地震加速度为0.1g、采用普通砖或多孔砖且抗震墙最小厚度为240mm时，其层数不得超过7层，房屋檐口的高度不得超过22m；并且在任何情况下，其底部的层高不应超过4.5m。

上部的砌体墙体与底部的框架梁或抗震墙，除楼梯间附近的个别墙段外均应对齐。

框支墙梁的底层应沿纵向和横向设置一定数量的抗震墙，且应均匀对称布置。当烈度为6、7、8度时，其最大间距分别为18、15、11m。6度且总层数不超过4层的框支墙梁房屋，允许采用嵌砌于框架之间的约束普通砖砌体或小砌块砌体的砌体抗震墙，但应计入砌体墙对框架的附加轴力和附加剪力并进行底层的抗震验算，且同一方向不应同时采用钢筋混凝土抗震墙和约束砌体抗震墙。其余情况，8度时应采用钢筋混凝土抗震墙，6、7度时应采用钢筋混凝土抗震墙或配筋小砌块砌体抗震墙。框支墙梁房屋的纵横两个方向，第二层计入构造柱影响的侧向刚度与底层侧向刚度的比值，6、7度时不应大于2.5，8度时不应大于2.0，且均不应小于1.0。

框支墙梁上层承重墙应沿纵、横两个方向按底部框架和抗震墙的轴线布置，宜上下对齐，分布均匀，使各层刚度中心接近质量中心。应在墙体中的框架柱上方和纵横墙交接处设置符合抗震规范要求的混凝土构造柱。

底部框架-抗震墙砌体房屋中底部抗震墙的厚度和数量，应由房屋的竖向刚度分布来确定。当采用约束普通砖墙时其厚度不得小于240mm；配筋砌块砌体抗震墙的厚度不应小于190mm；钢筋混凝土抗震墙的厚度不宜小于160mm；且均不宜小于层高或无支长度的1/20。

框支墙梁的托梁应符合下列构造要求：(1)托梁的截面宽度不应小于300mm，截面高度不应小于跨度的1/10；当墙体在梁端附近有洞口时，梁截面高度不宜小于跨度的1/8。(2)托梁上、下部纵向贯通钢筋最小配筋率，一级时不应小于0.4%，二、三级时不应小于0.3%；当托梁受力状态力偏心受拉时，支座上部纵向钢筋至少应有50%沿梁全长贯通，下部纵向钢筋应全部直通到柱内。(3)托梁箍筋直径不应小于10mm，间距不应大于200mm；梁端1.5倍梁高且不小于1/5净跨范围内，以及上部墙体的洞口处及洞口两侧各一个梁高、且不小于500mm的范围内，箍筋间距不应大于100mm。(4)托梁沿梁高每侧应设置不小于$\phi 14$的通长腰筋，间距不应大于200mm。

在抗震设防地区，一般多层房屋不得采用由砖墙、砖柱支承的简支墙梁和连续墙梁结构。如用墙梁结构，则应优先选用框支墙梁结构。

由于上层墙体的刚度略小于基础，在侧向水平力作用下，可近似取框架柱反弯点距柱底为0.55倍柱的净高。

由于墙体在重力荷载和地震作用下的应力分布复杂，根据现有试验结果，框支墙梁计算高度范围内墙体截面抗震承载力验算时,应在普通墙体截面抗震承载力计算的基础上乘以降低系数0.9。

与底部框架-抗震墙相邻的上一砌体楼层称为过渡层。过渡层在地震时破坏较重。因此,过渡层墙体的材料强度等级和构造要求,应符合下列规定[6.16]:(1)过渡层砌体块材的强度等级不应低于MU10,砖砌体砌筑砂浆强度的等级不应低于M10,砌块砌体砌筑砂浆强度的等级不应低于Mb10。(2)上部砌体墙的中心线宜同底部的托梁、抗震墙的中心线相重合。(3)托梁上过渡层砌体墙的洞口不宜设置在框架柱或抗震墙边框柱的正上方。(4)过渡层应在底部框架柱、抗震墙边框柱、砌体抗震墙的构造柱或芯柱所对应处设置构造柱或芯柱,并宜上下贯通。过渡层墙体内的构造柱间距不宜大于层高;砌块砌体墙体中部的芯柱宜均匀布置,最大间距不宜大于1m。构造柱截面不宜小于240mm×240mm(墙厚190mm时为240mm×190mm),其纵向钢筋,6、7度时不宜少于4ϕ16,8度时不宜少于4ϕ18。芯柱的纵向钢筋,6、7度时不宜少于每孔1ϕ16,8度时不宜少于每孔1ϕ18。一般情况下,纵向钢筋应锚入下部的框架柱或混凝土墙内;当纵向钢筋锚固在托墙梁内时,托墙梁的相应位置应加强。(5)过渡层的砌体墙,凡宽度不小于1.2m的门洞和2.1m的窗洞,洞口两侧宜增设截面不小于120mm×240mm(墙厚190mm时为120mm×190mm)的构造柱或单孔芯柱。(6)过渡层砖砌体墙,在相邻构造柱间应沿墙高每隔360mm设置2ϕ6通长水平钢筋与ϕ4分布短筋平面内点焊组成的拉结网片或ϕ4点焊钢筋网片;过渡层砌块砌体墙,在芯柱之间沿墙高应每隔400mm设置ϕ4通长水平点焊钢筋网片。(7)过渡层的砌体墙在窗台标高处,应设置沿纵横墙通长的水平现浇钢筋混凝土带。

底部框架-抗震墙砌体房屋的楼盖应符合下列规定:(1)过渡层的底板应采用现浇钢筋混凝土楼板,且板厚不应小于120mm,并应采用双排双向配筋,配筋率分别不应小于0.25%;应少开洞、开小洞,当洞口尺寸大于800mm时,洞口周边应设置边梁。(2)其他楼层,采用装配式钢筋混凝土楼板时均应设现浇圈梁采用现浇钢筋混凝土楼板时允许不另设圈梁,但楼板沿抗震墙体周边均应加强配筋并应与相应的构造柱、芯柱可靠连接。

6.2.4 墙梁的承载力计算

为保证墙梁的安全使用,对墙梁应分别进行托梁使用阶段正截面承载力和斜截面受剪承载力计算、墙体受剪承载力和托梁支座上部砌体局部受压承载力计算,以及施工阶段托梁承载力验算。自承重墙梁可不验算墙体受剪承载力和砌体局部受压承载力。

对各种形式的墙梁,规范统一采用组合内力法确定构件的内力。即分别对墙梁顶面荷载和托梁顶面荷载按梁或框架计算内力,再取二者的适当组合得出最终的内力。

1. 墙梁的计算简图

墙梁的计算简图如图 6-18 所示[6.2]。简支墙梁和连续墙梁的计算跨度 l_0 取 $1.1l_n$ 和 l_c 二者中的较小值；其中 l_n 为净跨，l_c 为支座中心线距离。框支墙梁的计算跨度 l_0 则取框架柱中心线间的距离 l_c。

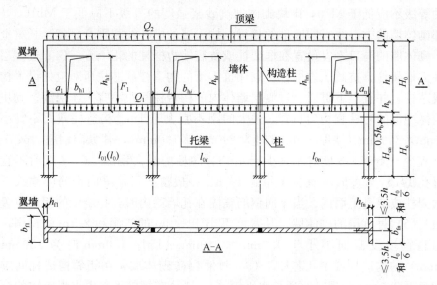

图 6-18 墙梁的计算简图

墙体的计算高度 h_w，取托梁顶面上一层墙体的高度。当 $h_w > l_0$ 时，取 $h_w = l_0$（对连续墙梁和多跨框支墙梁，此处 l_0 取各跨计算跨度的平均值）。取墙梁跨中截面计算高度 $H_0 = h_w + 0.5h_b$，h_b 为托梁截面高度。

翼墙计算宽度 b_f 取窗间墙宽度或横墙间距的 2/3，且每边不大于 3.5h（h 为墙体厚度）和 $l_0/6$。

框架柱的计算高度取为 $H_c = H_{cn} + 0.5h_b$，其中 H_{cn} 为框架柱的净高（取基础顶面至托梁底面的距离）。

2. 墙梁的计算荷载

墙梁的组合作用须在结构材料达到强度后才能充分发挥，故墙梁上的计算荷载应按使用阶段和施工阶段分别计算。

（1）使用阶段墙梁上的荷载

1）承重墙梁

托梁顶面的荷载设计值 Q_1 和 F_1 取托梁自重及本层楼盖的恒荷载和活荷载。墙梁顶面的荷载设计值 Q_2 取托梁以上各层墙体自重以及墙梁顶面以上各层楼（屋）盖的恒荷载和活荷载。作用在墙梁顶部的集中荷载可向下扩散而趋于均匀，故当此集中荷载超过其所作用的跨度上荷载总量的 20% 时，可沿此跨度近似化为均布荷载。

2) 自承重墙梁

对自承重墙梁，仅考虑竖向均布荷载 Q_2 作用在墙梁顶面，其设计值取托梁自重及托梁以上墙体自重的设计值。

(2) 施工阶段托梁上的荷载

在施工阶段，材料强度尚未达到设计要求，墙梁的组合作用无法形成，故此时托梁按普通受弯构件进行受弯和受剪承载力验算。施工阶段托梁上的荷载包括：托梁自重及本层楼盖的恒荷载；本层楼盖的施工荷载；墙体自重。与过梁相同，墙体自重可取高度为 $l_{0\max}/3$ 的墙体自重，开洞时尚应按洞顶以下实际分布的墙体自重复核（$l_{0\max}$ 为各计算跨度的最大值）。

3. 托梁的正截面承载力计算

托梁的跨中截面应按钢筋混凝土偏心受拉构件计算。相应的弯矩 M_{bi} 和轴心拉力 N_{bti} 的计算式为：

$$M_{bi} = M_{1i} + \alpha_M M_2 \tag{6-5}$$

$$N_{bti} = \eta_N \frac{M_{2i}}{H_0} \tag{6-6}$$

其中，对简支墙梁

$$\alpha_M = \psi_M \left(1.7 \frac{h_b}{l_0} - 0.03\right) \tag{6-7}$$

$$\psi_M = 4.5 - 10 \frac{a}{l_0} \tag{6-8}$$

$$\eta_N = 0.44 + 2.1 \frac{h_w}{l_0} \tag{6-9}$$

对各跨长相差不超过 30% 的连续墙梁和框支墙梁

$$\alpha_M = \psi_M \left(2.7 \frac{h_b}{l_{0i}} - 0.08\right) \tag{6-10}$$

$$\psi_M = 3.8 - 8 \frac{a_i}{l_{0i}} \tag{6-11}$$

$$\eta_N = 0.8 + 2.6 \frac{h_w}{l_{0i}} \tag{6-12}$$

在上面的式子中，M_{1i} 为荷载设计值 Q_1 和 F_1 作用下的简支梁跨中弯矩或按连续梁或框架分析所得的托梁各跨跨中最大弯矩；M_{2i} 为荷载设计值 Q_2 作用下的简支梁跨中弯矩或按连续梁或框架分析所得的各跨跨中弯矩中的最大值；α_M 为考虑墙梁组合作用的托梁跨中弯矩系数；η_N 为考虑墙梁组合作用的托梁跨中轴力系数；ψ_M 为洞口对托梁弯矩的影响系数，对无洞口墙梁取 1.0；a_i 为洞口边至相邻墙梁支座的距离，当 $a_i > 0.35 l_{0i}$ 时，取 $a_i = 0.35 l_{0i}$。

对自承重简支墙梁，按式 (6-7) 和式 (6-10) 算得的 α_M 以及按式 (6-9)

和式（6-12）算得的 η_N 均应乘以 0.8。并且，当式（6-7）中的 $h_b/l_0 > 1/6$ 时，取 $h_b/l_0 = 1/6$；当式（6-10）中的 $h_b/l_{0i} > 1/7$ 时，取 $h_b/l_{0i} = 1/7$。在 η_N 的计算公式（6-9）和式（6-12）中，当 $h_w/l_{0i} > 1$ 时，取 $h_w/l_{0i} = 1$。

托梁支座截面应按钢筋混凝土受弯构件计算，其弯矩 M_{bj} 可按下列公式计算：

$$M_{bj} = M_{1j} + \alpha_{Ms} M_{2j} \qquad (6-13)$$

$$\alpha_{Ms} = 0.75 - \frac{a_i}{l_{0i}} \qquad (6-14)$$

式中　M_{1j}——荷载设计值 Q_1 和 F_1 作用下按连续梁或框架分析所得的托梁支座弯矩；

M_{2j}——荷载设计值 Q_2 作用下按连续梁或框架分析所得的托梁支座弯矩；

α_{Ms}——考虑组合作用的托梁支座弯矩系数，对无洞口墙梁取 0.4。

当支座两边的墙体均有洞口时，式（6-14）中的 a_i 取其中较小值。

对多跨框支墙梁的框支柱，在墙梁顶面荷载 Q_2 的作用下，由于存在大拱效应，当边柱的轴力不利时，对 Q_2 引起的轴力应乘以修正系数 1.2。

4. 托梁的斜截面受剪承载力计算

托梁的斜截面受剪承载力应按钢筋混凝土受弯构件计算。其剪力 V_{bj} 可按下式计算：

$$V_{bj} = V_{1j} + \beta_V V_{2j} \qquad (6-15)$$

式中　V_{1j}——荷载设计值 Q_1 和 F_1 作用下按连续梁或框架分析的托梁支座边剪力或简支梁支座边剪力；

V_{2j}——荷载设计值 Q_2 作用下按连续梁或框架分析的托梁支座边剪力或简支梁支座边剪力；

β_V——考虑组合作用的托梁剪力系数。

β_V 按如下取值：无洞口墙梁边支座取 0.6，中支座取 0.7；有洞口墙梁边支座取 0.7，中支座取 0.8。对自承重墙梁，无洞口时取 0.45，有洞口时取 0.5。

5. 墙梁的墙体受剪承载力计算

墙梁的墙体受剪承载力，应按下式计算：

$$V_2 \leqslant \xi_1 \xi_2 \left(0.2 + \frac{h_b}{l_{0i}} + \frac{h_t}{l_{0i}}\right) f h h_w \qquad (6-16)$$

式中　V_2——在荷载设计值 Q_2 作用下墙梁支座边剪力的最大值；

ξ_1——翼墙或构造柱影响系数；

ξ_2——洞口影响系数，无洞口墙梁取 1.0，多层有洞口墙梁取 0.9，单层有洞口墙梁取 0.6；

h_t——墙梁顶面圈梁截面高度。

ξ_1 按如下取值：对单层墙梁取 1.0。对多层墙梁，当 $b_f/h = 3$ 时取 1.3，当

$b_f/h=7$ 时或设置构造柱时取 1.5，当 $3<b_f/h<7$ 时，按线性内插取值。

式（6-16）是这样得出的：首先采用正交试验的方法进行有限元计算，并考虑复合受力状态下砌体的抗剪强度进行理论分析，找出影响墙梁墙体受剪承载力的显著因素。再据此对试验资料进行回归分析即可得出式（6-16）。

6. 托梁支座上部砌体局部受压承载力验算

托梁支座上部砌体局部受压承载力应按下式计算：

$$Q_2 \leqslant \zeta fh \tag{6-17}$$

其中，ζ 为局部承压系数，即

$$\zeta = 0.25 + 0.08\frac{b_f}{h} \tag{6-18}$$

当 $b_f/h \geqslant 5$，或当墙梁支座处设置上下贯通的落地构造柱时，可不验算托梁支座上部砌体局部受压承载力。

式（6-17）是根据弹性有限元分析和 16 个发生局压破坏的无翼墙构件的试验结果得出的。

7. 按弹性地基梁法计算墙梁

前已提及，当墙梁的构造不完全满足表 6-1 的规定时，则可按全荷载法或弹性地基梁法计算墙梁。全荷载法即认为全部荷载作用在托梁上（不考虑组合作用），托梁按受弯构件计算即可。弹性地基梁法虽未考虑二者之间的剪应力，故托梁也按受弯构件计算，但此法考虑托梁和墙体间的一定的组合作用来确定托梁上的荷载，比全荷载法更合理。下面介绍按弹性地基梁法计算墙梁的承载力的方法。

用弹性地基梁法，主要是确定托梁上荷载。此荷载确定后，即可按受弯构件计算托梁。确定托梁上荷载的思路是：托梁和其上墙体看作是半无限平板，把托梁的高度等效为折算高度，就可视为均质（完全由墙体材料组成的）半无限平板。应用弹性力学的相应解，应可确定相应于折算高度处作用在托梁上的荷载。

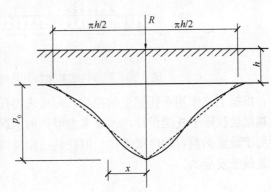

图 6-19 集中力作用下的半无限弹性平板的内力

如图 6-19 所示，一集中力 R 作用在弹性半无限平板的边界上，则离边界 h 处任意点 x 处的竖向应力 σ_y 为：

$$\sigma_y = \frac{2Rh^3}{\pi b(h^2+x^2)^2} \tag{6-19}$$

其中，b 为平板的厚度。当 $x=0$ 时，得离边界 h 处最大的竖向应力为：

$$\sigma_{\max} = p_0 = \frac{2R}{\pi b h} = \frac{0.64R}{bh} \tag{6-20}$$

为简化计算，把曲线分布的 σ_y 等效简化为按等腰三角形分布。等效的原则是保持 p_0 的大小不变以及曲线下的面积不变。按此条件，得等效后的三角形的高仍为 p_0，三角形的宽则为 πh。

为将上述结果用于墙梁，如前所述，需把托梁高 h_b 变换为折算的梁高 h：

$$h = 0.9 h_b \left(\frac{E_c}{E_m}\right)^{\frac{1}{3}} \tag{6-21}$$

其中，E_c 和 E_m 分别为混凝土和砌体的弹性模量。用此 h 代入式（6-20），得三角形荷载的高度，而三角形荷载的宽度则为 πh。

根据以上，得作用在托梁上荷载如图 6-20 所示。其中荷载 q 为托梁自重和直接传至托梁上的梁板荷载，即托梁自重与本层楼盖的恒荷载和活荷载（其中的集中力仍按集中力考虑）。在图 6-20 中，R 为托梁的支座反力，三角形荷载的高度为：

$$p_0 = \frac{0.64(R - R_q)}{h} \tag{6-22}$$

式中　R_q——荷载 q 产生的支座反力。

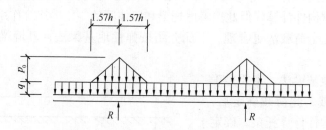

图 6-20　按弹性地基梁法计算时托梁上的荷载

根据上述作用在托梁上的荷载，即可求出托梁的内力。值得指出的是，弹性地基梁法仅限于托梁设计，没有考虑墙体的承载性能。另外，弹性地基梁法也不适用于设置偏洞口的墙梁结构。但在其适用范围内，按弹性地基梁法设计托梁一般是偏于安全的。

6.2.5　墙梁例题

【例 6-3】　某五层的商店-住宅，其局部平、剖面如图 6-21 所示[6.18]，托梁混凝土为 C30，主筋用 HRB400 级钢筋，箍筋用 HPB300 级钢筋，墙体用 MU10 烧结普通砖和 M10 混合砂浆砌筑。二层与托梁相邻的现浇楼板厚 120mm，相应的楼盖恒载为 3.98kN/m²（含面层和粉刷）。其余楼屋盖采用 120mm 厚预制空心板，相应的楼盖恒载为 2.73kN/m²，屋盖恒载 3.54kN/m²（均含面层和粉

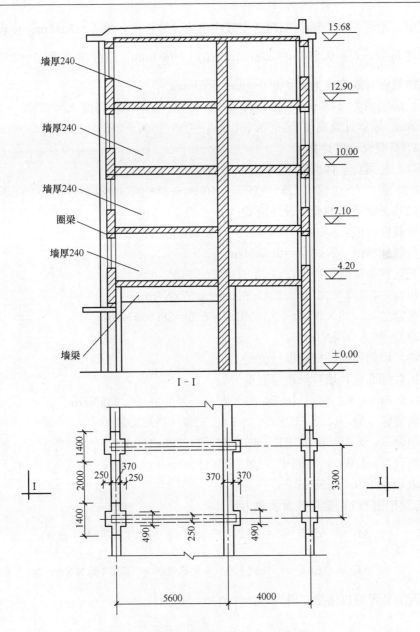

图 6-21 例 6-3 某五层住宅的平、剖面图

刷)。屋面活载 $0.5kN/m^2$；楼面活载 $2.0kN/m^2$[6.19]；240 厚砖墙及双面抹灰自重为 $5.24kN/m^2$。墙梁顶部钢筋混凝土圈梁截面高度为 120mm。试计算二层楼面处的墙梁。

【解】

1. 基本尺寸的确定

墙梁净跨 $l_n = 5600 - 620 = 4980mm = 4.98m$，$1.1l_n = 1.1 \times 4.98 = 5.48m$，

支座中心距离 $l_c=5.6$m。取两者中较小值为计算跨度，故 $l_0=5.48$m。按表 6-1，托梁高 $h_b \geqslant \frac{1}{10}l_0=0.548m=548$mm，取 $h_b=600$mm。取托梁宽度 $b_b=250$mm。托梁的截面有效高度为 $h_0=600-35=565$mm。

二层层高为 2900mm，楼板厚 120mm，故墙体计算高度 $h_w=2900-120=2780$mm。墙梁计算高度 $H_0=0.5h_b+h_w=0.5\times 600+2780=3080$mm。

2. 荷载设计值计算

(1) 托梁自重标准值

$0.25\times(0.6-0.12)\times 25+[0.25+(0.6-0.12)\times 2]\times 0.015\times 17=3.31$kN/m

(2) 托梁顶面的荷载设计值 Q_1

恒载标准值：$3.31+3.98\times 3.3=16.44$kN/m

活载标准值：$2\times 3.3=6.6$kN/m

托梁顶面荷载设计值：

组合一：$1.2\times 16.44+1.4\times 6.6=28.97$kN/m

组合二：$1.35\times 16.44+1.4\times 0.7\times 6.6=28.66$kN/m

取 $Q_1=28.97$kN/m

(3) 墙梁顶面的荷载设计值 Q_2

恒载标准值：墙重+楼屋盖重
$=5.24\times 4\times 2.78+(3.54+3\times 2.73)\times 3.3=96.98$kN/m

活载标准值：$(0.5+0.85\times 3\times 2)\times 3.3=18.48$kN/m

组合一：$1.2\times 96.98+1.4\times 18.48=142.25$kN/m

组合二：$1.35\times 96.98+1.4\times 0.7\times 18.48=149.03$kN/m

取 $Q_2=149.03$kN/m

3. 使用阶段托梁正截面承载力计算

$$M_1=\frac{1}{8}Q_1l_0^2=\frac{1}{8}\times 28.97\times 5.48^2=108.75\text{kN}\cdot\text{m}$$

$$M_2=\frac{1}{8}Q_2l_0^2=\frac{1}{8}\times 149.03\times 5.48^2=559.43\text{kN}\cdot\text{m}$$

因为是无洞口墙梁，所以 $\psi_M=1.0$。

$$\alpha_M=\psi_M\left(1.7\frac{h_b}{l_0}-0.03\right)=1.7\times\frac{0.6}{5.48}-0.03=0.1561$$

$$\eta_N=0.44+2.1\frac{h_w}{l_0}=0.44+2.1\times\frac{2.78}{5.48}=1.5053$$

所以 $M_b=M_1+\alpha_M M_2=108.75+0.1561\times 559.43=196.08$kN·m

$$N_{bt}=\eta_N\frac{M_2}{H_0}=1.5053\times\frac{559.43}{3.08}=273.41\text{kN}$$

$$e_0 = \frac{M_b}{N_{bt}} = \frac{196.08}{273.41} = 0.7172\text{m}，显然为大偏心受拉构件。承载力计算公式为：$$

$$N_{bt} \leqslant f_y A_s - f'_y A'_s - f_c b_b x$$

$$N_{bt} e \leqslant f_c b_b x \left(h_0 - \frac{x}{2}\right) + f'_y A'_s (h_0 - a'_s)$$

其中，$e = e_0 - \frac{h_b}{2} + a_s = 717.2 - \frac{600}{2} + 35 = 452.2\text{mm}$。

取 $A'_s = \frac{A_s}{3}$。按题意，$f_y = f'_y = 360\text{N/mm}^2$，$f_c = 14.3\text{N/mm}^2$，取 $a_s = a'_s = 35\text{mm}$。代入上述大偏心计算公式，解得受压区高度 $x = 17.43\text{mm} < 2a'_s = 70\text{mm}$。所以

$$A_s = \frac{N_{bt} e'}{f'_y (h'_0 - a'_s)} = \frac{273.41 \times 10^3 \times (717.2 + 300 - 35)}{360 \times (565 - 35)} = 1407.46\text{mm}^2$$

取 A_s 为 4 Φ 22 的钢筋（$A_s = 1520\text{mm}^2$）。则 $A'_s = 1520/3 = 507\text{mm}^2$，取 4 Φ 14（$A'_s = 615\text{mm}^2$）。

检验最小配筋率：
$A_s + A'_s = 1520 + 615 = 2135\text{mm}^2 > 0.006 \times 250 \times 600 = 900\text{mm}^2$（满足要求）。
由于梁高为 600mm，故在梁高中部配置通长水平腰筋两道，每道为 2 Φ 12，符合规定，其间距不大于 200mm[6.2]。

4. 使用阶段托梁斜截面承载力计算

由于是无洞口墙梁边支座，托梁支座边缘剪力系数 $\beta_v = 0.6$。托梁的剪力为：

$$V_b = V_1 + \beta_v V_2 = \frac{1}{2} Q_1 l_n + \beta_v \frac{1}{2} Q_2 l_n$$

$$= \frac{1}{2} \times 28.97 \times 4.98 + 0.6 \times \frac{1}{2} \times 149.03 \times 4.98 = 294.79\text{kN}$$

截面条件验算：当采用 C30 混凝土时[6.20]，$f_c = 14.3\text{N/mm}^2$，$f_t = 1.43\text{N/mm}^2$，得：

$$V_b = 294.79\text{kN} \leqslant 0.25 f_c b_b h_0 = 0.25 \times 14.3 \times 250 \times 565 = 5.050 \times 10^5 \text{N} = 505.0\text{kN}（满足要求）。$$

由钢筋混凝土梁受剪计算公式[6.20] $V_b = 0.7 f_t b_b h_0 + f_{yv} \frac{A_{sv}}{s} h_0$ 得：

$$\frac{A_{sv}}{s} = \frac{V_b - 0.7 f_t b_b h_0}{f_{yv} h_0} = \frac{294.79 \times 10^3 - 0.7 \times 1.43 \times 250 \times 565}{270 \times 565} = 1.0056\text{mm}$$

选用双肢箍筋Φ 10@150 $\left(\frac{A_{sv}}{s} = 1.0472\right)$（满足要求）。

5. 使用阶段墙体受剪承载力计算

按公式（6-16）计算。

翼墙计算宽度 b_f 计算：窗间墙宽 1400mm；2/3 横墙间距＝（2/3）×3300＝2200mm；$2×3.5h＝2×3.5×240＝1680$mm；$2l_0/6＝2×5480/6＝1827$mm。所以取 $b_f＝1400$mm。

系数 ξ_1：$b_f/h＝1400/240＝5.833$，所以，$\xi_1＝1.3＋(1.5－1.3)/(7－3)×(5.833－3)＝1.442$。

系数 ξ_2：由于无洞口，取 $\xi_2＝1.0$。

墙体砌体的抗压强度：查表 3-2 得 $f＝1.89$N/mm^2。

所以

$$V_2 = \frac{1}{2}Q_2 l_n = \frac{1}{2} \times 149.03 \times 4.98 = 371.08 \text{kN}$$

$$\leqslant \xi_1 \xi_2 \left(0.2 + \frac{h_b}{l_0} + \frac{h_t}{l_0}\right) f h h_w$$

$$= 1.442 \times 1.0 \times \left(0.2 + \frac{600}{5480} + \frac{120}{5480}\right) \times 1.89 \times 240 \times 2780$$

$$= 602585.10 \text{N} = 602.59 \text{kN（满足要求）}$$

6. 使用阶段托梁上部砌体局部受压承载力验算

$b_f/h＝1400/240＝5.833＞5$，故可不验算局部受压承载力。

7. 施工阶段托梁承载力验算

托梁自重及二层楼盖恒载：

$$0.25 \times (0.6-0.12) \times 25 + 3.98 \times 3.3 = 16.13 \text{kN/m}$$

墙体自重：$\frac{1}{3} \times 5.48 \times 0.24 \times 19 = 8.33$ kN/m

恒载为：$16.13＋8.33＝24.46$kN/m

二层楼盖施工活荷载：$2.0×3.3＝6.6$kN/m

$1.2×恒＋1.4×活＝1.2×24.46＋1.4×6.6＝38.59$kN/m

$1.35×恒＋0.98×活＝1.35×24.46＋0.98×6.6＝39.49$kN/m

所以，取 $Q'_1＝39.49$kN/m

取结构重要性系数 $\gamma_0＝0.9$，则

$$\gamma_0 M = 0.9 \times \frac{1}{8} \times 39.49 \times 5.48^2 = 133.41 \text{kN·m}$$

由此弯矩值按单筋矩形截面求得的 $A_s＝699.5$mm^2＜1520mm^2（满足要求）。

剪力设计值为 $\gamma_0 V = 0.9 \times \frac{1}{2} \times 39.49 \times 4.98 = 88.50$ kN $< 0.7 f_t b_b h_0 = 0.7 \times 1.43 \times 250 \times 565 = 1.4139 \times 10^5$ N $= 141.39$ kN（满足要求）

8. 托梁的配筋图

托梁的配筋图如图 6-22 所示。

【例 6-4】 某工厂单层仓库如图 6-23 所示，开间 4.5m，其纵向外墙采用 9

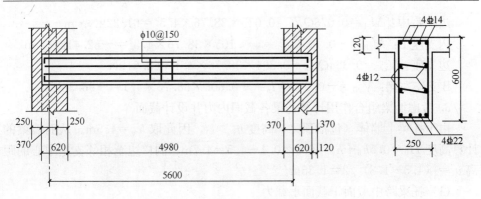

图 6-22 例 6-3 托梁配筋图

跨自承重连续墙梁,等跨墙梁支承在 400mm×400mm 的基础上。托梁顶面至纵墙顶面(包括顶梁)高度为 5200mm。纵墙每开间跨中开一个窗洞,窗洞尺寸 $b_h \times h_h = 1800mm \times 2400mm$。托梁截面为 $b_b \times h_b = 250 \times 400mm$,采用 C30 混凝土。托梁上砖墙采用 MU10 标准砖和 M10 混合砂浆砌筑,墙厚 $h = 240mm$。混凝土重度标准值取 $25kN/m^3$,砖墙(双面粉刷 20mm)和砂浆重度标准值取 $18kN/m^3$。纵筋用 HRB400 钢筋,箍筋用 HPB300 钢筋。试设计此连续墙梁[6.9]。

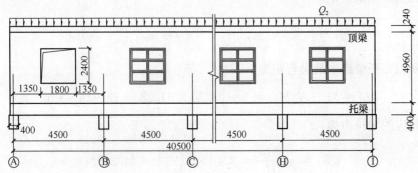

图 6-23 例 6-4 图

【解】

1. 荷载计算

对自承重墙梁,仅墙梁顶部作用有 Q_2,取托梁自重和托梁以上墙体自重:
$Q_2 = 1.35 \times [25 \times 0.25 \times 0.4 + 18 \times (0.24 + 0.02 \times 2) \times 5.2] = 38.76 kN/m$

2. 连续梁内力计算

计算跨度:$l_n = 4500 - 400 = 4100mm$,$1.1 l_n = 1.1 \times 4100 = 4510mm$,$l_c = 4500mm$。故取计算跨度 $l_0 = 4500mm$。

由于 9 跨纵墙跨数超过 5 跨,因此按照 5 跨连续梁计算 Q_2 作用下托梁各跨最大内力。为简化设计,托梁通长采用相同配筋,故只要计算有关最大的内力即可。

边跨跨中：$M_{21}=0.078Q_2l_0^2=0.078\times38.76\times4.5^2=61.22\text{kN}\cdot\text{m}$

内支座 B：$M_{2B}=-0.105Q_2l_0^2=-0.105\times38.76\times4.5^2=-82.41\text{kN}\cdot\text{m}$

边支座：$V_{2A}=0.394Q_2l_n=0.394\times38.76\times4.1=62.61\text{kN}$

B 支座左侧：$V'_{2B}=-0.606Q_2l_n=-0.606\times38.76\times4.1=-96.30\text{kN}$

3. 考虑墙梁组合作用计算托梁各截面内力并设计截面

由于托梁上墙体（包括顶梁）高度 $h_w>l_0$，因此取 $h_w=4.5\text{m}$。从而墙梁的计算高度 $H_0=0.5h_b+h_w=0.5\times0.4+4.5=4.7\text{m}$，洞口边至相邻支座中心的距离 $a_i=(4.5-1.8)/2=1.35\text{m}$。

(1) 托梁跨中截面正截面承载力

洞口对托梁弯矩的影响系数

$$\psi_M=3.8-8\frac{a_i}{l_{0i}}=3.8-8\times\frac{1.35}{4.5}=1.40$$

托梁跨中弯矩系数

$$\alpha_M=\psi_M\left(2.7\frac{h_b}{l_{0i}}-0.08\right)=1.40\times\left(2.7\times\frac{0.4}{4.5}-0.08\right)=0.224$$

托梁跨中轴力系数

$$\eta_N=0.8+2.6\frac{h_w}{l_{0i}}=0.8+2.6\times\frac{4.5}{4.5}=3.40$$

所以，托梁跨中最大弯矩为：

$$M_b=M_1+\alpha_M M_{21}=0+0.224\times61.22=13.71\text{kN}\cdot\text{m}$$

相应的轴拉力为：

$$N_{bt}=\eta_N\frac{M_{21}}{H_0}=3.40\times\frac{61.22}{4.7}=44.29\text{kN}$$

按偏心受拉截面计算，$e_0=\dfrac{M_b}{N_{bt}}=\dfrac{13.71}{44.29}=0.3096\text{m}>0.5h_b-a_s=0.20-0.035=0.165\text{m}$，所以为大偏心受拉。按对称配筋计算，得（$f_y=360\text{N/mm}^2$）：

$$A_s=\frac{44.29\times10^3\times(309.6+200-35)}{360\times(365-35)}=176.93\text{mm}^2$$

C30 混凝土，$f_c=14.3\text{N/mm}^2$，$f_t=1.43\text{N/mm}^2$。$45f_t/f_y=45\times1.43/360=0.1788<0.2$，故最小配筋率为 0.2%[6.20]。$A_{s\min}=0.002\times250\times400=200\text{mm}^2$。取 2Φ12（$A_s=226\text{mm}^2$）（满足要求）。

(2) 托梁中支座截面承载力

由于托梁第一内支座 B 是负弯矩最大截面，故连续托梁支座一律按其内力进行配筋。

托梁支座弯矩系数为：

$$\alpha_M = 0.75 - \frac{a_i}{l_{0i}} = 0.75 - \frac{1.35}{4.5} = 0.45$$

剪力系数 $\beta_v = 0.8$。所以，该处的弯矩和剪力分别为：

$$M_{bB} = M_{1B} + \alpha_M M_{2B} = 0 + 0.45 \times 82.41 = 37.08 \text{kN} \cdot \text{m}$$

$$V_{bB}^l = V_{1B}^l + \beta_v V_{2B}^l = 0 + 0.8 \times 96.30 = 77.04 \text{kN}$$

托梁在支座处按受弯构件计算。算得 $A_s = 294.10\text{mm}^2$，纵筋取 3 Φ 12（$A_s = 339\text{mm}^2$）。由于 $V_{bB}^l < 0.7 f_t b h_0$，箍筋按构造配，最小配箍率为[6.20] $\rho_{svmin} = 0.24 \frac{f_t}{f_{yv}} = 0.24 \times \frac{1.43}{210} = 0.001634$，取 2 肢$\Phi$ 8@200。

为便于施工，托梁通长配筋，截面顶部纵筋取 3 Φ 12、底部纵筋取 2 Φ 12、箍筋一律取双肢箍Φ 8@200。

4. 墙体抗剪验算

对于单层开洞墙梁，翼墙或构造柱影响系数 $\xi_1 = 1.0$，洞口影响系数 $\xi_2 = 0.6$。查得 $f = 1.89$。墙梁顶面圈梁截面高度 $h_t = 240\text{mm}$。从而

$$V_2 = V_{2B}^l = 96.30\text{kN}$$

$$\leqslant \xi_1 \xi_2 \left(0.2 + \frac{h_b}{l_{0i}} + \frac{h_t}{l_{0i}}\right) f h h_w$$

$$= 1.0 \times 0.6 \times \left(0.2 + \frac{0.4}{4.5} + \frac{0.24}{4.5}\right) \times 1.89 \times 240 \times 4500$$

$$= 4.1913 \times 10^5 \text{N} = 419.13 \text{kN（满足要求）}$$

4. 托梁支座上部砌体局部受压承载力验算

由于未设翼墙或构造柱，故局压系数为：

$$\xi = 0.25 + 0.08 \frac{b_f}{h} = 0.25 + 0.08 \times 1.0 = 0.33$$

从而，$Q_2 = 38.76\text{kN/m} \leqslant \xi f h = 0.33 \times 1.89 \times 240 = 149.69\text{kN/m}$（满足要求）

另外，还需进行托梁施工阶段的验算，此处省略。

【例 6-5】 某五层商住楼中一榀双跨无洞口框支墙梁如图 6-24 所示，底层框架柱距 4.2m，框架柱净高为 3.6m，框架梁 $b_b \times h_b = 300\text{mm} \times 600\text{mm}$，框架柱 $b_c \times h_c = 400\text{mm} \times 400\text{mm}$，托梁上墙体厚度 $h = 240\text{mm}$，框架采用 C35 混凝土，纵筋采用 HRB400 钢筋，箍筋采用 HPB300 钢筋，墙体采用 MU10 烧结普通土砖和 M10 混合砂浆砌筑而成。已知墙体自重（包括顶梁、构造柱）设计值 g_w 为 7.07kN/m^2，由二层楼盖传来的均布荷载设计值为 $q_1 = 37.4\text{kN/m}$，由三、四、五层楼盖传来的均布荷载设计值每层为 $q_2 = 32.3\text{kN/m}$，由屋盖楼盖传来的均布荷载设计值为 $q_3 = 27.3\text{kN/m}$，由纵墙传来集中力设计值 P 为 89kN，试设计此框支墙梁[6.9]。

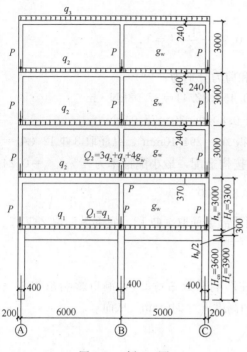

图 6-24 例 6-5 图 1

【解】

1. 荷载计算

作用托梁顶面荷载 Q_1 包括托梁自重和二层楼盖传来的均布荷载 q_1。于是可得：

$Q_1 = 1.35 \times 25 \times 0.3 \times 0.6 + 37.4$
$= 43.5 \text{kN/m}$

作用在墙梁顶面的荷载应考虑三、四、五层楼盖和屋盖传来的均布荷载 q_2、q_3 以及墙体自重 g_w。于是可得：

$Q_2 = 32.3 \times 3 + 27.3 + 7.07 \times 3.0 \times 4$
$= 209.0 \text{kN/m}$

2. 框架内力计算

在 $Q_1 = 43.5 \text{kN/m}$ 作用下，考虑框架柱自重，算得框架的弯矩 M_1 图、轴力 N_1 图、剪力 V_1 图如图 6-25 左侧所示。在 $Q_2 = 209.0 \text{kN/m}$ 作用下，算得框架的弯矩 M_2 图、轴力 N_2 图、剪力 V_2 图如图 6-25 右侧所示。

3. 托梁各截面内力计算和截面设计

由所给数据，得墙体计算高度 $h_w = 3.0 \text{m}$、墙梁截面计算高度 $H_0 = 0.5 h_b + h_w = 0.5 \times 0.6 + 3.0 = 3.3 \text{m}$。

(1) 托梁跨中截面

双跨托梁统一取 6m 大跨跨中截面进行设计。由于为无洞口墙梁，故洞口对托梁弯矩影响系数 $\psi_M = 1.0$。托梁弯矩系数

$$\alpha_M = \psi_M \left(2.7 \frac{h_b}{l_{0i}} - 0.08 \right) = 1.0 \times \left(2.7 \times \frac{0.6}{6.0} - 0.08 \right) = 0.19$$

$$\eta_N = 0.8 + 2.6 \frac{h_w}{l_{0i}} = 0.8 + 2.6 \times \frac{3}{6} = 2.1$$

从而，$M_{bi} = M_{1i} + \alpha_M M_{2i} = 97.2 + 0.19 \times 467.1 = 185.9 \text{kN} \cdot \text{m}$

$$N_{bti} = \eta_N \frac{M_{2i}}{H_0} = 2.1 \times \frac{467.1}{3.3} = 297.2 \text{kN}$$

偏心距 $e_0 = M_{bi}/N_{bti} = 185.9/297.2 = 0.625 \text{m} > 0.5 h_b - a_s = 0.30 - 0.035 = 0.265 \text{m}$，所以为大偏心受拉截面。采用对称配筋，算得 $A_s = A'_s = 1347 \text{mm}^2$，截面上下层纵筋都取 4Φ22（$A_s = A'_s = 1520 \text{mm}^2$）。

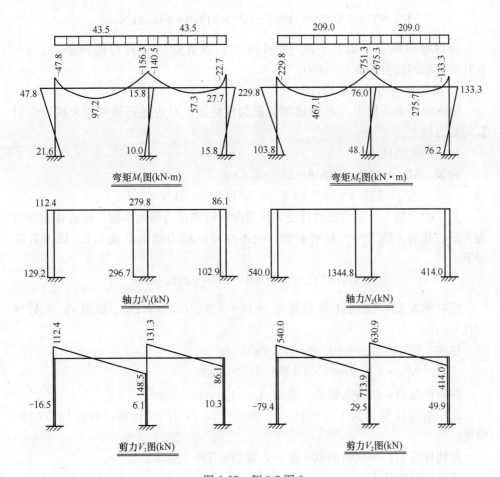

图 6-25 例 6-5 图 2

(2) 托梁 A 轴边支座截面

支座截面按受弯计算。由于无洞口,边支座弯矩系数和剪力系数分别取 $\alpha_M=0.4$ 和 $\beta_v=0.6$。所以,

$$M_{bA}=M_{1A}+\alpha_M M_{2A}=47.8+0.4\times229.8=139.7\text{kN}\cdot\text{m}$$

$$V_{bA}=V_{1A}+\beta_v V_{2A}=112.4+0.6\times540=436.4\text{kN}$$

算得的纵筋面积 $A_s=720\text{mm}^2$,取 3Φ18($A_s=763\text{mm}^2$);算得的箍筋 $A_{sv}/s=1.6396$,取四肢箍筋 Φ10@150。

(3) 托梁 B 轴中支座截面

由于 B 轴中支座左侧截面内力大于右侧,故 B 支座两侧统一按左侧截面进行配筋。查得 $\alpha_M=0.4$ 和 $\beta_v=0.7$,所以

$$M_{bB}^l=M_{1B}^l+\alpha_M M_{2B}^l=156.3+0.4\times751.3=456.8\text{kN}\cdot\text{m}$$

$$V_{bB}^l = V_{1B}^l + \beta_v V_{2B}^l = 148.5 + 0.7 \times 713.9 = 648.2 \text{kN}$$

算得面积纵筋（双排）$A_s = 2914\text{mm}^2$，取 8 Φ 22；算得的箍筋 $A_{sv}/s = 3.1681$，取四肢箍筋Φ 10@100。

4. 框架柱内力计算和设计

由纵墙传来的集中力 P 传递到各框架柱柱顶，对边柱还要考虑大拱效应引起的轴力增大。

（1）框架边柱 A

柱顶：$M_{CA}^u = 47.8 + 229.8 = 277.6 \text{kN·m}$

$N_{CA}^u = 112.4 + 89 \times 4 + 1.2 \times 540 = 1116.4 \text{kN}$

其中的系数 1.2 是考虑边柱受大拱效应影响的轴力增大系数。经验算此截面为大偏心截面，轴力增大是有利的。故不应考虑轴力增大系数 1.2。轴力重算如下：

$$N_{CA}^u = 112.4 + 89 \times 4 + 540 = 1008.4 \text{kN}$$

按对称配筋，柱的计算长度 $l_0 = H = 3.9 + 0.3 = 4.2\text{m}$，算得 $A_s = A_s' = 1693.6\text{mm}^2$。

柱底：$M_{CA}^l = 21.6 + 103.8 = 125.4 \text{kN·m}$

$N_{CA}^D = 129.2 + 89 \times 4 + 540 = 1025.2 \text{kN}$

按对称配筋，仍为大偏心，算得 $A_s = A_s' = 412.3\text{mm}^2$。

此柱的设计剪力为 $V_{CA} = 16.5 + 79.4 = 95.9 \text{kN}$，经计算，只需构造配箍即可。

对此柱截面，单侧纵筋取 4 Φ 25，箍筋采用Φ 6@150。

（2）框架中柱 B

柱顶：$M_{CB}^u = 15.8 + 76.0 = 91.8 \text{kN·m}$

$N_{CB}^u = 279.8 + 89 \times 4 + 1344.8 = 1980.6 \text{kN}$

按对称配筋，算得 $A_s = A_s' = 741.3\text{mm}^2$。

柱底：$M_{CB}^l = 10.0 + 48.1 = 58.1 \text{kN·m}$

$N_{CB}^l = 296.7 + 89 \times 4 + 1344.8 = 1997.5 \text{kN}$

按对称配筋，为小偏心情况，算得 $A_s = A_s' = 434\text{mm}^2$

此柱的设计剪力为 $V_{CB} = 6.1 + 29.5 = 35.6 \text{kN}$，经计算，只需构造配箍即可。

单侧纵筋取为 3 Φ 18，箍筋采用Φ 6@150。

（3）框架边柱 C

柱顶：$M_{CC}^u = 27.7 + 133.3 = 161.0 \text{kN·m}$

$N_{CC}^u = 86.1 + 89 \times 4 + 1.2 \times 414 = 938.9 \text{kN}$

按对称配筋，是大偏心情况，故上式计算中不应有系数 1.2。轴力重算如下：

$$N_{CC}^u = 86.1 + 89 \times 4 + 414 = 856.1 \text{kN}$$

按修正后的轴力算得 $A_s = A_s' = 727.3 \text{mm}^2$

柱底：$M_{CC}^l = 76.2 + 15.8 = 92.0 \text{kN} \cdot \text{m}$

$$N_{CC}^l = 102.9 + 89 \times 4 + 414 = 872.9 \text{kN}$$

按对称配筋算得，应按最小配筋率取 $A_s = A_s' = 320 \text{mm}^2$。

此柱的剪力为 $V_{CC} = 10.3 + 49.9 = 60.2 \text{kN}$，经计算，只需构造配箍即可。

纵筋单侧配 3 Φ 18，箍筋采用 Φ 6@150。

5. 墙体抗剪验算

对于多层框支墙梁，构造柱影响系数 $\xi_1 = 1.5$；由于无洞口，洞口影响系数 $\xi_2 = 1.0$。

$$V_2 = V_{2B}^l = 713.9 \text{kN}$$

$$\leqslant \xi_1 \xi_2 \left(0.2 + \frac{h_b}{l_0} + \frac{h_t}{l_0}\right) f h h_w$$

$$= 1.5 \times 1.0 \times \left(0.2 + \frac{0.6}{6.0} + \frac{0.37}{6.0}\right) \times 1.89 \times 240 \times 3000$$

$$= 738234 \text{N} = 738.2 \text{kN}（满足要求）$$

6. 托梁支座上部砌体局部受压承载力验算

由于设有构造柱，因此可不验算支座处局压承载力。

§6.3 挑　　梁

一端嵌入墙内、另一端悬臂挑出的梁称为挑梁。挑梁常用于雨篷、阳台、悬挑楼梯等部位。过去相当长的时间内，挑梁的设计一般沿用一些经验的方法，常导致不经济、不合理、甚至不安全。自《砌体结构设计规范》GBJ 3—88 修订开始，挑梁专题组对其进行了系统的试验研究，并采用弹性地基梁方法及有限单元法进行了应力分析，提出了较为合理的设计方法[6.21]。

6.3.1 挑梁的受力特征和破坏形态

在弹性阶段，挑梁按有限元法分析所得的主应力迹线如图 6-26 所示[6.9],[6.14]。在集中力 F 和砌体自重以及上部荷载的作用下，挑梁与砌体的水平界面处将产生如图 6-27 所示的正应力[6.9]。

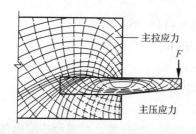

图 6-26 挑梁和墙体内的主应力轨迹线

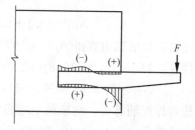

图 6-27 挑梁界面应力图

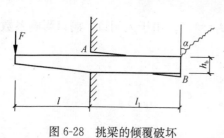

图 6-28 挑梁的倾覆破坏

如图 6-28 所示[6.18]，在外荷载 F 的作用下，挑梁的 A 处的上、下界面分别产生拉应力和压应力。随着荷载的增大，A 处上界面将出现水平裂缝，即在此处挑梁与上部砌体脱开。若继续加荷，在挑梁尾部 B 处的下表面也出现水平裂缝，与下部砌体脱开。若挑梁本身的承载力得到保证，则挑梁在砌体中可能发生以下两种破坏形态。

1. 挑梁倾覆破坏

当挑梁埋入端的砌体强度较高且埋入段长度 l_1 较短时，则可能在挑梁尾端处的砌体中产生阶梯形斜裂缝（图 6-28）。如斜裂缝范围内的砌体及其他上部荷载不足以抵抗挑梁的倾覆力矩，此斜裂缝将继续发展，直至挑梁产生倾覆破坏。发生倾覆破坏时，挑梁绕其下表面与砌体外缘交点处稍内移的某一点转动。

2. 挑梁下砌体局部受压破坏

当挑梁埋入端的砌体强度较低且埋入段长度 l_1 较长，在斜裂缝发展的同时，下界面的水平裂缝也在延伸，使挑梁下砌体受压区的长度减小、砌体压应力增大。若压应力超过砌体的局部抗压强度，则挑梁下的砌体将发生局部受压破坏。

6.3.2 挑梁的承载力验算

对于挑梁，需要进行抗倾覆验算、挑梁下砌体的局部承压验算以及挑梁本身的承载力验算。

1. 抗倾覆验算

挑梁抗倾覆计算的关键是确定倾覆时挑梁绕哪一点转动，此点可称为倾覆点。对挑梁挠度实测的结果表明（图 6-29）[6.21]，挑梁倾覆破坏时，倾覆点并不在墙边，而在距墙边 x_0 处。

根据计算分析，规范规定[6.2]，挑梁的计算倾覆点至墙外边缘的距离 x_0 可按下列规定采用：

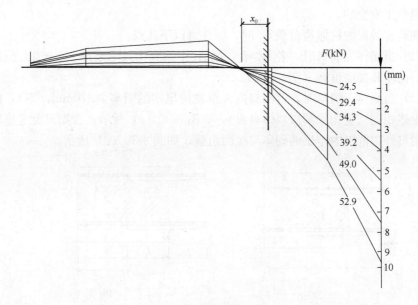

图 6-29 挑梁的实测挠度

当 $l_1 \geqslant 2.2h_b$ 时,$x_0 = 0.3h_b$,且不大于 $0.13l_1$。

当 $l_1 < 2.2h_b$ 时,$x_0 = 0.13l_1$。

式中 l_1——挑梁埋入砌体墙中的长度;

h_b——挑梁的截面高度。

当挑梁下有构造柱时,按上述算出的 x_0 可乘以折减系数 0.5。

砌体墙中钢筋混凝土挑梁的抗倾覆应按下式验算:

$$M_{ov} \leqslant M_r \tag{6-23}$$

式中 M_{ov}——挑梁的荷载设计值对计算倾覆点产生的倾覆力矩;

M_r——挑梁的抗倾覆力矩设计值。

挑梁的抗倾覆力矩设计值 M_r 可按下式计算:

$$M_r = 0.8G_r(l_2 - x_0) \tag{6-24}$$

式中 G_r——挑梁的抗倾覆荷载,G_r 为包括挑梁尾端上部 45°扩散的阴影范围内本层的砌体与楼面恒荷载标准值之和,如图 6-30 所示;当上部楼层无挑梁时,抗倾覆荷载中可计及上部楼层的楼面永久荷载;

l_2——G_r 的作用点至墙外边缘的距离;

l_3——45°扩散范围的水平长度。

试验结果表明,当发生倾覆破坏时,挑梁尾端斜裂缝与铅直线之间的夹角,根据量测的 28 根挑梁的结果,平均为 57.6°,其变异系数为 0.168[6.21];对阳台、雨篷等垂直于墙段挑出的构件,其尾端斜裂缝与铅直线之间的夹角平均比挑梁更大[6.22];对 8 个雨篷试验测得的此夹角的平均值约为 75°[6.14]。因此,规范取 45°

夹角是偏于安全的。

在确定挑梁的抗倾覆荷载 G_r 时，应注意以下几点：

(1) 当墙体无洞口时，若 $l_3 > l_1$，则 G_r 中不应计入尾端部（$l_3 - l_1$）范围内的本层砌体和楼面恒载（图 6-30b）。

(2) 当墙体有洞口时，若洞口内边至挑梁尾端的距离 $\geqslant 370\text{mm}$，则 G_r 的取法与上述相同（应扣除洞口墙体自重），如图 6-30（c）所示；否则只能考虑墙外边至洞口外边范围内本层的砌体与楼面恒载，如图 6-30（d）所示。

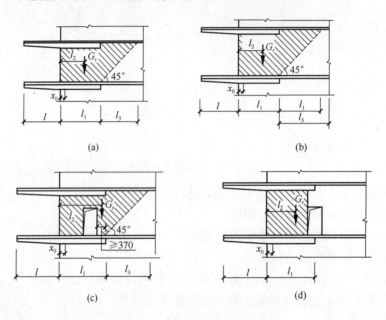

图 6-30 挑梁的抗倾覆荷载

(a) $l_3 \leqslant l_1$ 时；(b) $l_3 > l_1$ 时；(c) 洞在 l_1 之内；(d) 洞在 l_1 之外

雨篷等垂直于墙段悬挑的构件可按上述进行抗倾覆验算，其抗倾覆荷载 G_r 可按图 6-31 采用[6.2]，图中 G_r 至墙外边缘的距离为 $l_2 = l_1/2$，$l_3 = l_n/2$。

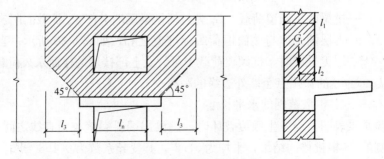

图 6-31 雨篷的抗倾覆荷载

2. 挑梁下砌体的局部受压承载力验算

验算公式如下（图 6-32）[6.2]：

$$N_l \leqslant \eta \gamma f A_l \tag{6-25}$$

式中　N_l——挑梁下的支承压力，可取 $N_l=2R$，R 为挑梁的倾覆荷载设计值；

　　　η——梁端底面压应力图形的完整系数，可取 0.7；

　　　γ——砌体局部抗压强度提高系数，对图 6-32（a）可取 1.25，对图 6-32（b）可取 1.5；

　　　A_l——挑梁下砌体局部受压面积，可取 $A_l=1.2bh_b$，b 为挑梁的截面宽度，h_b 为挑梁的截面高度。

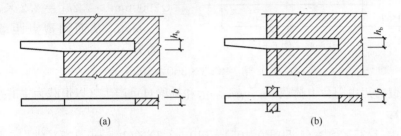

图 6-32　挑梁下砌体局部受压
(a) 挑梁支承在一字墙；(b) 挑梁支承在丁字墙

3. 挑梁本身的承载力验算

挑梁的内力如图 6-33 所示[6.9]。挑梁的最大弯矩设计值可取为倾覆力矩 M_{ov}；最大剪力设计值可取为挑梁的荷载设计值在挑梁墙外边缘处截面产生的剪力。挑梁自身的承载力可按混凝土受弯构件计算。

4. 挑梁的构造要求

挑梁的设计应符合现行《混凝土结构设计规范》，并应满足下列要求：（1）纵向受力钢筋至少应有 1/2 的钢筋面积伸入梁尾端，且

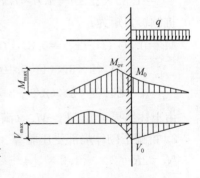

图 6-33　挑梁内力图

不少于 2Φ12。其余钢筋伸入支座的长度不应小于 $2l_1/3$。（2）挑梁埋入砌体长度 l_1 与挑出长度 l 之比宜大于 1.2；当挑梁上无砌体时，l_1 与 l 之比宜大于 2。

6.3.3　挑　梁　例　题

【例 6-6】 某住宅阳台采用的钢筋混凝土挑梁如图 6-34 所示。挑梁挑出墙面长度 $l=1500$mm，嵌入 T 形截面横墙内的长度 $l_1=2000$mm，挑梁截面尺寸 $b \times h_b=240$mm×350mm，房屋层高为 3000mm，墙体采用 MU10 烧结普通砖和 M5 混合砂浆砌筑，双面粉刷的墙体厚度为 240mm。挑梁自重标准值为 2.1kN/m，墙体自重标准值为 5.24kN/m²；阳台挑梁上荷载：$F_{1k}=4$kN，$g_{1k}=10$kN/m，

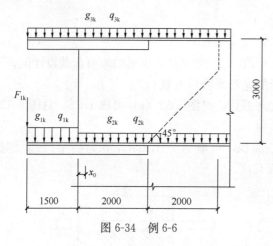

图 6-34 例 6-6

$q_{1k} = 6\text{kN/m}$；本层楼面荷载：$g_{2k} = 8\text{kN/m}$，$q_{2k} = 5\text{kN/m}$；上层楼面荷载：$g_{3k} = 12\text{kN/m}$，$q_{3k} = 5\text{kN/m}$。试验算挑梁的抗倾覆和承载力[6.9]。

【解】

1. 抗倾覆验算

挑梁埋入墙体长度 $l_1 = 2000\text{mm} > 2.2h_b = 2.2 \times 350 = 770\text{mm}$，从而倾覆点距墙边距离为：

$$x_0 = 0.3h_b = 0.3 \times 350 = 105\text{mm}$$

倾覆力矩由阳台上荷载 F_{1k}、g_{1k}、q_{1k} 和挑梁自重产生（以恒载为主的组合为最不利）：

$M_{ov} = 1.35 \times [4 \times (1.50 + 0.105) + (10 + 2.1) \times (1.5 + 0.105)^2/2]$

$\qquad + 1.0 \times 6 \times (1.50 + 0.105)^2/2$

$\qquad = 1.35 \times 22.00 + 1.0 \times 7.73 = 37.43\text{kN} \cdot \text{m}$

抗倾覆力矩为：

$M_r = 0.8 G_r (l_2 - x_0) = 0.8 \times [(8 + 2.1) \times (2.0 - 0.105)^2/2$

$\qquad + 5.24 \times 2 \times 3 \times (1 - 0.105) + 5.24 \times 2 \times (3 - 2) \times (1 + 2 - 0.105)$

$\qquad + 5.24 \times 2^2/2 \times (2/3 + 2 - 0.105)] = 82.77\text{kN} \cdot \text{m}$

由上述结果可知 $M_r > M_{ov}$（满足要求）。

2. 挑梁下砌体局部受压验算

$N_l = 2R = 2 \times \{1.2 \times [4 + (10 + 2.1) \times (1.5 + 0.105)] + 1.4 \times 6 \times (1.5 + 0.105)\}$

$\qquad = 2 \times \{1.2 \times 23.42 + 1.4 \times 9.63\} = 83.17\text{kN}$

按恒载为主的组合计算的 N_l 小于上述值，故 N_l 取上述值。

取压应力图形完整系数 $\eta = 0.7$；局部受压强度提高系数 $\gamma = 1.5$。查得砌体抗压强度设计值 $f = 1.5\text{N/mm}^2$。局部受压面积 $A_l = 1.2bh_b = 1.2 \times 240 \times 350 = 100800\text{mm}^2$。于是可得：

$\eta \gamma f A_l = 0.7 \times 1.5 \times 1.5 \times 100800 = 158760\text{N} = 158.76\text{kN} \geqslant N_l$（满足要求）

3. 挑梁承载力计算

挑梁最大弯矩 $M_{max} = M_{ov} = 37.43\text{kN} \cdot \text{m}$；最大剪力 $V_{max} = V_0 = 1.2 \times [4 +$

$(10+2.1)\times 1.5]+1.4\times 6\times 1.5=1.2\times 22.15+1.4\times 9=39.18$ kN（以恒载为主时的剪力小于此值）。采用 C20 混凝土，HRB335 钢筋，算得纵筋面积 $A_s=435.3\text{mm}^2$，箍筋按构造配。截面通长选用 3Φ14 纵筋和Φ6@200 双肢箍筋。

§6.4 墙体构造措施

6.4.1 防止或减轻墙体开裂的主要措施

1. 减小不均匀沉降的措施

地基承受房屋传来的荷载后产生压缩变形，使房屋沉降。当地基为均匀分布的软土，而房屋长高比较大时，或地基土层分布不均匀、土质差别很大时，或房屋体型复杂或高差较大时，都有可能产生过大的不均匀沉降，从而在墙体内产生附加应力。当此附加应力超过砌体的相应强度时，就会产生裂缝。墙体裂缝不仅妨碍建筑物的正常使用、影响美观和耐久性，而且不均匀沉降的不断发展、裂缝的不断扩大，将会造成严重后果，甚至危及结构的安全。

在设计时，首先应力求避免能引起房屋过大不均匀沉降的因素。相应的措施包括：房屋体型应力求简单，尽量避免立面高低起伏和平面凹凸曲折，房屋的长高比也不宜过大。在纵向每隔一定距离（不宜大于房屋宽度的 1.5 倍）设置横墙以连接内外纵墙。不宜在砖墙上开过大的孔洞，否则应以钢筋混凝土边框加强。合理设置圈梁，等等。合理安排施工顺序也可减少不均匀沉降，例如：先建较重的单元，后建较轻的单元；基础埋置较深的先施工，易受相邻建筑物影响的后施工，等等。

当无法避免这些不利因素时，可设置沉降缝来消除由于过大的不均匀沉降对房屋造成的危害。沉降缝将房屋从上部结构到基础全部断开，把房屋分成若干长高比较小、整体刚度较好的单元，使各单元能独立地沉降，从而避免在墙体中产生裂缝。当高度差异较大时，可将二者拉开一定距离。如拉开距离后的单元必须连接时，应采用简支、悬挑等能自由沉降的连接体。

建筑物的下列部位宜设置沉降缝：建筑平面的转折部位；高度差异（或荷载差异）较大处；长高比过大的砌体结构或钢筋混凝土框架结构的适当部位；地基土的压缩性有显著差异处；建筑结构（或基础）的类型不同处；以及分期建造房屋的交界处。

沉降缝应有足够的宽度，房屋层数为 2～3 层、4～5 层、5 层以上时，沉降缝的宽度分别为 50～80mm、80～120mm、120mm 及以上。沉降缝的具体做法可参考有关建筑构造图集。

2. 减小温度变形和收缩变形的措施

另一类引起墙体裂缝的因素是温度变形和收缩变形。房屋的上部宜受温度影

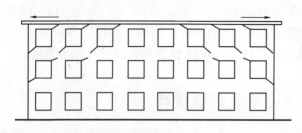

图 6-35 温度变形及引起的裂缝之一

响而热胀冷缩,而房屋的基础处却较少受温度变化的影响,这种变形的差别及引起的裂缝如图 6-35 所示。另一方面,当气温变化或材料收缩时,混合结构房屋的钢筋混凝土屋盖、楼盖和砖墙由于线膨胀系数和收缩率的不同(钢筋混凝土的线膨胀系数为 $10\sim14\mu\varepsilon$,砖石砌体为 $5\sim8\mu\varepsilon$;钢筋混凝土的最大收缩值约为 $200\sim400\mu\varepsilon$,而砖石砌体的收缩则不甚明显),将产生各自不同的变形,必然引起彼此间的约束作用而产生应力。例如,砖砌体约束钢筋混凝土楼盖的变形,在二者中均产生应力。当主拉应力超过相应的强度时,则产生裂缝。常见的是屋顶受日照产生伸长,其下部砌体约束这种伸长,从而在砌体中产生八字形裂缝(图6-35、图 6-36)。这种效应也可能沿屋盖支承面产生水平裂缝和包角裂缝等等(图 6-36)。

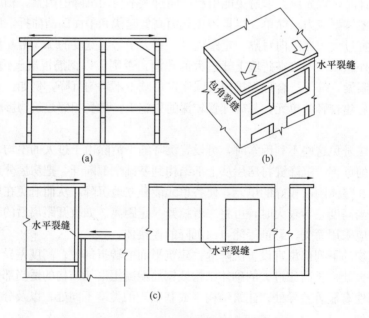

图 6-36 温度变形引起的裂缝之二

温度和收缩裂缝同样会降低房屋整体刚度,影响建筑物的适用性、耐久性和外形美观。设计时应妥善布置墙体,采取有效的构造措施,尽可能减少和避免这种裂缝。

设置伸缩缝,将过长的房屋分成长度较小的独立伸缩区段,是减小温度应力和收缩应力、防止房屋在正常使用条件下由温差和收缩引起的墙体竖向裂缝的有效措施。伸缩缝应设在因温度和收缩变形可能引起应力集中、砌体产生裂缝可能性最大的地方。在伸缩缝处只须将上部结构断开，而不必将基础断开。伸缩缝的间距可按表 6-2 采用。

砌体房屋伸缩缝的最大间距　　　　表 6-2

屋盖或楼盖类别		间距（m）
整体式或装配整体式钢筋混凝土结构	有保温层或隔热层的屋盖、楼盖	50
	无保温层或隔热层的屋盖	40
装配式无檩体系钢筋混凝土结构	有保温层或隔热层的屋盖、楼盖	60
	无保温层或隔热层的屋盖	50
装配式有檩体系钢筋混凝土结构	有保温层或隔热层的屋盖	75
	无保温层或隔热层的屋盖	60
瓦材屋盖、木屋盖或楼盖、砖石屋盖或楼盖		100

注：1. 对烧结普通砖、烧结多孔砖、配筋砌块砌体房屋，取表中数值；对石砌体、蒸压灰砂普通砖、蒸压粉煤灰普通砖、混凝土砌块、混凝土普通砖和混凝土多孔砖房屋取表中数值乘以 0.8 的系数，当墙体有可靠外保温措施时，其间距可取表中数值；
2. 在钢筋混凝土屋面上挂瓦的屋盖应按钢筋混凝土屋盖采用；
3. 层高大于 5m 的烧结普通砖、烧结多孔砖、配筋砌块砌体结构单层房屋，其伸缩缝间距可按表中数值乘以 1.3；
4. 温差较大且变化频繁地区和严寒地区不采暖的房屋及构筑物墙体的伸缩缝的最大间距，应按表中数值予以适当减小；
5. 墙体的伸缩缝应与结构的其他变形缝相重合，缝宽度应满足各种变形缝的变形要求；在进行立面处理时，必须保证缝隙的变形作用。

（1）为了防止或减轻房屋顶层墙体的裂缝，宜根据情况采取下列措施[6.2]：

1）屋面应设置保温、隔热层；

2）屋面保温（隔热）层或屋面刚性面层及砂浆找平层应设置分隔缝，分隔缝间距不宜大于 6m，并与女儿墙隔开，其缝宽不小于 30mm；

3）采用装配式有檩体系钢筋混凝土屋盖和瓦材屋盖；

4）顶层屋面板下设置现浇钢筋混凝土圈梁，并沿内外墙拉通，房屋两端圈梁下的墙体内宜设置水平筋；

5）顶层墙体有门窗等洞口时，在过梁上的水平灰缝内设置 2~3 道焊接钢筋网片或 2Φ6 钢筋，并应伸入过梁两端墙内不小于 600mm；

6）顶层及女儿墙砂浆强度等级不低于 M7.5（Mb7.5、Ms7.5）；

7）女儿墙应设置构造柱，构造柱间距不宜大于 4m，构造柱应伸至女儿墙顶并与现浇钢筋混凝土压顶整浇在一起；

8）对顶层墙体施加竖向预应力。

(2) 为防止或减轻房屋底层墙体裂缝,宜根据情况采取下列措施[6.2]:

1) 增大基础圈梁的刚度;

2) 在底层的窗台下墙体灰缝内设置 3 道焊接钢筋网片或 2φ6 钢筋,并伸入两边窗间墙内不小于 600mm;

3) 采用钢筋混凝土窗台板,窗台板嵌入窗间墙内不小于 600mm。

(3) 为防止或减轻房屋两端和底层第一、第二开间门窗洞处的裂缝,可采取下列措施[6.2]:

1) 在混凝土砌块房屋门窗洞口两侧不少于一个孔洞中设置不小于 1φ12 竖向钢筋,钢筋应在楼层圈梁或基础锚固,并采用不低于 Cb20 灌孔混凝土灌实;

2) 在门窗洞口两边的墙体的水平灰缝中,设置长度不小于 900mm、竖向间距为 400mm 的 2φ4 焊接钢筋网片;

3) 在顶层和底层设置通长钢筋混凝土窗台梁,窗台梁的高度宜为块高的模数,纵筋不少于 4φ10、箍筋不少于 φ6@200,混凝土强度等级不低于 C20。

根据近年来的工程经验,为防止或减轻墙体开裂,还可采用如下一些措施:

墙体转角处和纵横墙交接处宜沿竖向每隔 400~500mm 设拉结钢筋,其数量为每 120mm 墙厚不少于 1φ6 或焊接钢筋网片,埋入长度从墙的转角或交接处算起,每边不小于 600mm。

在各层门、窗过梁上方的水平灰缝内及窗台下第一和第二道水平灰缝内宜设置焊接钢筋网片或 2φ6 钢筋,焊接钢筋网片或钢筋应伸入两边窗间墙内不小于 600mm。

当墙长大于 5m 时,宜在每层墙高度中部设置 2~3 道焊接钢筋网片或 3φ6 的通长水平钢筋,竖向间距宜为 500mm。

填充墙砌体与梁、柱或混凝土墙体结合的界面处(包括内、外墙),宜在粉刷前设置钢丝网片,网片宽度可取 400mm,并沿界面缝两侧各延伸 200mm,或采取其他有效的防裂、盖缝措施。

当房屋刚度较大时,可在窗台下或窗台角处墙体内、在墙体高度或厚度突然变化处设置竖向控制缝。竖向控制缝的宽度不宜小于 25mm,缝内填以压缩性能好的填充材料,且外部用密封材料密封,并采用不吸水的、闭孔发泡聚乙烯实心圆棒(背衬)作为密封膏的隔离物(图 6-37)。

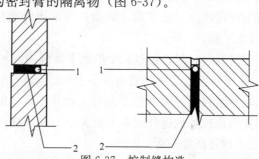

图 6-37 控制缝构造
1—不吸水的、闭孔发泡聚乙烯实心圆棒;2—柔软、可压缩的填充物

夹心复合墙的外叶墙宜在建筑墙体适当部位设置控制缝，其间距宜为6～8m。

灰砂砖、粉煤灰砖砌体宜采用粘结性好的砂浆砌筑，混凝土砌块砌体应采用砌块专用砂浆砌筑。

对防裂要求较高的墙体，可根据情况采取专门措施。

6.4.2 圈梁的设置和构造要求

在砌体结构房屋中，在同一高度处，沿外墙四周及内墙水平方向设置的连续封闭的钢筋混凝土梁或钢筋砖梁称为圈梁。钢筋混凝土圈梁可以现浇，也可预制。预制圈梁是先将圈梁分段预制，两端留出钢筋（留出长度应满足搭接长度），在现场吊装就位后，在接头处绑扎好箍筋，再浇灌混凝土连接。预制圈梁可减少收缩变形。但若砖的规格不整齐，则安放圈梁时的坐浆厚度不宜控制，所以预制圈梁实际应用较少。

曾在工程中采用过钢筋砖圈梁。原规范 GBJ 3—88 中规定，钢筋砖圈梁高度一般为 4～6 皮砖，钢筋不宜少于 6ϕ6，其水平间距不宜大于 120mm，且这些钢筋应分上、下两层设在圈梁顶部和底部的水平灰缝内（图 6-38）。圈梁的砂浆强

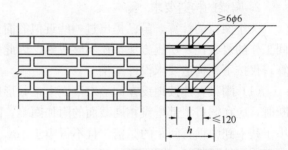

图 6-38 钢筋砖圈梁的构造

度等级不宜低于 M5。因钢筋砖圈梁已很少采用，故规范 GB 50003—2011[6.2]已无相关规定。

现在一般均采用现浇钢筋混凝土圈梁。

在墙中设置现浇钢筋混凝土圈梁，可增强房屋的整体刚度，加强纵横墙之间的联系，防止由于地基的不均匀沉降或较大振动荷载等对房屋引起的不利影响。在墙、柱高厚比的验算中，圈梁在满足一定的侧向刚度的要求时，可视为墙或柱的不动铰支承，从而减小墙、柱的计算高度，提高其稳定性。

设置在基础顶面和檐口部位的圈梁由于位于房屋这个"整体构件"的上、下缘，故能较有效地抵抗地基的不均匀沉降：当房屋中部的沉降比两端大时，位于基础顶面的圈梁作用较大；当房屋两端的沉降比中部大时，位于檐口处的圈梁作用较大。圈梁与构造柱配合还有助于提高砌体结构的抗震性能。

1. 圈梁的设置

厂房、仓库、食堂等空旷的单层房屋应按下列规定设置圈梁[6.2]：

(1) 砖砌体结构房屋，檐口标高为 5～8m 时，应在檐口标高处设置圈梁一道；檐口标高大于 8m 时，应增加设置数量。

(2) 砌块及料石砌体结构房屋，檐口标高为 4~5m 时，应在檐口标高处设置圈梁一道；檐口标高大于 5m 时，应增加设置数量。

(3) 对有吊车或较大振动设备的单层工业房屋，当未采取有效的隔振措施时，除在檐口或窗顶标高处设置现浇钢筋混凝土圈梁外，尚应增加设置数量。

对住宅、办公楼等多层砌体结构民用房屋，当层数为 3~4 层时，应在底层和檐口标高处各设置一道圈梁。当层数超过 4 层时，除应在底层和檐口标高处各设置一道圈梁外，应在所有纵横墙上隔层设置。

对多层砌体工业房屋，应每层设置现浇钢筋混凝土圈梁。

对设置墙梁的多层砌体结构房屋，应在托梁、墙梁顶面和檐口标高处设置现浇钢筋混凝土圈梁，其他楼层处应在所有纵横墙上每层设置。

建筑在软弱地基或不均匀地基上的砌体结构房屋，除按上述规定之外，圈梁的设置尚应符合国家现行《建筑地基基础设计规范》GB 50007 的有关规定。地震区房屋圈梁的设置应符合国家现行《建筑抗震设计规范》GB 50011 的要求。

2. 圈梁的构造要求

关于圈梁的计算，虽已提出过一些近似的简化方法，但由于砌体结构整体空间工作的复杂性，所提方法都还不够成熟。因此，目前一般不进行圈梁的内力计算，仅按下列构造要求设计圈梁。

(1) 圈梁宜连续地设在同一水平面上，并形成封闭状。当圈梁被门窗洞口截断时，应在洞口上部增设相同截面的附加圈梁。附加圈梁与圈梁的搭接长度不应小于其中到中垂直间距的二倍，且不得小于 1m，如图 6-39 所示。当圈梁被大梁或其他构件隔断时，圈梁可与其同时浇筑，或在大梁等构件通过的部位预留穿筋孔或预埋搭接钢筋，搭接长度每侧不小于 30 倍钢筋直径，如图 6-40 所示。

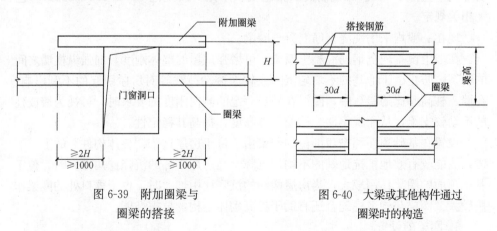

图 6-39 附加圈梁与圈梁的搭接

图 6-40 大梁或其他构件通过圈梁时的构造

(2) 纵横墙交接处的圈梁应有可靠的连接，在房屋转角和丁字交叉处的常用连接构造如图 6-41 所示。刚弹性和弹性方案房屋，圈梁应与屋架、大梁等构件可靠连接。

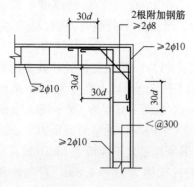
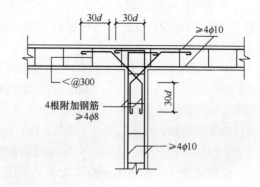

图 6-41 现浇圈梁的连接构造

(3) 混凝土圈梁的宽度宜与墙厚相同。当墙厚 $h \geqslant 240$mm 时，其宽度不宜小于 $2h/3$。圈梁高度不应小于 120mm。纵向钢筋不应少于 $4\phi10$，绑扎接头的搭接长度按受拉钢筋考虑，箍筋间距不应大于 300mm，如图 6-42 所示。

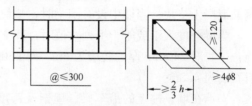

图 6-42 钢筋混凝土圈梁构造

(4) 圈梁兼作过梁时，过梁部分的钢筋应按计算用量另行增配。

采用现浇钢筋混凝土楼（屋）盖的多层砌体结构房屋，当层数超过 5 层时，除在檐口标高处设置一道圈梁外，可隔层设置圈梁，并与楼（屋）面板一起现浇。未设置圈梁的楼面板嵌入墙内的长度不应小于 120mm，并沿墙长配置不少于 $2\phi10$ 的纵向钢筋。

6.4.3 一般构造要求

预制钢筋混凝土板在混凝土圈梁上的支承长度不应小于 80mm，板端伸出的钢筋应与圈梁可靠连接，且同时浇筑；预制钢筋混凝土板在墙上的支承长度不应小于 100mm，并应按下列方法进行连接：(1) 板支承于内墙时，板端钢筋伸出长度不应小于 70mm，且与支座处沿墙配置的纵筋绑扎，用强度等级不应低于 C25 的混凝土浇筑成板带；(2) 板支承于外墙时，板端钢筋伸出长度不应小于 100mm，且与支座处沿墙配置的纵筋绑扎，并用强度等级不应低于 C25 的混凝土浇筑成板带；(3) 预制钢筋混凝土板与现浇板对接时，预制板端钢筋应伸入现浇板中进行连接后，再浇筑现浇板。

墙体转角处和纵横墙交接处应沿竖向每隔 400~500mm 设拉结钢筋，其数量为每 120mm 墙厚不少于 1 根直径 6mm 的钢筋；或采用焊接钢筋网片，埋入长度从墙的转角或交接处算起，对实心砖墙每边不小于 500mm，对多孔砖墙和砌块墙不小于 700mm。

承重的独立砖柱截面尺寸不应小于240mm×370mm。毛石墙的厚度不宜小于350mm，毛料石柱较小边长不宜小于400mm。当有振动荷载时，墙、柱不宜采用毛石砌体。

空斗墙的下列部位，宜采用斗砖或眠砖实砌：(1) 纵横墙交接处，其实砌宽度距墙中心线每边不小于370mm；(2) 室内地面以下及地面以上高度为180mm的砌体；(3) 搁栅、檩条和钢筋混凝土楼板等构件的支承面下高度为120~180mm的通长砌体，所用砂浆不应低于M2.5；(4) 屋架、大梁等构件的垫块底面以下，高度为240~360mm，长度不小于740mm的砌体，其所用砂浆不应低于M2.5级。

跨度大于6m的屋架和跨度大于l_{dk}的梁（对砖砌体为$l_{dk}=4.8$m，对砌块和料石砌体$l_{dk}=4.2$m，对毛石砌体$l_{dk}=3.9$m），应在支承处砌体上设置混凝土或钢筋混凝土垫块；当墙中设有圈梁时，垫块与圈梁宜浇成整体。

当梁跨度大于或等于下列数值时，其支承处宜加设壁柱，或采取其他加强措施：(1) 对240mm厚的砖墙为6m，对180mm厚的砖墙为4.8m；(2) 对砌块、料石墙为4.8m。

支承在墙、柱上的吊车梁、屋架及跨度大于或等于l_m（对砖砌体$l_m=9$m，对砌块和料石砌体$l_m=7.2$m）的预制梁的端部，应采用锚固件与墙、柱上的垫块锚固，如图6-43所示[6.1]，其中梁下垫块内应配双层钢筋网。

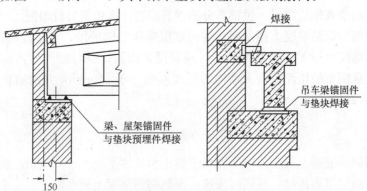

图6-43 跨度较大时梁和屋架的锚固

为了减小屋架或大梁端部支承压力对墙体的偏心距，可在梁端部底面和砌体间设置带中心垫板的垫块或采用缺口垫块，如图6-44所示[6.1]，其中缺口处可填以沥青麻丝。

填充墙、隔墙应分别采取措施与周边构件可靠连接。连接方式可采用拉结条，一般是在钢筋混凝土骨架中预埋拉结筋，而后在砌砖时嵌入墙体的水平灰缝内（图6-45）[6.4]。连接构造和嵌缝材料应能满足传力、变形、耐久和防护要求。

山墙处的壁柱或构造柱宜砌至山墙顶部，屋面构件应与山墙可靠拉结。例如，在风压较大的地区，檩条应与山墙锚固，且屋盖不宜挑出山墙。

砌块的两侧应设置灌缝槽；当无灌缝槽时，墙体应采用两面粉刷。

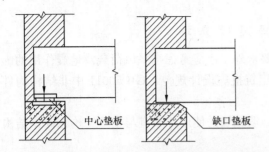
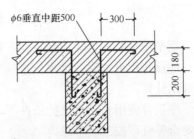

图 6-44　梁下加垫块以减小对墙的偏心距　　图 6-45　填充墙等与周边构件的连接

砌块砌体应分皮错缝搭砌,上下皮搭砌长度不应小于 90mm。当搭砌长度不满足上述要求时,应在水平灰缝内设置不少于 2ϕ4 的焊接钢筋网片（横向钢筋的间距不应大于 200mm）,网片每端均应超过该垂直缝,其长度不得小于 300mm。

砌块墙与后砌隔墙交接处,应沿墙高每 400mm 在水平灰缝内设置不少于 2ϕ4、横筋间距不大于 200mm 的焊接钢筋网片（图 6-46）。

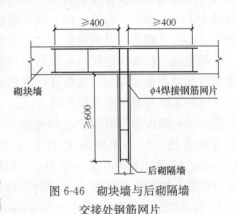

图 6-46　砌块墙与后砌隔墙
交接处钢筋网片

混凝土砌块房屋,宜将纵横墙交接处,距墙中心线每边不小于 300mm 范围内的孔洞,采用不低于 Cb20 灌孔混凝土灌实,灌实高度应为墙身全高。对混凝土中型空心砌块房屋,在上述灌实的同时,宜在外墙转角处、楼梯间四角处的砌体孔洞内设置不少于 1ϕ12 的竖向钢筋;竖向钢筋应贯通墙高并锚固于基础和楼、屋盖圈梁内,锚固长度不得小于 30 倍钢筋直径;钢筋接头应绑扎或焊接,绑扎接头的搭接长度不得小于 35 倍钢筋直径。

混凝土砌块墙体的下列部位,如未设圈梁或混凝土垫块,应采用不低于 Cb20 灌孔混凝土将孔洞灌实[6.2]：(1) 搁栅、檩条和钢筋混凝土楼板的支承面下,高度不应小于 200mm 的砌体;(2) 屋架、梁等构件的支承面下,高度不应小于 600mm,长度不应小于 600mm 的砌体;(3) 挑梁支承面下,距墙中心线每边不应小于 300mm,高度不应小于 600mm 的砌体。

在砌体中留槽洞及埋设管道时,应遵守下列规定[6.2]：

(1) 不应在截面长边小于 500mm 的承重墙体、独立柱内埋设管线;

(2) 不宜在墙体中穿行暗线或预留、开凿沟槽,无法避免时应采取必要的措施或按削弱后的截面验算墙体的承载力。对受力较小或未灌孔的砌块砌体,允许在墙体的竖向孔洞中设置管线。

6.4.4 框架填充墙[6.2]

框架填充墙墙体除应满足稳定要求外，尚应考虑水平风荷载及地震作用的影响。地震作用可按现行国家标准《建筑抗震设计规范》GB 50011 中非结构构件的规定计算。

在正常使用和正常维护条件下，填充墙的使用年限宜与主体结构相同，结构的安全等级可按二级考虑。

填充墙的构造设计，应符合下列规定：(1) 填充墙宜选用轻质块体材料，其强度等级应符合第 5 章中对自承重墙的规定；(2) 填充墙砌筑砂浆的强度等级不宜低于 M5（Mb5、Ms5）；(3) 填充墙墙体墙厚不应小于 90mm；(4) 用于填充墙的夹心复合砌块，其两肢块体之间应有拉结。

填充墙与框架的连接，可根据设计要求采用脱开或不脱开方法。有抗震设防要求时宜采用填充墙与框架脱开的方法。

当填充墙与框架采用脱开的方法时，宜符合下列规定：(1) 填充墙两端与框架柱，填充墙顶面与框架梁之间留出不小于 20mm 的间隙；(2) 填充墙端部应设置构造柱，柱间距宜不大于 20 倍墙厚且不大于 4000mm，柱宽度不小于 100mm。柱竖向钢筋不宜小于 $\phi 10$，箍筋宜为 $\phi^R 5$，竖向间距不宜大于 400mm。竖向钢筋与框架梁或其挑出部分的预埋件或预留钢筋连接，绑扎接头时不小于 $30d$，焊接时（单面焊）不小于 $10d$（d 为钢筋直径）。柱顶与框架梁（板）应预留不小于 15mm 的缝隙，用硅酮胶或其他弹性密封材料封缝。当填充墙有宽度大于 2100mm 的洞口时，洞口两侧应加设宽度不小于 50mm 的单筋混凝土柱；(3) 填充墙两端宜卡入设在梁、板底及柱侧的卡口铁件内，墙侧卡口板的竖向间距不宜大于 500mm，墙顶卡口板的水平间距不宜大于 1500mm；(4) 墙体高度超过 4m 时宜在墙高中部设置与柱连通的水平系梁。水平系梁的截面高度不小于 60mm。填充墙高不宜大于 6m；(5) 填充墙与框架柱、梁的缝隙可采用聚苯乙烯泡沫塑料板条或聚氨酯发泡材料充填，并用硅酮胶或其他弹性密封材料封缝；(6) 所有连接用钢筋、金属配件、铁件、预埋件等均应作防腐防锈处理，并应符合相应的耐久性规定。嵌缝材料应能满足变形和防护要求。

当填充墙与框架采用不脱开的方法时，宜符合下列规定：(1) 沿柱高每隔 500mm 配置 2 根直径 6mm 的拉结钢筋（墙厚大于 240mm 时配置 3 根直径 6mm），钢筋伸入填充墙长度不宜小于 700mm，且拉结钢筋应错开截断，相距不宜小于 200mm。填充墙墙顶应与框架梁紧密结合。顶面与上部结构接触处宜用一皮砖或配砖斜砌楔紧；(2) 当填充墙有洞口时，宜在窗洞口的上端或下端、门洞口的上端设置钢筋混凝土带，钢筋混凝土带应与过梁的混凝土同时浇筑，其过梁的断面及配筋由设计确定。钢筋混凝土带的混凝土强度等级不小于 C20。当有洞口的填充墙尽端至门窗洞口边距离小于 240mm 时，宜采用钢筋混凝土门窗框；(3) 填充墙长度超过 5m 或墙长大于 2 倍层高时，墙顶与梁宜有拉结措施，墙体中部应加设构造柱；墙高度超过 4m 时宜在墙高中部设置与柱连接的水平系梁，墙高超过 6m 时，宜沿墙高每 2m 设置与柱连接的水平系梁，梁的截面高度不小于 60mm。

6.4.5 夹心墙[6.2]

夹心墙如图 6-47 所示[6.23]，由内叶墙（通常为主叶墙）、外叶墙和其间的拉结件组成。

夹心墙的夹层厚度不宜大于 120mm。外叶墙的砖及混凝土砌块的强度等级不应低于 MU10。夹心墙的有效面积应取承重或主叶墙的面积。

高厚比验算时，夹心墙的有效厚度按下式计算：

$$h_l = \sqrt{h_1^2 + h_2^2} \quad (6-26)$$

式中 h_l——夹心复合墙的有效厚度；

h_1、h_2——分别为内、外叶墙的厚度。

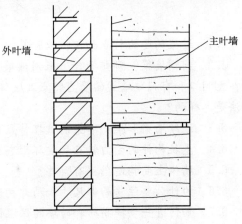

图 6-47 夹心墙示例[6.23]

夹心墙外叶墙的最大横向支承间距，设防烈度为 6 度时不宜大于 9m，7 度时不宜大于 6m，8、9 度时不宜大于 3m。

夹心墙的内、外叶墙应由拉结件可靠拉结，拉结件宜符合下列规定：(1) 当采用环形拉结件时，钢筋直径不应小于 4mm，当为 Z 形拉结件时，钢筋直径不应小于 6mm；拉结件应沿竖向梅花形布置，拉结件的水平和竖向最大间距分别不宜大于 800mm 和 600mm；对有振动或抗震设防要求时，其水平和竖向最大间距分别不宜大于 800mm 和 400mm；(2) 当采用可调拉结件时，钢筋直径不应小于 4mm，拉结件的水平和竖向最大间距均不宜大于 400mm。叶墙间灰缝的高差不大于 3mm，可调拉结件中孔眼和扣钉间的公差不大于 1.5mm；(3) 当采用钢筋网片作拉结件时，网片横向钢筋的直径不应小于 4mm；其间距不应大于 400mm；网片的竖向间距不宜大于 600mm；对有振动或抗震设防要求时，不宜大于 400mm；(4) 拉结件在叶墙上的搁置长度，不应小于叶墙厚度的 2/3，并不应小于 60mm；(5) 门窗洞口周边 300mm 范围内应附加间距不大于 600mm 的拉结件。

夹心墙拉结件或网片的选择与设置，应符合下列规定：(1) 夹心墙宜用不锈钢拉结件。拉结件用钢筋制作或采用钢筋网片时，应先进行防腐处理，并应符合有关耐久性规定；(2) 非抗震设防地区的多层房屋，或风荷载较小地区的高层的夹芯墙可采用环形或Z形拉结件；风荷载较大地区的高层建筑房屋宜采用焊接钢筋网片；(3) 抗震设防地区的砌体房屋（含高层建筑房屋）夹心墙应采用焊接钢筋网作为拉结件，焊接网应沿夹心墙连续通长设置，外叶墙至少有一根纵向钢筋。钢筋网片可计入内叶墙的配筋率，其搭接与锚固长度应符合有关规范的规定；(4) 可调节拉结件宜用于多层房屋的夹心墙，其竖向和水平间距均不应大于400mm。

思 考 题

6.1 过梁的受力特点如何？应验算的内容有哪些？

6.2 何谓墙梁？哪些场合下采用墙梁？对墙梁有何规定？为什么要这样规定？无洞口和有洞口墙梁的受力特点及破坏形态如何？应计算哪些内容？其计算方法是怎样的？

6.3 连续墙梁和框支墙梁的破坏特点如何？

6.4 悬挑构件的受力特点和破坏形态如何？应计算或验算哪些内容？

6.5 墙体主要构造措施有哪些？

6.6 为什么要注意局部尺寸和局部构造问题？

6.7 如何进一步提高砖和砖墙的保温性能？

6.8 圈梁的结构作用是什么？

6.9 砖墙长度超过规定在墙体中会出现什么危害？你认为如何解决？为什么混凝土砌块砌体的温度缝间距较砖砌体小？

6.10 砖房中窗上八字形裂缝或倒八字形裂缝是怎样引起的，应如何解决？

6.11 当地基不均匀沉降两端较大时或中部较大时，在砌体墙体中各会引起什么危害？你认为如何解决？

6.12 墙梁的实质是什么？墙梁水平应变 ε_x 沿高度为何不呈线性分布？

6.13 在几种（简支、连续和框支）墙梁中，当有门洞时，在门洞范围内托梁内的拉力和剪力是如何变化的？另外，这几种墙梁内跨中最大弯矩发生在何处？

6.14 托梁斜裂缝引起的破坏是否一样，为什么？

6.15 挑梁弯矩最大点和计算倾覆点是否在墙的边缘？为什么？计算挑梁抗倾覆力矩时为什么挑梁尾端上部45°扩散角范围内砌体与楼面恒载标准值可以考虑进去？

6.16 当砌筑纵横墙连接处的纵墙时，为什么不允许在其中留"马牙槎"而接砌横墙？是否还可采取其他措施？

6.17 *圈梁在水平面内截面高度很小，但跨度很大，为何在传递水平荷载中能起很大作用？

习　题

6.1　某砖墙洞口处的过梁如图 6-48 所示，楼面梁传给过梁顶墙体的荷载为 P，砖墙的自重为 $q_2 \mathrm{kN/m^2}$，试用简图示出作用在过梁顶部的荷载。

6.2　已知图 6-49 所示房屋门厅混凝土过梁（$b \times h = 240\mathrm{mm} \times 200\mathrm{mm}$）的净跨 $l_\mathrm{n} = 2400\mathrm{mm}$，该梁所能承担的弯矩和剪力设计值分别为 $37\mathrm{kN \cdot m}$ 和 $65\mathrm{kN}$，梁端按构造要求伸入支座 $240\mathrm{mm}$。砖墙厚度为 $240\mathrm{mm}$，采用 MU10 烧结多孔砖、M7.5 混合砂浆砌筑而成（$f = 1.69\mathrm{MPa}$）。过梁上墙体高度 $1200\mathrm{mm}$，砖墙自重设计值取 $5\mathrm{kN/m^2}$，不考虑混凝土自重，试确定墙顶所能承受的均布荷载设计值 q。

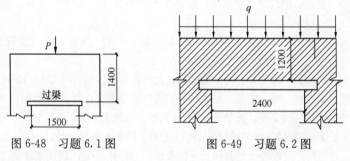

图 6-48　习题 6.1 图　　　　图 6-49　习题 6.2 图

6.3　单层工业厂房围护墙梁（连系梁），承托 8m 高度烧结普通砖墙，砖墙厚度 $240\mathrm{mm}$。柱距为 6m，柱截面宽度为 $0.5\mathrm{m}$。混凝土强度等级 C20（$f_\mathrm{c} = 9.6\mathrm{N/mm^2}$），纵向受力钢筋采用 HRB335（$f_\mathrm{y} = 300\mathrm{N/mm^2}$）。砖砌体及钢筋混凝土单位自重分别为 $19\mathrm{kN/m^3}$ 和 $25\mathrm{kN/m^3}$。要求设计该墙梁。

6.4　如图 6-50 所示，某住宅阳台采用钢筋混凝土挑梁，悬挑长度 $l = $

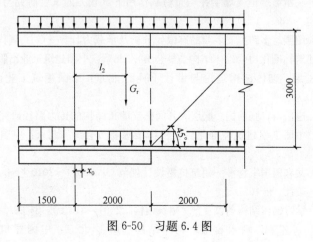

图 6-50　习题 6.4 图

1500mm，埋入横墙内的长度 $l_1 = 2000$mm，挑梁截面为 $b \times h_b = 240$mm $\times$ 300mm。房屋层高为 3000mm，墙体采用 MU15 烧结普通砖和 M5 混合砂浆砌筑，墙体厚度 240mm。挑梁自重标准值为 2.1kN/m，墙体自重标准值为 5.24kN/m²；阳台挑梁上恒载和活载分别为：$g_k = 10$kN/m，$q_k = 6$kN/m；楼面恒载和活载分别为：$g'_k = 12$kN/m，$q'_k = 5$kN/m（恒载荷载分项系数取 1.2，活载荷载分项系数取 1.4）。试进行挑梁的抗倾覆验算。

参 考 文 献

[6.1] 王庆霖主编. 砌体结构 [M]. 北京：地震出版社，1991. 170.

[6.2] 中华人民共和国国家标准. 砌体结构设计规范 GB 50003-2011 [S]. 北京：中国建筑工业出版社，2011. 193.

[6.3] 丁大钧. 砌体结构设计（建筑结构设计新编丛书之三）[M]. 合肥：安徽科技出版社，1987. 112.

[6.4] 东南大学，郑州工学院编. 砌体结构（第二版）[M]. 北京：中国建筑工业出版社，1995. 179.

[6.5] 丁大钧，刘伟庆. 深梁杆件力学解 [J]，工程力学. 1993. 10 (1)：10-18.

[6.6] 冯铭硕，王庆霖，易文宗等. 墙梁试验研究与考虑组合作用的墙梁设计 [G]，砌体结构研究论文集（钱义良，施楚贤主编）. 长沙：湖南大学出版社，1989；196-222.

[6.7] 朱伯龙编著. 砌体结构设计原理 [M]. 上海：同济大学出版社，1991. 144.

[6.8] 李翔，龚绍熙. 连续墙梁的有限元分析及承载力计算 [G]. 现代砌体结构（中国工程建筑标准化协会砌体结构委员会编）. 北京：中国建筑工业出版社，2000.

[6.9] 苏小卒主编. 砌体结构设计 [M]. 上海：同济大学出版社，2002. 186.

[6.10] 龚绍熙，李翔，张晔，郭乐工. 连续墙梁的试验研究、有限元分析和承载力计算 [J]. 建筑结构. 2001，31 (9)：7-11.

[6.11] 龚绍熙，郭乐工. 连续墙梁竖向荷载试验和受剪承载力计算 [G]. 现代砌体结构（中国工程建筑标准化协会砌体结构委员会编）. 北京：中国建筑工业出版社，2000.

[6.12] 龚绍熙，吴承霞. 框支墙梁在均布荷载作用下承载力的试验研究与塑性分析 [J]. 建筑结构. 1997，(11). 29-32.

[6.13] 李翔，龚绍熙. 多跨框支墙梁的有限元分析及承载力计算 [G]. 现代砌体结构（中国工程建筑标准化协会砌体结构委员会编）. 北京：中国建筑工业出版社，2000.

[6.14] 施楚贤主编，砌体结构理论与设计 [M]. 北京：中国建筑工业出版社，1992. 285，230.

[6.15] 王凤来，唐岱新，张前国. 底层大开间框支墙梁结构的传力路径研究 [G]. 现代砌体结构，中国工程建筑标准化协会砌体结构委员会编. 北京：中国建筑工业出版社，2000.

[6.16] 中华人民共和国国家标准. 建筑抗震设计规范 GB 50011—2010 [S]. 北京：中国建筑工业出版社，2010.

[6.17] 丁大钧. 学习砌体结构刍议 [J]. 建筑结构. 2001，31 (9). 34-38.

[6.18] 范家骧，高莲娣，喻永言编. 砌体结构 [M]. 北京：中国建筑工业出版社，

[6.19] 中华人民共和国国家标准. 建筑结构荷载规范 GB 50009—2001 [S]. 北京：中国建筑工业出版社，2002. 168.

[6.20] 中华人民共和国国家标准. 混凝土结构设计规范 GB 50010—2010 [S]. 北京：中国建筑工业出版社，2010.

[6.21] 宋雅涵，张保善. 挑梁的试验研究 [G]，砌体结构研究论文集（钱义良，施楚贤主编）. 长沙：湖南大学出版社，1989：236-250.

[6.22] 宋雅涵. 雨篷和悬臂楼梯的试验研究 [G]，砌体结构研究论文集（钱义良，施楚贤主编）. 长沙：湖南大学出版社，1989：251-259

[6.23] Christine Beall. Masonry and Concrete for Residential Construction. The McGraw-Hill Companies，2004.

第7章 混合结构房屋抗震设计简述

§7.1 混合结构房屋的震害及抗震构造措施

7.1.1 概述

地震对建筑物的破坏作用主要是由于地震波在土中传播引起强烈的地运动所造成的。由地震引起的建筑物破坏情况主要有如下几种：受震破坏、地基失效引起的破坏和次生效应引起的破坏。

1. 受震破坏

地震时，由震源释放的能量，有一部分以弹性波的形式向外传播，称为地震波。地震波引起的地面振动，通过基础传至建筑物，引起建筑物振动，当地震引起的振动强度超过建筑物的抗震能力时，就会使建筑物发生破坏，甚至倒塌。

地震时，地运动主要有两种形式，一种是竖向振动（即上下跳动），一种是水平振动（即水平晃动）。一般认为，水平振动引起的水平地震作用是导致建筑物破坏或倒塌的主要因素。

2. 地基失效引起的破坏

地震时，在强烈的振动作用下，有可能由于地基设计失当而引起上部结构发生震害（损坏或破坏，甚至倒塌）。对软弱地基或有可能导致不均匀沉降的地基，如果未经妥善处理，则地震时将可能因不均匀沉降而导致上部结构发生震害。对含水饱和的砂土或粒径小于 0.005mm 的颗粒（黏粒）含量小于 10%、13% 和 16%（相应于 7、8 和 9 度地震）的粉土，在地震时有可能液化，产生冒水、喷砂等现象，导致地面下沉、开裂，使地基失去稳定而完全失效，以致引起基础及上部结构产生不同程度的震害。

3. 次生效应引起的破坏

地震引起地裂、滑坡、山崩和泥石流等自然现象。地裂和滑坡可能破坏地基，使建筑物遭受严重破坏，甚至倒塌。山崩和泥石流可能掩埋整个居民点。有时，地震导致海啸，侵袭滨海地区，冲走建筑物。此外，地震还可能引起火灾、停水、断电、毒气泄漏或爆炸等次生灾害。

下面，将简要叙述混合结构房屋的受震破坏及其抗震构造措施。

7.1.2 震害及抗震构造措施

我国历次大地震对砌体房屋的震害和抗震设计提供了许多宝贵的资料和经验[7.1]~[7.3]。

地震时，在地震作用，主要是水平地震作用的影响下，房屋的破坏情况随着结构类型和抗震构造措施的不同而不同。破坏情况主要有下述两种。一种是由于结构或构件承载力不足而引起的破坏。对于多层砌体房屋及多层内框架房屋，当水平地震作用沿着房屋的横向对房屋产生影响时，水平地震作用主要通过楼盖传至横墙，再传至基础和地基。这时，横墙主要承受剪切，当地震作用在墙内产生的剪力超过砌体的抗剪承载力时，墙体就产生斜裂缝或交叉裂缝（图7-1）。当水平地震作

图 7-1　墙体的交叉裂缝

用沿着房屋的纵向对房屋产生影响时，水平地震主要通过楼盖传至纵墙，再传至基础和地基。如果窗间墙很宽（高宽比很小），纵墙仍将以剪切破坏为主；如果窗间墙很窄，也会产生压弯破坏。对于单层砖柱厂房及空旷砖房，当水平地震作用沿着房屋横向时，由于房屋的空间工作，一部分地震作用将由屋盖传至横墙（或山墙），再传至基础和地基；另一部分地震作用则由纵墙（或柱）传至基础和地基。这时，横墙（或山墙）将以剪切破坏为主，而纵墙（或柱）则以压弯破坏为主。当水平地震作用沿着房屋纵向时，则房屋的受力情况与多层砖房相似。另一种是由构件间连接不牢而引起的破坏。有些结构构件的尺寸并不小，承载能力是足够的，但往往由于连接不牢、支撑系统不完善、整体性差而导致破坏。这种现象在地震时也是常见的。例如，当纵横墙连接不牢时，往往造成纵墙外闪，甚至整片塌落（图7-2）。

图 7-2　纵墙外闪破坏

现将多层砌体房屋的震害及抗震构造措施简述如下：
1. 建筑体型和结构布置
(1) 平立面布置和防震缝的设置

当房屋的平面和立面布置不规则，以及平面上凹凸曲折或立面上高低错落时，震害往往比较严重。其原因如下：一方面是由于各部分的质量和刚度分布不均匀，在地震时房屋各部分将产生较大的变形差异，使各部分连接处的变形突然变化而产生应力集中；另一方面是由于房屋的质量中心和刚度中心不重合，在地震时地震作用对刚度中心有较大的偏心距，因而不仅使房屋产生剪切和弯曲，而且还使房屋产生扭转，从而大大加剧了地震的破坏作用。对于突出屋面的细长部位，还将由于鞭击效应而使地震作用加大，突出部位愈细长（即其平面面积与底部建筑物平面面积之比愈小，其突出高度与底部建筑物高度之比愈大），引起的地震作用也愈大。所以，突出屋面的屋顶间等，破坏往往较为严重。图 7-3 为某房屋突出部位的破坏情况。因此，房屋的平面布置和立面布置应尽可能简单。

图 7-3 房屋突出部分的破坏

在平面布置方面，应避免墙体局部突出和凹进，若为 L 形或 [形平面，应将转角交叉部分的墙体拉通，使水平地震作用能通过贯通的墙体传到相连的另一侧。如侧翼伸出较长（超过房屋的宽度），则应以防震缝分割成若干独立的单元，以免由于刚度中心和质量中心不一致而引起扭转振动以及在转角处因应力集中而导致破坏。平面轮廓凹凸尺寸，不应超过典型尺寸的 50％；当超过典型尺寸的 25％时，房屋转角处应采取加强措施。

在立面布置方面，应避免局部的突出和错层。如必须布置局部突出的建筑物时，应采取措施，在变截面处加强连接，或采用刚度较小的结构或减轻突出部分结构的自重。在房屋的一个单元内，宜采用相同的结构和墙体材料。

当房屋有下列情况之一时，宜设置防震缝，将房屋分成若干体型简单、结构刚度均匀的独立单元：

1) 房屋立面高差在 6m 以上；
2) 房屋有错层，且楼板高差大于层高的 1/4；
3) 各部分结构刚度、质量截然不同。

防震缝应沿房屋全高设置，缝两侧应布置抗震墙，基础可不设防震缝。

防震缝的宽度不宜过窄，以免发生垂直于缝方向的振动时，由于两部分振动周期不同，产生互相碰撞而加剧破坏。图7-4为防震缝两侧房屋在地震时发生碰撞的破坏情况。防震缝的宽度应根据房屋高度和烈度不同来确定，可采用70~100mm。

图7-4 抗震缝两侧墙体碰撞

当房屋中设有沉降缝或伸缩缝时，沉降缝和伸缩缝也应符合防震缝的要求。

(2) 承重结构的布置

墙体是承担地震作用的主要构件，墙体的布置和间距对房屋的空间刚度和整体性影响很大。因而对建筑物的抗震性能有重大影响。

1) 多层砌体房屋

①应优先采用横墙承重或纵横墙共同承重的结构体系。不应采用砌体墙和混凝土墙混合承重的结构体系。

②纵横墙的布置宜均匀对称，沿平面内宜对齐，沿竖向应上下连续；且纵横向墙体的数量不宜相差过大。同一轴线上的窗间墙宽度宜均匀；洞口面积，6、7度时不宜大于墙面面积的55%，8、9度时不宜大于50%。

在房屋宽度方向的中部应设置内纵墙，其累计长度不宜小于房屋总长度的60%（高宽比大于4的墙段不计入）。

大量震害调查表明，在横向水平地震作用的影响下，如果楼盖有足够刚度，横墙间距较密且具有足够的承载能力，则纵墙承受的地震作用是很小的，一般不至于出现水平裂缝。如果楼盖刚度较差或横墙间距很大或横墙承载能力不足而先行破坏，则纵墙承受的地震作用将较大，因而在纵墙上就会出现水平裂缝，裂缝的位置一般是在两横墙之间的中部或靠近先行破坏的横墙的一端。因此，对于横墙，除了必须具有足够的抗震能力外，还必须使其间距能满足楼盖对传递水平地震作用所需的水平刚度的要求。也就是说，横墙间距必须根据楼盖的水平刚度给予一定的限制。

根据宏观震害调查，《建筑抗震设计规范》GB 50011—2010规定[7.4]，多层砌体房屋抗震横墙的间距不应超过表7-1的规定。

房屋抗震横墙的间距（m） 表7-1

房屋类别		烈 度			
		6	7	8	9
多层砌体房屋	现浇或装配整体式钢筋混凝土楼、屋盖	15	15	11	7
	装配式钢筋混凝土楼、屋盖	11	11	9	4
	木屋盖	9	9	4	—
底部框架-抗震墙砌体房屋	上部各层	同多层砌体房屋			—
	底层或底部两层	18	15	11	—

注：1. 多层砌体房屋的顶层，除木屋盖外的最大横墙间距应允许适当放宽，但应采取相应加强措施；

2. 多孔砖抗震横墙厚度为190mm时，最大横墙间距应比表中数值减少3m。

2）底部框架-抗震墙房屋

目前，在混合结构多层房屋中，底部框架-抗震墙结构房屋的应用相当广泛。底部框架-抗震墙结构房屋系指底层或底部二层为钢筋混凝土框架-抗震墙结构，上部为多层砌体结构的房屋。对于底部框架-抗震墙房屋，其承重结构的布置应符合下列要求：

①上部的砌体墙体与底部的框架梁或抗震墙，除楼梯间附近的个别墙段外均应对齐。

②房屋的底部，应沿纵横两方向设置一定数量的抗震墙，并应均匀对称布置。6度且总层数不超过四层的底层框架-抗震墙砌体房屋，应允许采用嵌砌于框架之间的约束普通砖砌体或小砌块砌体的砌体抗震墙，但应计入砌体墙对框架的附加轴力和附加剪力并进行底层的抗震验算，且同一方向不应同时采用钢筋混凝土抗震墙和约束砌体抗震墙；其余情况，8度时应采用钢筋混凝土抗震墙，6、7度时应采用钢筋混凝土抗震墙或配筋小砌块砌体抗震墙。

③底层框架-抗震墙砌体房屋的纵横两个方向，第二层计入构造柱影响的侧向刚度与底层侧向刚度的比值，6、7度时不应大于2.5，8度时不应大于2.0，且均不应小于1.0。

④底部两层框架-抗震墙砌体房屋纵横两个方向，底层与底部第二层侧向刚度应接近，第三层计入构造柱影响的侧向刚度与底部第二层侧向刚度的比值，6、7度时不应大于2.0，8度时不应大于1.5，且均不应小于1.0。

⑤底部框架-抗震墙砌体房屋的抗震墙应设置条形基础、筏形基础等整体性好的基础。

底部框架-抗震墙砌体房屋的钢筋混凝土结构部分，除应符合本章中的有关规定外，尚应符合《建筑抗震设计规范》GB 50011—2010第6章的有关要求；此时，底部混凝土框架的抗震等级，6、7、8度应分别按三、二、一级采用，混凝土墙体的抗震等级，6、7、8度应分别按三、三、二级采用。

(3) 房屋高度的限制

§7.1 混合结构房屋的震害及抗震构造措施

随着房屋高度的增大,地震作用也将增大,因而,房屋的破坏将加重。震害调查表明,六层砖房的震害较四、五层砖房明显加重,而二、三层砖房的震害又较四、五层砖房轻得多。同时,在目前砌体材料强度不高的情况下,砌体房屋高度过高,将使砌体截面增大,从而导致结构自重增大、地震作用加重的不利后果。由此可见,从技术上和经济上看,对砌体房屋高度和层数应予以限制。因此,《规范》规定,多层砌体结构房屋的总高度及层数应符合下列要求:

1) 房屋的层数和总高度不应超过表 7-2 的规定。

房屋的层数和总高度限值（m）　　　　　　　　　表 7-2

房屋类别		最小抗震墙厚度（mm）	烈度和设计基本地震加速度									
			6		7				8				9	
			0.05g		0.10g		0.15g		0.20g		0.30g		0.40g	
			高度	层数	高度	层数	高度	层数	高度	层数	高度	层数	高度	层数
多层砌体房屋	普通砖	240	21	7	21	7	21	7	18	6	15	5	12	4
	多孔砖	240	21	7	21	7	18	6	18	6	15	5	9	3
	多孔砖	190	21	7	18	6	15	5	15	5	12	4	—	—
	混凝土砌块	190	21	7	21	7	18	6	18	6	15	5	9	3
底部框架-抗震墙砌体房屋	普通砖 多孔砖	240	22	7	22	7	19	6	16	5				
	多孔砖	190	22	7	19	6	16	5	13	4				
	混凝土砌块	190	22	7	22	7	19	6	16	5				

注：1. 房屋的总高度指室外地面到主要屋面板板顶或檐口的高度,半地下室从地下室室内地面算起,全地下室和嵌固条件好的半地下室应允许从室外地面算起；对带阁楼的坡屋面应算到山尖墙的 1/2 高度处；

2. 室内外高差大于 0.6m 时,房屋总高度应允许比表中的数据适当增加,但增加量应少于 1.0m；

3. 乙类的多层砌体房屋仍按本地区设防烈度查表,其层数应减少一层且总高度应降低 3m；不应采用底部框架-抗震墙砌体房屋。

2) 横墙较少的多层砌体房屋,总高度应比表 7-2 的规定降低 3m,层数相应减少一层；各层横墙很少的多层砌体房屋,还应再减少一层。

注：横墙较少是指同一楼层内开间大于 4.2m 的房间占该层总面积的 40% 以上；其中,开间不大于 4.2m 的房间占该层总面积不到 20% 且开间大于 4.8m 的房间占该层总面积的 50% 以上为横墙很少。

3) 6、7 度时,横墙较少的丙类多层砌体房屋,当按《建筑抗震设计规范》GB 50011—2011 规定采取加强措施并满足抗震承载力要求时,其高度和层数应允许仍按表 7-2 的规定采用。

4) 采用蒸压灰砂普通砖和蒸压粉煤灰普通砖的砌体的房屋,当砌体的抗剪强度仅达到普通黏土砖砌体的 70% 时,房屋的层数应比普通砖房减少一层,总高度应减少 3m；当砌体的抗剪强度达到普通黏土砖砌体的取值时，房屋层数和总高度的要求同普通砖房屋。

多层砌体承重房屋的层高，不应超过 3.6m。

底部框架-抗震墙砌体房屋的底部，层高不应超过 4.5m；当底层采用约束砌体抗震墙时，底层的层高不应超过 4.2m。

注：当使用功能确有需要时，采用约束砌体等加强措施的普通砖房屋，层高不应超过 3.9m。

（4）房屋高宽比的限制

随着房屋高宽比（总高度与总宽度之比）的增大，地震作用效应将增大，由整体弯曲在墙体中产生的附加应力也将增大。因此，《建筑抗震设计规范》GB 50011—2010 规定，多层砌体房屋总高度与总宽度的最大比值应符合表 7-3 的要求。

房屋最大高宽比 表 7-3

烈　度	6 度	7 度	8 度	9 度
最大高宽比	2.5	2.5	2.0	1.5

注：1. 单面走廊房屋的总宽度不包括走廊宽度；
2. 建筑平面接近正方形时，其宽高比宜适当减小。

（5）抗震横墙的间距

多层砌体房屋的横向地震作用主要由横墙承担。地震中，横墙间距大小对房屋抗倒塌性能影响很大，横墙需具有足够的承载能力。同时，楼盖需具有传递地震作用给横墙的水平刚度。因此，《建筑抗震设计规范》GB 50011—2010 规定，房屋抗震横墙的间距不应超过表 7-4 的规定。

房屋抗震横墙的间距（m） 表 7-4

房　屋　类　别		烈　度			
		6	7	8	9
多层砌体房屋	现浇或装配整体式钢筋混凝土楼、屋盖	15	15	11	7
	装配式钢筋混凝土楼、屋盖	11	11	9	4
	木屋盖	9	9	4	—
底部框架-抗震墙砌体房屋	上部各层	同多层砌体房屋			—
	底层或底部两层	18	15	11	—

注：1. 多层砌体房屋的顶层，除木屋盖外的最大横墙间距允许适当放宽；但应采取相应加强措施。
2. 多孔砖抗震横墙厚度为 190mm 时，最大横墙间距应比表中数值减少 3m。

（6）楼梯间的布置

楼梯间的刚度一般较大，受到的地震作用往往比其他部位大。同时，其顶层的层高又较大，且墙体往往受嵌入墙内的楼梯段的削弱，所以，楼梯间的震害往往比其他部位严重。因此，楼梯间不宜设置在房屋尽端（即端部的第一开间）和转角处。同时，应特别注意楼梯间顶层墙的稳定性。

（7）地下室和基础

地下室对上部结构的抗震能力影响较大,震害表明,有地下室的房屋比没有地下室的房屋破坏较轻;仅有部分地下室的房屋,在有地下室与无地下室的交界处最易破坏。因此,有条件时,应当结合人防需要,建造满堂地下室,不宜建造部分地下室。

基础底面应埋置在同一标高上,如不能埋置在同一标高上时,基础宜按1∶2的台阶逐步过渡,同时应增设基础圈梁。

软弱地基(包括软弱黏性土,可液化和严重不均匀地基)上的房屋宜沿外墙及所有承重内墙增设基础圈梁一道,截面不小于180mm×240mm,配筋不小于4Φ12。

(8) 房屋的局部尺寸限值

多层砌体房屋中某些局部尺寸太小时,地震时往往首先遭到破坏,甚至会导致整个结构的破坏。因此,《建筑抗震设计规范》GB 50011—2010规定,房屋的局部尺寸宜遵守表7-5的规定。

房屋的局部尺寸限值(m)　　　　表7-5

部　位	6度	7度	8度	9度
承重窗间墙最小宽度	1.0	1.0	1.2	1.5
承重外墙尽端至门窗洞边的最小距离	1.0	1.0	1.2	1.5
非承重外墙尽端至门窗洞边的最小距离	1.0	1.0	1.0	1.0
内墙阳角至门窗洞边的最小距离	1.0	1.0	1.5	2.0
无锚固女儿墙(非出入口处)的最大高度	0.5	0.5	0.5	0.0

注:1. 局部尺寸不足时,应采取局部加强措施弥补,且最小宽度不宜小于1/4层高和表列数据的80%;

2. 出入口处的女儿墙应有锚固。

1) 承重窗间墙的最小宽度:震害调查表明,较窄的承重窗间墙破坏时,往往引起上部构件的倒塌,危及整个房屋的安全。宽度较大的窗间墙,即使在强震下发生破坏,裂缝的宽度很大,但仍可一直维持住而不致倒塌,故对承重窗间墙的最小宽度应给予限制。

2) 外墙尽端至门窗洞边的最小距离:大量的宏观震害表明,房屋尽端往往破坏较普遍而又较严重(图7-5)。因此,为了防止房屋在尽端首先破坏,甚至倒塌,对承重外墙尽端的尺寸提出了较严的要求,对非承重外墙尽端的尺寸也提出了一定的要求。

3) 内墙阳角至门窗洞边的最小尺寸:震害表明,房屋内部门厅和楼梯间转角处的墙体也是出现破坏较普遍而又较严重的部位,因为这里应力较为集中,尤其是当上层梁端荷载较大、支承长度较小、局部刚度又有变化时,局部破坏更为明显。因此,对支承大梁的内墙阳角至门窗洞边的最小尺寸应有所限制。

2. 楼盖

地震作用主要集中在楼盖水平处,并通过楼盖与墙体的连接传给下层墙体。

图 7-5 房屋尽端的破坏

因此,楼盖不仅沿竖向应具有足够的承载力和刚度,而且沿水平方向也应具有足够的承载力和刚度。

在一般情况下,多层砌体房屋的楼(屋)盖可采用装配式、装配整体式、或现浇钢筋混凝土楼(屋)盖。但对于底部框架-抗震墙多层房屋的过渡层楼板,应采用现浇钢筋混凝土楼盖,其板厚不宜小于 120mm,并应少开洞、开小洞;当洞口尺寸大于 800mm 时,应设洞边梁;对于横墙较少、跨度较大的房屋宜采用现浇钢筋混凝土楼、屋盖。

3. 钢筋混凝土构造柱、芯柱的设置和构造

钢筋混凝土构造柱是唐山大地震以来采用的一项重要抗震构造措施。

近年来的震害调查表明,无论在已有房屋加固或新建房屋中所设置的钢筋混凝土构造柱,都起到了良好的抗倒塌作用。

近年来的试验研究表明,在砖砌体交接处设置钢筋混凝土构造柱后,墙体的刚度增大不多,而抗剪能力可大大增大,延性可提高 3~4 倍。当墙体周边设有钢筋混凝土圈梁和构造柱时,在墙体达到破坏的极限状态下,由于钢筋混凝土构造柱的约束,使破碎的墙体中的碎块不易散落,从而能保持一定的承载力,以支承楼盖而不致发生突然倒塌。

由上述可见,在墙体中设置钢筋混凝土构造柱对提高砌体房屋的抗震能力有着重要的作用[7.5]、[7.6]。根据上述震害调查和试验结果,《建筑抗震设计规范》GB 50011—2010 对钢筋混凝土构造柱的设置和构造要求作了如下规定。

(1) 多层砖砌体房屋

1) 设置要求

各类多层砖砌体房屋,应按下列要求设置现浇钢筋混凝土构造柱(以下简称构造柱):

①构造柱设置部位,一般情况下应符合表 7-6 的要求。

§7.1 混合结构房屋的震害及抗震构造措施

②外廊式和单面走廊式的多层房屋,应根据房屋增加一层的层数,按表7-6的要求设置构造柱,且单面走廊两侧的纵墙均应按外墙处理。

③横墙较少的房屋,应根据房屋增加一层的层数,按表7-6的要求设置构造柱。当横墙较少的房屋为外廊式或单面走廊式时,应按本条2款要求设置构造柱;但6度不超过四层、7度不超过三层和8度不超过二层时,应按增加二层的层数对待。

④各层横墙很少的房屋,应按增加二层的层数设置构造柱。

⑤采用蒸压灰砂砖和蒸压粉煤灰砖的砌体房屋,当砌体的抗剪强度仅达到普通黏土砖砌体的70%时,应根据增加一层的层数按本条1～4款要求设置构造柱;但6度不超过四层、7度不超过三层和8度不超过二层时,应按增加二层的层数对待。

多层砖砌体房屋构造柱设置要求　　　　　　　　　　表7-6

房屋层数				设 置 部 位	
6度	7度	8度	9度		
≤五	≤四	≤三		楼、电梯间四角,楼梯斜梯段上下端对应的墙体处; 外墙四角和对应转角; 错层部位横墙与外纵墙交接处; 大房间内外墙交接处; 较大洞口两侧	隔12m或单元横墙与外纵墙交接处; 楼梯间对应的另一侧内横墙与外纵墙交接处
六	五	四	二		隔开间横墙(轴线)与外墙交接处; 山墙与内纵墙交接处
七	六、七	五、六	三、四		内墙(轴线)与外墙交接处; 内墙的局部较小墙垛处; 内纵墙与横墙(轴线)交接处

注:1. 较大洞口,内墙指不小于2.1m的洞口;外墙在内外墙交接处已设置构造柱时允许适当放宽,但洞侧墙体应加强;

2. 当按上述第②～⑤款规定确定的层数超出表7-6范围,构造柱设置要求不应低于表中相应烈度的最高要求且宜适当提高。

2) 构造要求

多层砖砌体房屋的构造柱应符合下列构造要求:

①构造柱最小截面可采用180mm×240mm(墙厚190mm时为180mm×190mm),构造柱纵向钢筋宜采用4Φ12,箍筋直径可采用6mm,间距不宜大于250mm,且在柱上下端应适当加密;当6、7度超过六层、8度超过五层和9度时,构造柱纵向钢筋宜采用4Φ14,箍筋间距不应大于200mm;房屋四角的构造柱应适当加大截面及配筋。

②构造柱与墙连接处应砌成马牙槎,沿墙高每隔500mm设2Φ6水平钢筋和Φ4分布短筋平面内点焊组成的拉结网片或Φ4点焊钢筋网片,每边伸入墙内不宜小于1m。6、7度时底部1/3楼层,8度时底部1/2楼层,9度时全部楼层,上述拉结钢筋网片应沿墙体水平通长设置。

③构造柱与圈梁连接处,构造柱的纵筋应在圈梁纵筋内侧穿过,保证构造柱

纵筋上下贯通。

④构造柱可不单独设置基础，但应伸入室外地面下 500mm，或与埋深小于 500mm 的基础圈梁相连。

⑤房屋高度和层数接近 7.1.2 节表 7-2 的限值时，纵、横墙内构造柱间距尚应符合下列要求：

A. 横墙内的构造柱间距不宜大于层高的二倍，下部 1/3 楼层的构造柱间距可适当减小。

B. 当外纵墙开间大于 3.9m 时，应另设加强措施。内纵墙的构造柱间距不宜大于 4.2m。

必须注意，钢筋混凝土构造柱宜有一面外露，以便于检查施工质量。

（2）砌块房屋

1）设置要求

多层混凝土砌块房屋应按表 7-7 的要求设置钢筋混凝土芯柱。对外廊式和单面走廊式的多层房屋、横墙较少的房屋、各层横墙很少的房屋，尚应分别按本节（7.1.2 节）第 3 条中关于多层砖砌房屋的现浇钢筋混凝土构造柱设置要求的第②～④款关于增加层数的对应要求，按表 7-7 的要求设置芯柱。

多层混凝土砌块房屋芯柱设置要求 表 7-7

房屋层数				设置部位	设置数量
6度	7度	8度	9度		
≤五	≤四	≤三		外墙四角和对应转角，楼、电梯间四角，楼梯斜梯段上下端对应的墙体处； 大房间内外墙交接处； 错层部位横墙与外纵墙交接处； 隔 12m 或单元横墙与外纵墙交接处	外墙转角，灌实 3 个孔； 内外墙交接处，灌实 4 个孔； 楼梯斜段上下端对应的墙体处，灌实 2 个孔
六	五	四	一	同上； 隔开间横墙（轴线）与外纵墙交接处	
七	六	五	二	同上； 各内墙（轴线）与外纵墙交接处； 内纵墙与横墙（轴线）交接处和洞口两侧	外墙转角，灌实 5 个孔； 内外墙交接处，灌实 4 个孔； 内墙交接处，灌实 4～5 个孔； 洞口两侧各灌实 1 个孔
	七	六	三	同上； 横墙内芯柱间距不大于 2m	外墙转角，灌实 7 个孔； 内外墙交接处，灌实 5 个孔； 内墙交接处，灌实 4～5 个孔； 洞口两侧各灌实 1 个孔

注：1. 外墙转角、内外墙交接处、楼电梯间四角等部位，应允许采用钢筋混凝土构造柱替代部分芯柱。

2. 当按多层砌体房屋中第②～④款规定确定的层数超出表 7-7 范围，芯柱设置要求不应低于表中相应烈度的最高要求且宜适当提高。

2) 构造要求

多层混凝土砌块房屋设置钢筋混凝土芯柱尚应满足下列要求：

①混凝土砌块砌体墙纵横墙交接处、墙段两端和较大洞口两侧宜设置不少于单孔的芯柱；

②有错层的多层房屋，错层部位应设置墙，墙中部的钢筋混凝土芯柱间距宜适当加密，在错层部位纵横墙交接处宜设置不少于4孔的芯柱；在错层部位的错层楼板位置尚应设置现浇钢筋混凝土圈梁；

③房屋层数或高度等于或接近表7-2中限值时，纵、横墙内芯柱间距尚应符合下列要求：

A. 底部1/3楼层横墙中部的芯柱间距，7、8度时不宜大于1.5m；9度时不宜大于1.0m；

B. 当外纵墙开间大于3.9m时，应另设加强措施。

④梁支座处墙内宜设置芯柱，芯柱灌实孔数不少于3个。当8、9度房屋采用大跨梁或井字梁时，宜在梁支座处墙内设置构造柱，并应考虑梁端弯矩对墙体和构造柱的影响。

3) 构造要求

①多层混凝土砌块房屋的芯柱，应符合下列构造要求：

A. 混凝土砌块房屋芯柱截面不宜小于120mm×120mm。

B. 芯柱混凝土强度等级，不应低于Cb20。

C. 芯柱的竖向插筋应贯通墙身且与圈梁连接；插筋不应小于1Φ12，6、7度时超过五层、8度时超过四层和9度时，插筋不应小于1Φ14。

D. 芯柱应伸入室外地面下500mm或与埋深小于500mm的基础圈梁相连。

E. 为提高墙体抗震受剪承载力而设置的芯柱，宜在墙体内均匀布置，最大净距不宜大于2.0m。

F. 多层混凝土砌块房屋墙体交接处或芯柱与墙体连接处应设置拉结钢筋网片，网片可采用直径4mm的钢筋点焊而成，沿墙高间距不大于600mm，并应沿墙体水平通长设置。6、7度时底部1/3楼层，8度时底部1/2楼层，9度时全部楼层，上述拉结钢筋网片沿墙高间距不大于400mm。

②混凝土砌块房屋中替代芯柱的钢筋混凝土构造柱，应符合下列构造要求：

A. 构造柱截面不宜小于190mm×190mm，纵向钢筋宜采用4Φ12，箍筋间距不宜大于250mm，且在柱上下端应适当加密；6、7度时超过五层、8度时超过四层和9度时，构造柱纵向钢筋宜采用4Φ14，箍筋间距不应大于200mm；外墙转角的构造柱可适当加大截面及配筋。

B. 构造柱与砌块墙连接处应砌成马牙槎，与构造柱相邻的砌块孔洞，6度时宜填实，7度时应填实，8、9度时应填实并插筋。构造柱与砌块墙之间沿墙高每隔600mm设置Φ4点焊拉结钢筋网片，并应沿墙体水平通长设置。6、7度时底部 1/3 楼层，8 度时底部 1/2 楼层，9 度时全部楼层，上述拉结钢筋网片沿墙高间距不大于 400mm。

C. 构造柱与圈梁连接处，构造柱的纵筋应在圈梁纵筋内侧穿过，保证构造柱纵筋上下贯通。

D. 构造柱可不单独设置基础，但应伸入室外地面下 500mm，或与埋深小于 500mm 的基础圈梁相连。

(3) 底部框架-抗震墙房屋

1) 底部框架-抗震墙砌体房屋的上部墙体应设置钢筋混凝土构造柱或芯柱，并应符合下列要求：

①设置要求

钢筋混凝土构造柱、芯柱的设置部位，应根据房屋的总层数分别按本节 (7.1.2 节) 中对于多层砌体房屋和多层小砌块房屋的规定设置。

②构造要求

构造柱、芯柱的构造，除应符合下列要求外，尚应符合本节 (7.1.2 节) 中对多层砌体房屋和多层混凝土砌块房屋的规定：

A. 砖砌体墙中构造柱截面不宜小于 240mm×240mm（墙厚 190mm 时为 240mm×190mm）；

B. 构造柱的纵向钢筋不宜少于 4Φ14，箍筋间距不宜大于 200mm；芯柱每孔插筋不应小于 1Φ14，芯柱之间沿墙高应每隔 400mm 设 Φ4 焊接钢筋网片。

此外，构造柱、芯柱应与每层圈梁连接，或与现浇楼板可靠拉接。

2) 过渡层墙体的构造，应符合下列要求：

①上部砌体墙的中心线宜与底部的框架梁、抗震墙的中心线相重合；构造柱或芯柱宜与框架柱上下贯通。

②过渡层应在底部框架柱、混凝土墙或约束砌体墙的构造柱所对应处设置构造柱或芯柱；墙体内的构造柱间距不宜大于层高；芯柱除按本节表 7-6 设置外，最大间距不宜大于 1m。

③过渡层构造柱的纵向钢筋，6、7 度时不宜少于 4Φ16，8 度时不宜少于 4Φ18。过渡层芯柱的纵向钢筋，6、7 度时不宜少于每孔 1Φ16，8 度时不宜少于每孔 1Φ18。一般情况下，纵向钢筋应锚入下部的框架柱或混凝土墙内；当纵向钢筋锚固在托墙梁内时，托墙梁的相应位置应加强。

④过渡层的砌体墙在窗台标高处，应设置沿纵横墙通长的水平现浇钢筋混凝土带；其截面高度不小于 60mm，宽度不小于墙厚，纵向钢筋不少于 2Φ10，横向分布筋的直径不小于 6mm 且其间距不大于 200mm。此外，砖砌体墙在相邻构造柱间的墙体，应沿墙高每隔 360mm 设置 2Φ6 通长水平钢筋和 Φ4 分布短筋平面内点焊组成的拉结网片或 Φ4 点焊钢筋网片，并锚入构造柱内；小砌块砌体墙芯柱之间沿墙高应每隔 400mm 设置 Φ4 通长水平点焊钢筋网片。

⑤过渡层的砌体墙,凡宽度不小于1.2m的门洞和2.1m的窗洞,洞口两侧宜增设截面不小于120mm×240mm(墙厚190mm时为120mm×190mm)的构造柱或单孔芯柱。

⑥当过渡层的砌体抗震墙与底部框架梁、墙体不对齐时,应在底部框架内设置托墙转换梁,并且过渡层砖墙或砌块墙应采取比本条④款更高的加强措施。

3)当底部框架-抗震墙砌体房屋的底部采用钢筋混凝土墙时,或6度设防的底层框架-抗震墙砖房的底层采用约束砌体墙时,或6度设防的底层框架-抗震墙砌块房屋的底层采用约束小砌块砌体墙时,其截面和构造应分别符合《建筑抗震设计规范》GB 50011—2010 第 7.5.3 条、7.5.4 条和 7.5.5 条的规定。此处从略。

4. 圈梁的设置

圈梁可加强墙体间以及墙体与楼盖间的连接,在水平方向将装配式楼屋盖连成整体,因而增强了房屋的整体性和空间刚度。根据国外试验资料分析[7.7],当钢筋混凝土预制板周围加设圈梁或楼板留有齿槽或键时,楼盖水平刚度可提高15~20倍;当圈梁与有很好灌缝的混凝土(钢筋混凝土或预应力混凝土)空心板拉结,楼盖水平刚度可增大40倍以上。当圈梁与屋架用螺栓连接,屋盖可视为铰接空腹桁架,屋盖水平刚度成10倍增大,当水平屋架满铺(木)望板时,则增大更多。这样的圈梁将不是简单的、受力高度仅为墙厚的、在水平面内的受弯构件[7.6]、[7.8]。因而,设置圈梁是提高房屋抗震能力、减轻震害的有效措施。国内外的震害调查表明,凡合理设置圈梁的房屋,其震害都较轻,否则,震害要重得多[7.9]。

圈梁的设置应根据烈度及结构布置等情况综合考虑。

(1) 多层砖砌体房屋

1) 多层砖砌体房屋的现浇钢筋混凝土圈梁设置应符合下列要求:

①装配式钢筋混凝土楼、屋盖或木楼盖的砖房,应按表7-8的要求设置圈梁;纵墙承重时,抗震横墙上的圈梁间距应比表7-8的要求适当加密。

多层砖砌体房屋现浇钢筋混凝土圈梁设置要求　　　　表 7-8

墙 类	烈 度		
	6、7	8	9
外墙和内纵墙	屋盖处及每层楼盖处	屋盖处及每层楼盖处	屋盖处及每层楼盖处
内横墙	同上; 屋盖处间距不应大于4.5m; 楼盖处间距不应大于7.2m; 构造柱对应部位	同上; 各层所有横墙,且间距不应大于4.5m; 构造柱对应部位	同上; 各层所有横墙

②现浇或装配整体式钢筋混凝土楼、屋盖与墙体有可靠连接的房屋,应允许不另设圈梁,但楼板沿抗震墙体周边均应加强配筋并应与相应的构造柱钢筋可靠连接。

2) 多层砖砌体房屋现浇钢筋混凝土圈梁的构造应符合下列要求:

①圈梁应闭合，遇有洞口圈梁应上下搭接。圈梁宜与预制板设在同一标高处或紧靠板底。

②圈梁在表 7-8 中要求的间距内无横墙时，应利用梁或板缝内配筋替代圈梁。

③圈梁的截面高度不应小于 120mm，配筋应符合表 7-9 的要求。

④对于地基为软弱黏性土、液化土、新近填土或严重不均匀土层时，为加强基础的整体性和刚性而设置的基础圈梁，截面高度不应小于 180mm，配筋不应少于 4Φ12。

多层砖砌体房屋圈梁配筋要求　　　　　　　　　　　表 7-9

配　筋	烈　度		
	6、7	8	9
最小纵筋	4Φ10	4Φ12	4Φ14
最大箍筋间距（mm）	250	200	150

(2) 多层混凝土砌块房屋

多层混凝土砌块房屋的现浇钢筋混凝土圈梁的设置位置应按上述对于多层砖砌体房屋圈梁的要求执行，圈梁宽度不应小于 190mm，配筋不应少于 4Φ12，箍筋间距不应大于 200mm。

多层混凝土砌块房屋的层数，6 度时超过五层、7 度时超过四层、8 度时超过三层和 9 度时，在底层和顶层的窗台标高处，沿纵横墙应设置通长的水平现浇钢筋混凝土带；其截面高度不小于 60mm，纵筋不少于 2Φ10，并应有分布拉结钢筋；其混凝土强度等级不应低于 C20。

水平现浇混凝土带亦可采用槽形砌块替代模板，其纵筋和拉结钢筋不变。

(3) 底部框架-抗震墙房屋

底部框架-抗震墙房屋上部墙体圈梁的设置和构造要求与多层普通砖、多孔砖房屋相同。

5. 构件间的连接

砌体房屋的整体性较差。地震时往往由于构件间连接不牢而发生破坏。因此，加强砌体房屋各构件间的连接，提高砌体房屋的整体性，是增强砌体房屋抗震性能的重要构造措施。

(1) 墙体间的连接

如前所述，纵横墙连接不牢，地震时往往造成外墙外闪，甚至倒塌（参看图 7-2）。因此，纵横墙体的交接处宜同时咬槎砌筑。6、7 度时，长度大于 7.2m 的大房间，及 8 度和 9 度时，外墙转角及内外墙交接处，应沿墙高每隔 500mm 配置 2Φ6 的通长钢筋和 Φ4 分布短筋平面内点焊组成的拉结网片或点焊网片。

后砌的非承重隔墙应沿墙高每 500～600mm 配置 2Φ6 钢筋与承重墙或柱拉结，每边伸入墙内不应小于 500mm，8 度和 9 度时，长度大于 5.0m 的后砌隔墙的墙顶尚应与楼板或梁拉结。

混凝土砌块房屋墙体交接处或钢筋混凝土芯柱与墙体连接处应设置拉结钢筋网片，网片可采用直径4mm的钢筋点焊而成，沿墙高间距不大于600mm设置，并应沿墙体水平通长设置。

多层混凝土砌块房屋的层数，6度时超过五层，7度时超过四层、8度时超过三层和9度时，在底层和顶层的窗台标高处，沿纵横墙应设置通长的水平现浇钢筋混凝土带，其截面厚度不小于60mm，纵筋不少于2Φ10，并应有分布拉结钢筋；其混凝土强度等级不应低于C20。水平现浇混凝土带亦可用槽形砌块替代模板，其纵筋和拉结钢筋不变。

(2) 楼、屋盖与墙体的连接

地震作用主要集中在楼盖水平处，并通过楼盖与墙体的连接传给下层墙体，因此，楼盖与墙体应有可靠连接，以保证地震作用的传递。

震害表明，一般未发现预制板在支承处有被拉开的现象[7.1]、[7.2]。这表明，在一般情况下，靠楼板和上层重量的摩擦力以及楼板下砂浆的粘结力就可有效地传递水平地震作用。根据实践经验，并参照非地震区设计中采用的情况，《建筑抗震设计规范》GB 50011—2010规定：

1) 现浇钢筋混凝土楼板或屋面板伸进纵、横墙内的长度均不应小于120mm。

2) 装配式钢筋混凝土楼板或屋面板，当圈梁未设在板的同一标高时，板端伸进外墙的长度不应小于120mm，伸进内墙的长度不应小于100mm或采用硬架支模连接，在梁上不应小于80mm或采用硬架支模连接。

3) 当板的跨度大于4.8m，并与外墙平行时，靠外墙的预制板侧边应与墙或圈梁拉结（否则，地震时墙面容易发生挠曲外闪，甚至局部塌落）。

《建筑抗震设计规范》GB 50011—2010规定，楼盖和屋盖的钢筋混凝土梁或屋架应与墙、柱（包括构造柱）或圈梁可靠连接，梁与砖柱的连接不应削弱砖柱截面，各层独立砖柱顶部应在两个方向均有可靠连接。

震害表明，对于屋盖或上层楼盖，由于上部重量较轻，当有竖向地震作用时（如在8度以上震中区），将产生卸载作用，使摩擦力减小，对楼板与墙体的连接极为不利。因此，《建筑抗震设计规范》GB 50011—2010规定，房屋端部大房间的楼盖、6度时房屋的屋盖和7～9度时房屋的楼、屋盖，当圈梁设在板底时，钢筋混凝土预制板应相互拉结，并应与梁、墙或圈梁拉结。

楼、屋盖的钢筋混凝土梁或屋架应与墙、柱（包括构造柱）或圈梁可靠连接；不得采用独立砖柱。跨度不小于6m大梁的支承构件应采用组合砌体等加强措施，并满足承载力要求。

6. 楼梯间的构造措施

如前面所述，楼梯间往往承担较大的地震作用，因此，楼梯间的构造措施应适当加强。《建筑抗震设计规范》GB 50011—2010规定，楼梯间应符合下列要求：

(1) 顶层楼梯间墙体应沿墙高每隔500mm设2Φ6通长钢筋和Φ4分布短钢筋平面内点焊组成的拉结网片或Φ4点焊网片；7~9度时其他各层楼梯间墙体应在休息平台或楼层半高处设置60mm厚、纵向钢筋不应少于2Φ10的钢筋混凝土带或配筋砖带，配筋砖带不少于3皮，每皮的配筋不少于2Φ6，砂浆强度等级不应低于M7.5且不低于同层墙体的砂浆强度等级。

(2) 楼梯间及门厅内墙阳角处的大梁支承长度不应小于500mm，并应与圈梁连接。

(3) 装配式楼梯段应与平台板的梁可靠连接，8、9度时不应采用装配式楼梯段；不应采用墙中悬挑式踏步或踏步竖肋插入墙体的楼梯，不应采用无筋砖砌栏板。

(4) 突出屋顶的楼、电梯间，构造柱应伸到顶部，并与顶部圈梁连接，所有墙体应沿墙高每隔500mm设2Φ6通长钢筋和Φ4分布短筋平面内点焊组成的拉结网片或Φ4点焊网片。

7. 墙体的加强措施

丙类的多层砖砌体房屋，当横墙较少且总高度和层数接近或达到表7-2规定限值，应采取下列加强措施：

(1) 房屋的最大开间尺寸不得大于6.6m。

(2) 同一个结构单元内横墙错位数量不宜超过总数的1/3，且连续错位不宜多于两道；错位的墙体交接处均应增设构造柱，且楼、屋面板应采用现浇钢筋混凝土板。

(3) 横墙和内纵墙上洞口的宽度不宜大于1.5m；外纵墙上洞口的宽度不宜大于2.1m或开间尺寸的一半；且内外墙上洞口位置不应影响内外纵墙与横墙的整体连接。

(4) 所有纵横墙均应在楼、屋盖标高处设置加强的现浇钢筋混凝土圈梁，圈梁的截面高度不宜小于150mm，上下纵筋各不应少于3Φ10，箍筋不小于Φ6，间距不大于300mm。

(5) 所有纵横墙交接处及横墙的中部均应增设满足下列要求的构造柱：在纵、横墙内的柱距不宜大于3.0m，最小截面尺寸不宜小于240mm×240mm，配筋宜符合表7-10的要求。

增设构造柱的纵筋和箍筋设置要求　　　　　表7-10

位置	纵向钢筋			箍筋		
	最大配筋率(%)	最小配筋率(%)	最小直径(mm)	加密区范围(mm)	加密区间距(mm)	最小直径(mm)
角柱	1.8	0.8	14	全高	100	6
边柱			14	上端700		
中柱	1.4	0.6	12	下端500		

(6) 同一结构单元的楼、屋面板应设置在同一标高处。

(7) 房屋的底层和顶层的窗台标高处宜设置沿纵横墙通长的水平现浇钢筋混凝土带，其截面高度不小于 60mm，宽度不小于墙厚，纵向钢筋不少于 2Φ10，横向分布钢筋直径不小于Φ6 且其间距不大于 200mm。

多层混凝土砌块房屋和底部框架-抗震墙房屋上部也应符合上述有关要求。

§7.2 多层混合结构房屋的抗震验算

7.2.1 计算简图和地震作用

地震时，多层砌体房屋的破坏主要是由水平地震作用引起的。因此，对于多层砌体房屋的抗震计算，一般只考虑水平地震作用的影响，而可不考虑竖向地震作用的影响[7.10]、[7.11]。

当多层砌体房屋的高宽比不大于表 7-3 的规定时，由整体弯曲而产生的附加应力不大。因此，可不作整体弯曲验算，而只需验算房屋在横向和纵向水平地震作用的影响下，横墙和纵墙在其自身平面内的受剪承载力[7.10]、[7.11]。

现将水平地震作用下的验算简述如下。

1. 计算简图

对于一般多层砌体房屋，可将其视为嵌固于基础的竖立悬臂梁，并将各层质量集中在各层楼盖处。因此，多层砌体房屋的计算简图即如图 7-6 所示。

集中在楼盖处的重力荷载有：楼盖自重、作用于楼面上的可变荷载以及相邻上层和下层墙体自重的一半。

计算地震作用时建筑物的重力荷载代表值，应取结构和构配件自重标准值和各可变荷载组合值之和。各可变荷载的组合值系数应按表 7-11 采用。

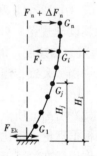

图 7-6 基底剪力法计算简图

可变荷载组合值系数		表 7-11
可 变 荷 载 总 类		组合值系数
雪荷载		0.5
屋面积灰荷载		0.5
屋面活荷载		不计入
按实际情况计算的楼面活荷载		1.0
按等效均布荷载计算的楼面活荷载	藏书库、档案库	0.8
	其他民用建筑	0.5

2. 地震作用

多层砌体房屋、底部框架-抗震墙房屋和多层内框架房屋的抗震计算可采用底部剪力法，并按本节规定调整地震作用效应。

(1) 总水平地震作用(即结构底部剪力)标准值

当多层砌体房屋沿高度的重量和刚度分布比较均匀时,结构总水平地震作用标准值 F_{Ek} 可按下列公式计算:

$$F_{Ek} = \alpha_1 G_{eq} \tag{7-1}$$

式中 α_1——相应于结构基本自振周期 T_1 的水平地震影响系数 α 值;

G_{eq}——结构等效总重力荷载,单质点应取总重力荷载代表值 G_E,多质点可取总重力荷载代表值的 85%。

G_E 按下列公式计算:

$$G_E = \sum_{j=1}^{n} G_j$$

式中 G_j——集中于质点 j 的重力荷载代表值;

n——集中质点数。

对于多层砌体房屋、底部框架-抗震墙和多层内框架砖房,因房屋的刚度很大,基本自振周期 T_1 很小,故可取 $\alpha_1 = \alpha_{max}$。α_{max} 系水平地震作用影响系数 α 的最大值。根据设防烈度不同,对于多遇地震,α_{max} 可分别取:6 度—0.04;7 度—0.08(0.12);8 度—0.16(0.24);9 度—0.32。括号内数字分别对应于《建筑抗震设计规范》GB 50011—2010 附录 A 中设计基本加速度 $0.15g$ 和 $0.30g$(g 为重力加速度)的地震作用影响系数,它相当于在 7~8 度,8~9 度之间各增加一档(大致相当于 0.5 度)。因此,公式(7-1)可改写为:

$$F_{Ek} = \alpha_{max} G_{eq} \tag{7-2}$$

(2) 沿高度质点 i 的水平地震作用

根据理论分析比较,《建筑抗震设计规范》GB 50011—2010 规定,各层水平地震作用标准值可近似地按下列公式确定,即质点 i(第 i 楼层)的水平地震作用标准值为:

$$F_i = \frac{G_i H_i}{\sum_{j=1}^{n} G_j H_j} F_{Ek}(1 - \delta_n) \tag{7-3}$$

式中 F_i——第 i 楼层的水平地震作用标准值;

G_i、G_j——分别为集中于质点 i、j 的重力荷载代表值;

H_i、H_j——分别为集中质点 i、j 的计算高度;

δ_n——顶点附加地震作用系数。

顶点的地震作用一般较大,按公式(7-3)的计算值偏小。因此,对于顶点,应考虑附加水平地震作用 ΔF_n。ΔF_n 可按下列公式计算:

$$\Delta F_n = \delta_n F_{Ek} \tag{7-4}$$

δ_n 按下述规定采用:对于多层砌体房屋和底部框架-抗震墙房屋,取 $\delta_n = 0$。对于突出屋面的屋顶间、女儿墙、烟囱等小建筑物,由于其动力效应较大,其水平地震作用效应宜乘以增大系数3，此增大部分不应往下传递，但与该突出部分相连的构件应予计入。

求得各楼层质点 i 的水平地震作用标准值后，各楼层的水平地震剪力标准值 V_{Eki} 可按下列公式确定：

$$V_{Eki} = \sum_{j=i}^{n} F_j + \Delta F_n \tag{7-5}$$

在进行抗震验算时，结构各楼层的最小水平地震剪力标准值尚应符合下列公式的要求：

$$V_{Eki} > \lambda \sum_{j=i}^{n} G_j \tag{7-6}$$

式中 V_{Eki}——第 i 层对应于水平地震作用标准值的楼层剪力；

λ——剪力系数，对多层砌体房屋和底部框架-抗震墙房屋，取 $\lambda=0.2\alpha_{max}$。

7.2.2 地震剪力的分配

在多层砌体房屋和底部框架-抗震墙房屋中，楼盖和屋盖如同水平隔板（水平板梁）一样，将作用在房屋上的水平地震剪力传给各抗侧力构件（墙、柱）。随着楼盖水平刚度不同和抗侧力构件刚度的不同，分配给各抗侧力构件的水平地震剪力也将不同。因此，楼层水平地震剪力一般应根据楼盖的刚性，分别按下列原则进行分配。

1. 多层砌体房屋

（1）横向水平地震剪力的分配

1）刚性楼盖

对于现浇和装配整体式钢筋混凝土楼（屋）盖等刚性楼（屋）盖房屋，如横墙间距符合表7-1的规定时，则可将楼、屋盖视为在水平方向具有无限刚度的弹性支承多跨连续梁（图7-7）。当结构对称、水平地震作用也对称（更一般地说，当结构的刚度中心和质量中心相重合）时，楼（屋）盖

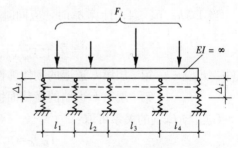

图7-7 无限刚度的弹性
支承多跨连续梁

将只产生沿地震作用方向的位移，而不会发生转动，即各弹性支承位移相等（图7-7）。于是，各弹性支承的反力，即各抗侧力构件所承当的水平地震作用效应（剪力）将与其抗侧力刚度成正比。由此可得第 i 楼层第 k 道墙所承担的水平地震剪力标准值 V_{iE} 为：

$$V_{ik} = K_{ik} V_{Eki} \tag{7-7}$$

式中 V_{Eki}——第 i 层的楼层地震剪力标准值；

K_{ik}——第 i 层的第 k 道墙的楼层地震剪力分配系数。

K_{ik} 可按下列公式确定：

$$K_{ik} = \frac{1}{\delta_{ik}\left(\frac{1}{\delta_{i1}} + \frac{1}{\delta_{i2}} + \cdots + \frac{1}{\delta_{im}}\right)} = \frac{1}{\delta_{ik}\sum_{t=1}^{m}\frac{1}{\delta_{it}}} \quad (7\text{-}8)$$

式中 δ_{ik}、δ_{it}——分别为第 i 层第 k、t 道墙顶部作用单位水平力 $V=1$ 时引起的层间相对水平位移。

计算层间相对水平位移时（亦即计算层间墙体的刚度时），应计及高宽比的影响（墙段的高宽比指层高与墙长之比，对门窗洞边小墙段指洞净高与洞侧墙宽之比）。高宽比小于 1 时，可只考虑剪切变形；高宽比不大于 4 且不小于 1 时，应同时考虑弯曲和剪切变形；高宽比大于 4 时，其等效刚度可取为零。因此，层间相对水平位移 δ_{ik}（或 δ_{it}）可按下列公式计算：

当 $h_{ik}/b_{ik} < 1$，计算 δ_{ik} 时，只考虑剪切变形，则

$$\delta_{ik} = \frac{\xi h_{ik}}{G_{m,ik} A_{ik}} \quad (7\text{-}9)$$

式中 h_{ik}——第 i 层第 k 道墙段的高度；

b_{ik}——第 i 层第 k 道墙段的宽度（墙长）；

A_{ik}——第 i 层第 k 道墙段的横截面面积；

$G_{m,ik}$——第 i 层第 k 道墙的砌体剪切模量；

ξ——考虑塑性变形影响的剪应力分布不均匀系数，对矩形截面，可取 $\xi = 1.2$。

当 $1 \leqslant h_{ik}/b_{ik} \leqslant 4$，计算 δ_{ik} 时，应同时考虑弯曲和剪切变形，则

$$\delta_{ik} = \frac{h_{ik}^3}{12 E_{m,ik} I_{ik}} + \frac{\xi h_{ik}}{G_{m,ik} A_{ik}} \quad (7\text{-}10)$$

式中 $E_{m,ik}$——第 i 层第 k 道墙的砌体弹性模量；

I_{ik}——第 i 层第 k 道墙的横截面惯性矩。

$G_{m,ik}$ 与 $E_{m,ik}$ 的关系可取：

$$G_{m,ik} = 0.3 E_{m,ik}$$

必须指出，墙段宜按门窗洞口划分；对于设置构造柱的小开口墙段按毛面积计算的刚度，可根据开洞率乘以表 7-12 的洞口影响系数。

墙段洞口影响系数 表 7-12

开洞率	0.10	0.20	0.30
影响系数	0.98	0.94	0.88

注：1. 开洞率为洞口水平截面积与墙段水平毛截面积之比，相邻洞口之间净宽小于 500mm 的墙段视为洞口；

2. 洞口中线偏离墙段中线大于墙段长度的 1/4 时，表中影响系数值折减 0.9；门洞的洞顶高度大于层高 80% 时，表中数据不适用；窗洞高度大于 50% 层高时，按门洞对待。

在一般情况下，在同一楼层内，h_{ik} 是相同的，$G_{m,ik}$ 也是相同的。如果将横墙截面视为矩形截面，则当 $h_{ik}/b_{ik}<1$ ($k=1,2,\cdots,m$) 时，公式 (7-8) 可改写为：

$$K_{ik}=\frac{A_{ik}}{A_{i1}+A_{i2}+\cdots+A_{it}+\cdots+A_{im}}$$

即
$$K_{ik}=\frac{A_{ik}}{\sum_{t=1}^{m}A_{it}} \tag{7-11}$$

式中 A_{ik}、A_{it}——分别为第 i 层第 k、t 道墙的横截面面积。

公式 (7-11) 表明，当 $h_{ik}/b_{ik}<1$ ($k=1,2,\cdots m$) 时，横向水平地震剪力按各横墙横截面面积的比例分配。

2) 柔性楼盖

对于木楼盖等柔性楼（屋）盖房屋，可将楼（屋）盖视为多跨弹性支承简支梁（图 7-8），则各抗侧力构件所承担的水平地震剪力，将按该抗侧力构件两侧相邻的抗侧力构件之间一半面积上的重力荷载代表值的比例分

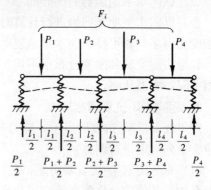

图 7-8 多跨弹性支承简支梁

配，即按抗侧力构件从属面积上重力荷载代表值的比例分配，则

$$K_{ik}=\frac{G_{ik}}{G_{i1}+G_{i2}+\cdots+G_{it}+\cdots+G_{im}}$$

即
$$K_{ik}=\frac{G_{ik}}{\sum_{t=1}^{m}G_{it}} \tag{7-12}$$

式中 G_{ik}、G_{it}——分别为第 i 层第 k、t 道墙所承担的重力荷载代表值。

当楼盖荷载为均匀分布时，公式 (7-12) 可改写为：

$$K_{ik}=\frac{S_{ik}}{S_{i1}+S_{i2}+\cdots+S_{it}+\cdots+S_{im}}$$

即
$$K_{ik}=\frac{S_{ik}}{\sum_{t=1}^{m}S_{it}} \tag{7-13}$$

式中 S_{ik}、S_{it}——分别为第 i 层第 k、t 道墙所承担的重力荷载面积。

3) 中等刚性楼盖

对于普通预制板的装配式钢筋混凝土楼（屋）盖等中等刚性楼盖房屋，可近似取上述两种分配方法的计算结果的平均值，即

$$K_{ik} = \frac{1}{2}\left\{\frac{1}{\delta_{ik}\sum\limits_{t=1}^{m}\frac{1}{\delta_{it}}} + \frac{G_{ik}}{\sum\limits_{t=1}^{m}G_{it}}\right\} \tag{7-14}$$

当同一楼层内 h_{ik} 相同、$G_{m,ik}$ 相同，$h_{ik}/b_{ik}<1$ ($k=1, 2, \cdots m$)，且楼盖荷载为均布时，公式 (7-14) 可改写为：

$$K_{ik} = \frac{1}{2}\left\{\frac{A_{ik}}{\sum\limits_{t=1}^{m}A_{it}} + \frac{S_{ik}}{\sum\limits_{t=1}^{m}S_{it}}\right\} \tag{7-15}$$

(2) 纵向水平地震剪力的分配

当对纵向水平地震剪力进行计算时，由于楼盖沿纵向的水平刚度较横向的水平刚度大得多，故可将纵向水平地震剪力按墙体刚度比例分配给各纵墙。

如果房屋质量和刚度分布很不均匀，应考虑地震作用引起的扭转效应。由于篇幅所限，本书从略。

2. 底部框架-抗震墙房屋

对于底部框架-抗震墙房屋，剪力分配方法与砌体房屋相同，但其地震作用效应按下列规定进行调整：

(1) 对底层框架-抗震墙房屋，底层的纵向和横向地震剪力设计值均应乘以增大系数，其值应允许根据第二层与底层侧移刚度比的大小在 1.2～1.5 范围内选用（第二层与底层侧移刚度比较大时，应取较大值）。

(2) 对底部两层框架-抗震墙房屋，底层和第二层的纵向和横向地震剪力设计值，亦均应乘以增大系数，其值应允许根据第三层与第二层侧移刚度比在 1.2～1.5 范围内选用（第三层与第二层侧移刚度比较大者应取较大值）。

(3) 底层或底部两层的纵向和横向地震剪力设计值应全部由该方向的抗震墙承担，并按各抗震墙侧移刚度比例分配。

(4) 底部框架-抗震墙房屋中，底部框架的地震作用效应宜按下列方法确定：

1) 框架柱承担的地震剪力设计值可按各抗侧力构件有效侧移刚度比例分配确定；有效侧移刚度的取值，框架不折减，混凝土墙或配筋混凝土砌块墙可乘以折减系数 0.3，约束普通砖砌体或混凝土砌块砌体抗震墙可乘以折减系数 0.2。

2) 框架柱的轴力应计入地震倾覆力矩引起的附加轴力，上部砖房可视为刚体，底部各轴线承受的地震倾覆力矩可近似按底部抗震墙和框架的有效侧移刚度的比例分配确定。

3) 当抗震墙之间楼盖长宽比大于 2.5 时，框架柱各轴线承担的地震剪力和轴向力，尚应计入楼盖平面内变形的影响。

此外，底部框架-抗震墙砌体房屋的钢筋混凝土托墙梁计算地震组合内力时，应采用合适的计算简图。若考虑上部墙体与托墙梁的组合作用，应计入地震时墙体开裂对组合作用的不利影响，可调整有关的弯矩系数、轴力系数等计算参数。

当仅计算水平地震作用时,各抗侧力构件的水平地震剪力设计值可由按上述方法求得的水平地震剪力标准值乘以地震作用分项系数 γ_{Eh}(取等于1.3)求得。

7.2.3 砌体的抗震抗剪强度设计值

根据《建筑抗震设计规范》GB 50011—2010 的规定,各类砌体沿阶梯形截面破坏的抗震抗剪强度设计值应按下列公式确定:

$$f_{vE}=\zeta_N f_v \tag{7-16}$$

式中 f_{vE}——砌体沿阶梯形截面破坏的抗震抗剪强度设计值;

f_v——非抗震设计的砌体抗剪强度设计值,应按《砌体结构设计规范》GB 50003—2010 采用,亦即按本书表 3-10 采用;

ζ_N——砌体抗震抗剪强度的正应力影响系数,可按表 7-13 采用。

砌体强度的正应力影响系数　　　　表 7-13

砌体类别	σ_0/f_v							
	0.0	1.0	3.0	5.0	7.0	10.0	12.0	≥16.0
普通砖、多孔砖	0.80	0.99	1.25	1.47	1.65	1.90	2.05	—
混凝土砌块	—	1.23	1.69	2.15	2.57	3.02	3.32	3.92

注:σ_0 为对应于重力荷载代表值的砌体截面平均压应力。

7.2.4 墙体抗震承载力的验算

根据《建筑抗震设计规范》GB 50011—2010 和《砌体结构设计规范》GB 50003—2011 的规定,墙体截面抗震承载力验算的设计表达式为:

$$S \leqslant R/\gamma_{RE} \tag{7-17}$$

式中 S——结构构件内力组合的设计值,包括组合的弯矩、轴向力和剪力设计值;

R——结构构件承载力设计值;

γ_{RE}——受剪承载力抗震调整系数,对两端均有钢筋混凝土构造柱或芯柱的抗震墙(受剪)和组合砖墙(受剪),取 $\gamma_{RE}=0.9$;对自承重墙(受剪)和其他砌体抗震墙(受剪),取 $\gamma_{RE}=1.0$;对配筋砌块砌体抗震墙(受剪),取 $\gamma_{RE}=0.85$。

对于砌体房屋,可只选择承载面积较大或竖向应力较小的墙段进行截面抗震承载力验算。

根据公式(7-17),各类砌体的截面抗震受剪承载力应按下列规定验算。

1. 普通砖、多孔砖墙体的截面抗震受剪承载力,应按下列规定验算:

(1) 一般情况下,应按下式验算:

$$V \leqslant f_{vE}A/\gamma_{RE} \tag{7-18}$$

式中 V——考虑地震作用组合的墙体剪力设计值；
　　　f_{vE}——砖砌体沿阶梯形截面破坏的抗震抗剪强度设计值；
　　　A——墙体横截面面积，多孔砖取毛截面面积；
　　　γ_{RE}——承载力抗震调整系数，按表 7-11 确定。

(2) 采用水平配筋的墙体，应按下式验算：

$$V \leqslant \frac{1}{\gamma_{RE}}(f_{vE}A + \zeta_s f_{yh} A_{sh}) \tag{7-19}$$

式中 f_{yh}——墙体水平钢筋抗拉强度设计值；
　　　A_{sh}——层间墙体竖向截面的总水平钢筋截面面积，其配筋率应不小于 0.07% 且不大于 0.17%；
　　　ζ_s——钢筋参与工作系数，可按表 7-14 采用。

钢筋参与工作系数　　　表 7-14

墙体高宽比	0.4	0.6	0.8	1.0	1.2
ζ_s	0.10	0.12	0.14	0.15	0.12

(3) 墙段中部基本均匀设置构造柱，且构造柱的截面不小于 240mm×240mm（当墙厚 190mm 时亦可采用 240mm×190mm），构造柱间距不大于 4m 时可计入墙段中部构造柱对墙体受剪承载力的提高作用，并按下列简化方法验算：

$$V \leqslant \frac{1}{\gamma_{RE}}[\eta_c f_{vE}(A - A_c) + \zeta_c f_t A_c + 0.08 f_{yc} A_{sc} + \zeta_s f_{yh} A_{sh}] \tag{7-20}$$

式中　A_c——中部构造柱的横截面总面积（对横墙和内纵墙，$A_c > 0.15A$ 时，取 $0.15A$；对外纵墙，$A_c > 0.25A$ 时，取 $0.25A$）；
　　　f_t——中部构造柱的混凝土轴心抗拉强度设计值；
　　　A_{sc}——中部构造柱的纵向钢筋总截面面积，配筋率不应小于 0.6%，大于 1.4% 时取 1.4%；
　　　f_{yh}、f_{yc}——分别为墙体水平钢筋、构造柱纵向钢筋抗拉强度设计值；
　　　ζ_c——中部构造柱参与工作系数；居中设一根时取 0.5，多于一根时取 0.4；
　　　η_c——墙体约束修正系数；一般情况取 1.0，构造柱间距不大于 3.0m 时取 1.1；
　　　A_{sh}——层间墙体竖向截面的总水平钢筋截面面积，其配筋率不应小于 0.07% 且不大于 0.17%，水平纵向钢筋配筋率小于 0.07% 时取 0。

2. 混凝土砌块砌体沿阶梯形截面破坏的抗震受剪承载力，应按下式验算：

$$V \leqslant \frac{1}{\gamma_{RE}}[f_{vE}A + (0.3 f_{t1} A_{c1} + 0.3 f_{t2} A_{c2} + 0.05 f_{y1} A_{s1} + 0.05 f_{y2} A_{s2})\zeta_c]$$

$$\tag{7-21}$$

式中 f_{t1}——芯柱混凝土轴心抗拉强度设计值；

f_{t2}——构造柱混凝土轴心抗拉强度设计值；

A_{c1}——墙中部芯柱截面总面积；

A_{c2}——墙中部构造柱截面总面积；

A_{s1}——芯柱钢筋总截面面积；

A_{s2}——构造柱钢筋截面总面积；

f_{y1}——芯柱钢筋抗拉强度设计值；

f_{y2}——芯柱钢筋抗拉强度设计值；

ζ_c——芯柱和构造柱参与工作系数，可按表 7-15 采用。

芯柱和构造柱参与工作系数　　　　　　　表 7-15

填孔率ρ	$\rho<0.15$	$0.015\leqslant\rho<0.25$	$0.25\leqslant\rho<0.5$	$\rho\geqslant 0.5$
ζ_c	0.0	1.0	1.10	1.15

注：灌孔率指芯柱根数（含构造柱和填实孔洞数量）与孔洞总数之比。

底部框架-抗震墙房屋中嵌砌于框架之间的普通砖或混凝土砌块的砌体墙，其抗震验算可按《建筑抗震设计规范》GB 50011—2010 第 7.2.9 条的规定进行，本书从略。

东南大学曾进行过混凝土小型空心砌块砌体的试验[7.12]、[7.13]，可供试验和设计参考。

7.2.5 计 算 示 例

【例 7-1】 试验算图 7-9 所示某五层办公楼纵、横墙的抗震承载力。该办公楼采用装配式钢筋混凝土梁板结构，板厚为 100mm，大梁截面尺寸为 $b=200$mm，$h=500$mm，大梁间距为 3.6m。底层墙厚为 370mm，2～5 层墙厚为 240mm，均双面粉刷。烧结普通砖强度等级为 MU10。地基土为Ⅱ类，设防烈度为 7 度（0.10g）。

荷载资料（标准值）：屋面恒载（包括防水层、保温层、找平层、现浇钢筋混凝土梁板和粉刷等）为 3.54kN/m²，楼面恒载（包括找平层、现浇钢筋混凝土梁板和粉刷等）为 2.94kN/m²，大梁自重为 2.5kN/m。屋面活载为 0.7kN/m²，雪荷载为 0.5kN/m²，楼面活载为 2.0kN/m²。双面粉刷 240mm 厚砖墙自重为 5.24kN/m²，双面粉刷 370mm 厚砖墙自重为 7.62kN/m²。门窗自重为 0.3kN/m²。为简化起见，大梁自重可折算为均布荷载，即为 2.5/3.6=0.7kN/m²。于是，屋面恒载为 3.54+0.7=4.24kN/m²，楼面恒载为 2.94+0.7=3.64kN/m²。

【解】

1. 重力荷载计算

屋面荷载：屋面雪荷载组合系数取为 0.5，屋面活荷载不考虑，屋面均布荷

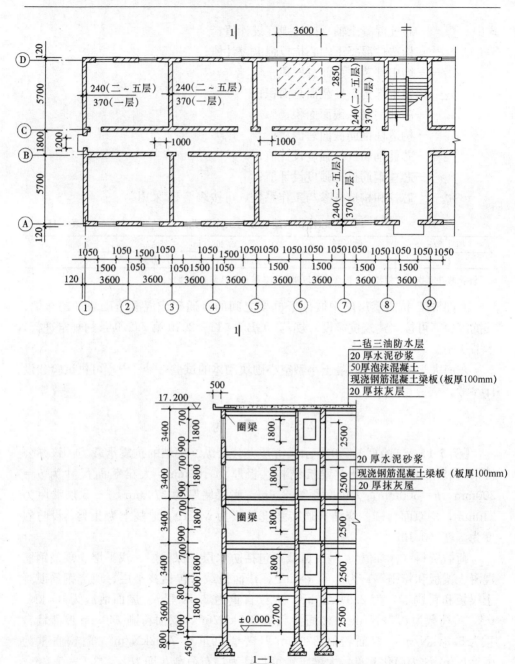

图 7-9 例 7-1 中的办公楼平面图、剖面图

载为 $(4.24+0.5×0.5)=4.49 kN/m^2$，则屋面总荷载为：

$$(54.0+1.0)×(13.2+1.0)×4.49=3507 kN$$

楼面荷载：楼面活荷载组合系数取为 0.5，楼面均布荷载为 $(3.64+0.5×$

2.0）$=4.64\text{kN/m}^2$，则楼面总荷载为：
$$54.0\times13.2\times4.64=3307\text{kN}$$

2～5 层山墙重
$$[(13.2-0.24)\times3.4-1.2\times1.8]\times5.24\times2+1.2\times1.8\times0.3\times2=440\text{kN}$$

2～5 层横墙重
$$(5.7-0.24)\times3.4\times5.24\times12=1167\text{kN}$$

2～5 层外纵墙重
$$[(54.0+0.24)\times3.4-15\times1.5\times1.8]\times5.24\times2$$
$$+15\times1.5\times1.8\times0.3\times2=1532\text{kN}$$

2～5 层内纵墙重
$$[(54.0-0.24)\times3.4-8\times1.0\times2.5-3.36\times3.4]\times5.24\times2$$
$$+8\times1.0\times2.5\times0.3\times2=1598\text{kN}$$

1 层山墙重
$$[(13.2-0.5)\times4.33-1.2\times2.7]\times7.62\times2+1.2\times2.7\times0.3\times2=791\text{kN}$$

1 层横墙重
$$(5.7-0.5)\times4.33\times7.62\times12=2059\text{kN}$$

1 层外纵墙重
$$[(54.0+0.24)\times4.33-14\times1.5\times1.8-1.5\times2.7]\times7.62\times2$$
$$+(14\times1.5\times1.8+1.5\times2.7)\times0.3\times2=2967\text{kN}$$

1 层内纵墙重
$$[(54.0-0.5)\times4.33-8\times1.0\times2.5-3.23\times4.33]\times7.62\times2$$
$$+8\times1.0\times2.5\times0.3\times2=3024\text{kN}$$

上式中的 4.33m 为基础顶面至楼板中心面的高度。

计算各层水平地震剪力时的重力荷载代表值取楼屋盖重力荷载代表值加相邻上、下层墙体重力荷载代表值的一半，则
$$G_5=3507+0.5\times(440+1167+1532+1598)=3507+0.5\times4737=5876\text{kN}$$
$$G_4=G_3=G_2=3307+4737=8044\text{kN}$$
$$G_1=3307+0.5\times4737+0.5\times(791+2059+2967+3024)=10096\text{kN}$$

总重力荷载代表值为：
$$G=\sum_{i=1}^{5}G_i=10096+3\times8044+5876=40104\text{kN}$$

2. 水平地震剪力

等效总重力荷载为：
$$G_{eq}=0.85G=0.85\times40104=34088\text{kN}$$

总水平地震剪力（总水平地震作用代表值）为：
$$F_{Ek}=\alpha_{max}G_{eq}=0.08\times34088=2727\text{kN}$$

水平地震剪力沿房屋高度的分布为：

$$F_1 = \frac{10096 \times 4.33 \times 2727}{10096 \times 4.33 + 8044 \times 7.73 + 8044 \times 11.13 + 8044 \times 14.53 + 5876 \times 17.93}$$

$$= \frac{43716 + 2727}{43716 + 62180 + 89530 + 116879 + 105357}$$

$$= \frac{43716 \times 2727}{417662} = 285 \text{kN}$$

$$F_2 = \frac{62180 \times 2727}{417662} = 406 \text{kN}$$

$$F_3 = \frac{89530 \times 2727}{417662} = 585 \text{kN}$$

$$F_4 = \frac{116879 \times 2727}{417662} = 763 \text{kN}$$

$$F_5 = \frac{105357 \times 2727}{417662} = 688 \text{kN}$$

各层水平地震作用代表值及各层所受的水平地震剪力标准值如图 7-10 所示。

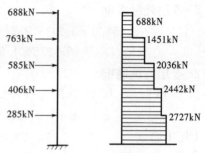

图 7-10　例 7-1 中的五层办公楼的水平地震作用和剪力

3. 墙体抗震承载力验算

(1) 横向：验算轴线 5 横墙。

二层：

全部横向抗侧力墙体横截面面积为：

$$A_2 = (13.44 - 1.2) \times 0.24 \times 2 + 5.94 \times 0.24 \times 12 = 22.98 \text{m}^2$$

轴线 5 横墙横截面面积为：

$$A_{25} = 5.94 \times 0.24 \times 2 = 2.85 \text{m}^2$$

楼层总面积为：

$$S_2 = 13.2 \times 54.0 = 712.8 \text{m}^2$$

轴线 5 横墙所承担的重力荷载面积为：

$$S_{25} = 13.2 \times 9.0 = 118.8 \text{m}^2$$

轴线 5 横墙所承担的水平地震剪力为：

$$V_{25} = \frac{1}{2} \times \left(\frac{2.85}{22.98} + \frac{118.8}{712.8} \right) \times 2442 \times 1.3 = 461 \text{kN}$$

轴线 5 横墙每米长度上所承担的竖向荷载为：

$$N = 4.49 \times 3.6 + 4.64 \times 3.6 \times 3 + 5.24 \times 3.4 \times 3.5 = 129 \text{kN}$$

轴线 5 横墙横截面的平均压应力为：

$$\sigma_0 = \frac{129000}{240 \times 1000} = 0.538 \text{N/mm}^2$$

采用 M5 级砂浆，$f_v = 0.11 \text{N/mm}^2$，$\sigma_0/f_v = 0.538/0.11 = 4.89$，查表 7-12

得 $\zeta_N=1.49$,则
$$f_{vE}=\zeta_N f_v=1.49\times 0.11=0.164\text{N/mm}^2$$
$$\gamma_{RE}=1.0 \quad A=A_{25}=2.85\text{m}^2$$
$$\frac{f_{vE}A}{\gamma_{RE}}=\frac{0.164\times 2.85\times 10^6}{1.0}=467000\text{N}=467\text{kN}>V_{25}=461\text{kN}\text{（满足要求）}$$

一层：
$$A_1=(13.44-1.2)\times 0.37\times 2+5.94\times 0.37\times 12=35.43\text{m}^2$$
$$A_{15}=5.94\times 0.37\times 2=4.40\text{m}^2$$
$$S_1=712.8\text{m}^2$$
$$S_{15}=118.8\text{m}^2$$
$$V_{15}=\frac{1}{2}\times\left(\frac{4.40}{35.43}+\frac{118.8}{712.8}\right)\times 2727\times 1.3=516\text{kN}$$
$$N=4.49\times 3.6+4.64\times 3.6\times 4+5.24\times 3.4\times 4+7.62\times 4.33\times 0.5=171\text{kN}$$
$$\sigma_0=\frac{171000}{370\times 1000}=0.462\text{N/mm}^2$$

采用 M5 级砂浆，$f_v=0.11\text{N/mm}^2$，$\sigma_0/f_v=0.462/0.11=4.20$，查表 7-12 得 $\zeta_N=1.41$,则
$$f_{vE}=1.41\times 0.11=0.155\text{N/mm}^2$$
$$\gamma_{RE}=1.0 \quad A=A_{15}=4.40\text{m}^2$$
$$\frac{f_{vE}A}{\gamma_{RE}}=\frac{0.155\times 4.4\times 10^6}{1.0}=682000\text{N}=682\text{kN}>V_{15}=516\text{kN}\text{（满足要求）}$$

(2) 纵向：验算轴线 A 外纵墙。

二层：
$$A_2=(54.24-15\times 1.5)\times 0.24\times 2+(54.24-8\times 1.0-3.36)\times 0.24\times 2$$
$$=35.82\text{m}^2$$
$$A_{2A}=(54.24-15\times 1.5)\times 0.24=7.62\text{m}^2$$
$$V_{2A}=\frac{A_{2A}V_2}{A_2}=\frac{7.62\times 2442}{35.82}\times 1.3=675\text{kN}$$
$$N=(54.24\times 3.4-15\times 1.5\times 1.8)\times 5.24\times 3.5+15\times 1.5\times 1.8\times 0.3$$
$$\times 3.5+3.6\times 5.7\times 4.49\times 0.5\times 8+3.6\times 5.7\times 4.64\times 0.5\times 8\times 3$$
$$=4193\text{kN}$$
$$\sigma_0=\frac{4193000}{(54.24-15\times 1.5)\times 1000\times 240}=0.550\text{N/mm}^2$$

采用 M5 级砂浆，$f_v=0.11\text{N/mm}^2$，$\sigma_0/f_v=0.550/0.11=5.00$，查表 7-13

得 $\zeta_N = 1.50$，则

$$f_{vE} = 1.50 \times 0.11 = 0.165 \text{N/mm}^2$$

$$\gamma_{RE} = 1.0 \quad A = A_{2A} = 7.62 \text{m}^2$$

$$\frac{f_{vE}A}{\gamma_{RE}} = \frac{0.165 \times 7.62 \times 10^6}{1.0} = 1257000\text{N} = 1257\text{kN} > V_{2A} = 675\text{kN}(\text{满足要求})$$

一层：

$$A_1 = (54.24 - 15 \times 1.5) \times 0.37 \times 2 + (54.24 - 3 \times 1.0 - 3.36) \times 0.37 \times 2$$
$$= 55.22 \text{m}^2$$

$$A_{1A} = (54.24 - 15 \times 1.5) \times 0.37 = 11.74 \text{m}^2$$

$$V_{1A} = \frac{11.74 \times 2727}{55.22} \times 1.3 = 754 \text{kN}$$

$$N = (54.24 \times 3.4 - 15 \times 1.5 \times 1.8) \times 5.24 \times 4 + 15 \times 1.5 \times 1.8 \times 0.3 \times 4$$
$$+ (54.24 \times 4.33 - 14 \times 1.5 \times 1.8 - 1.5 \times 2.7) \times 7.62 \times 0.5$$
$$+ (14 \times 1.5 \times 1.8 + 1.5 \times 2.7) \times 0.3 \times 0.5 + 3.6 \times 5.7 \times 4.49 \times 0.5 \times 8$$
$$+ 3.6 \times 5.7 \times 4.64 \times 0.5 \times 8 \times 4 = 5699 \text{kN}$$

$$\sigma_0 = \frac{5699000}{(54.24 - 15 \times 1.5) \times 1000 \times 370} = 0.485 \text{N/mm}^2$$

采用 M5 级砂浆，$f_v = 0.11 \text{N/mm}^2$，$\sigma_0/f_v = 0.485/0.11 = 4.41$，查表 7-12 得 $\zeta_N = 1.44$，则

$$f_{vE} = 1.44 \times 0.11 = 0.158 \text{N/mm}^2$$

$$\gamma_{RE} = 1.0 \quad A = A_{1A} = 11.74 \text{m}^2$$

$$\frac{f_{vE}A}{\gamma_{RE}} = \frac{0.158 \times 11.74 \times 10^6}{1.0} = 1855000\text{N} = 1855\text{kN} > V_{1A} = 754\text{kN}(\text{满足要求})$$

思 考 题

7.1 砌体结构房屋有哪些震害？哪些方面应通过计算或验算解决？哪些方面应采取构造措施？

7.2 为什么要对抗震横墙间距及房屋总高度加以限制？

7.3 简述圈梁和构造柱对砌体结构的抗震作用及其相应规定。

7.4 为什么要注意局部尺寸和局部构造问题？

7.5 怎样对多层混合结构房屋进行抗震验算？楼盖水平刚度不同时应如何处理？

7.6 写出墙体抗震承载力的验算公式，说明参数的意义。

习 题

7.1 试验算某五层办公楼纵、横墙的抗震承载力。该办公楼设防烈度为 8 度 (0.2g)，其他条件同例 7-1。

7.2 试分析例 7-1 和习题 7.1 的办公楼在抗震构造措施方面有哪些异同？

参 考 文 献

[7.1] 中国建筑工业出版社编辑组. 唐山地震抗震调查总结资料选编 [M]. 北京：中国建筑工业出版社, 1976.

[7.2] 蔡君馥. 唐山市多层砖房震害分析 [M]. 北京：清华大学出版社, 1984；158.

[7.3] 郭樟根, 孙传民, 彭阳等. 汶川地震中砌体房屋震害调查分析 [G]. 新型砌体结构体系与墙体材料工程应用. 北京：中国建材工业出版社, 2010.

[7.4] 中华人民共和国国家标准. 建筑抗震设计规范 GB 50011—2010 [S]. 北京：中国建筑工业出版社, 2010.

[7.5] 刘大海, 钟钧根, 杨翠如. 房屋抗震设计 [M]. 西安：陕西科学技术出版社, 1985；394.

[7.6] Ding Dajun. Aseismic Measures of Multi-story Masonry Dwelling Buildings in Seismic Regions [J]. International Journal for Housing Science and Its Applications. 1996. 20 (1)：001~010.

[7.7] И. Л. Корчинский, и др. Основы проектирования зданий в сейсмических районах [M]. 1961；465.

[7.8] 丁大钧, 房屋抗震设计 [M]. 南京：南京工学院, 江苏省抗震办公室联合印制, 1978；216.

[7.9] 丁大钧主编, 丁大钧, 蓝宗建, 金芷生编. 简明砖石结构 [M]. 上海：科学技术出版社, 1981；183.

[7.10] 地震工程概论编写组. 地震工程概论 [M]. 北京：科学出版社, 1977；374.

[7.11] 李爱群, 高振世等. 工程结构抗震设计 [M]. 北京：中国建筑工业出版社, 2005.

[7.12] 蓝宗建, 邹宏德, 孙娟. 混凝土小型空心砌块开洞墙的抗震性能试验研究 [J]. 东南大学学报, 1999.29；107~112.

[7.13] 杨东升, 蓝宗建等. 连锁式混凝土小型空心砌块砌体抗剪性能的试验研究 [J]. 东南大学学报增刊, Vol32, 2002.9；35~37.

高校土木工程专业指导委员会规划推荐教材（经典精品系列教材）

征订号	书 名	定价	作者	备 注
V16537	土木工程施工（上册）（第二版）	46.00	重庆大学、同济大学、哈尔滨工业大学	21世纪课程教材、"十二五"国家规划教材、教育部2009年度普通高等教育精品教材
V16538	土木工程施工（下册）（第二版）	47.00	重庆大学、同济大学、哈尔滨工业大学	21世纪课程教材、"十二五"国家规划教材、教育部2009年度普通高等教育精品教材
V16543	岩土工程测试与监测技术	29.00	宰金珉	"十二五"国家规划教材
V18218	建筑结构抗震设计（第三版）（附精品课程网址）	32.00	李国强 等	"十二五"国家规划教材、土建学科"十二五"规划教材
V22301	土木工程制图（第四版）（含教学资源光盘）	58.00	卢传贤 等	21世纪课程教材、"十二五"国家规划教材、土建学科"十二五"规划教材
V22302	土木工程制图习题集（第四版）	20.00	卢传贤 等	21世纪课程教材、"十二五"国家规划教材、土建学科"十二五"规划教材
V21718	岩石力学（第二版）	29.00	张永兴	"十二五"国家规划教材、土建学科"十二五"规划教材
V20960	钢结构基本原理（第二版）	39.00	沈祖炎 等	21世纪课程教材、"十二五"国家规划教材、土建学科"十二五"规划教材
V16338	房屋钢结构设计	55.00	沈祖炎、陈以一、陈扬骥	"十二五"国家规划教材、土建学科"十二五"规划教材、教育部2008年度普通高等教育精品教材
V15233	路基工程	27.00	刘建坤、曾巧玲 等	"十二五"国家规划教材
V20313	建筑工程事故分析与处理（第三版）	44.00	江见鲸 等	"十二五"国家规划教材、土建学科"十二五"规划教材、教育部2007年度普通高等教育精品教材
V13522	特种基础工程	19.00	谢新宇、俞建霖	"十二五"国家规划教材
V20935	工程结构荷载与可靠度设计原理（第三版）	27.00	李国强 等	面向21世纪课程教材、"十二五"国家规划教材
V19939	地下建筑结构（第二版）（赠送课件）	45.00	朱合华 等	"十二五"国家规划教材、土建学科"十二五"规划教材、教育部2011年度普通高等教育精品教材
V13494	房屋建筑学（第四版）（含光盘）	49.00	同济大学、西安建筑科技大学、东南大学、重庆大学	"十二五"国家规划教材、教育部2007年度普通高等教育精品教材

续表

征订号	书名	定价	作者	备注
V20319	流体力学（第二版）	30.00	刘鹤年	21世纪课程教材、"十二五"国家规划教材、土建学科"十二五"规划教材
V12972	桥梁施工（含光盘）	37.00	许克宾	"十二五"国家规划教材
V19477	工程结构抗震设计（第二版）	28.00	李爱群 等	"十二五"国家规划教材、土建学科"十二五"规划教材
V20317	建筑结构试验	27.00	易伟建、张望喜	"十二五"国家规划教材、土建学科"十二五"规划教材
V21003	地基处理	22.00	龚晓南	"十二五"国家规划教材
V20915	轨道工程	36.00	陈秀方	"十二五"国家规划教材
V21757	爆破工程	26.00	东兆星 等	"十二五"国家规划教材
V20961	岩土工程勘察	34.00	王奎华	"十二五"国家规划教材
V20764	钢-混凝土组合结构	33.00	聂建国 等	"十二五"国家规划教材
V19566	土力学（第三版）	36.00	东南大学、浙江大学、湖南大学 苏州科技学院	21世纪课程教材、"十二五"国家规划教材、土建学科"十二五"规划教材
V20984	基础工程（第二版）（附课件）	43.00	华南理工大学	21世纪课程教材、"十二五"国家规划教材、土建学科"十二五"规划教材
V21506	混凝土结构（上册）——混凝土结构设计原理（第五版）（含光盘）	48.00	东南大学、天津大学、同济大学	21世纪课程教材、"十二五"国家规划教材、土建学科"十二五"规划教材、教育部2009年度普通高等教育精品教材
V22466	混凝土结构（中册）——混凝土结构与砌体结构设计（第五版）	56.00	东南大学 同济大学 天津大学	21世纪课程教材、"十二五"国家规划教材、土建学科"十二五"规划教材、教育部2009年度普通高等教育精品教材
V22023	混凝土结构（下册）——混凝土桥梁设计（第五版）	49.00	东南大学 同济大学 天津大学	21世纪课程教材、"十二五"国家规划教材、土建学科"十二五"规划教材、教育部2009年度普通高等教育精品教材
V11404	混凝土结构及砌体结构（上）	42.00	滕智明 等	"十二五"国家规划教材
V11439	混凝土结构及砌体结构（下）	39.00	罗福午 等	"十二五"国家规划教材

续表

征订号	书　名	定价	作　者	备　注
V21630	钢结构（上册）——钢结构基础（第二版）	38.00	陈绍蕃	"十二五"国家规划教材、土建学科"十二五"规划教材
V21004	钢结构（下册）——房屋建筑钢结构设计（第二版）	27.00	陈绍蕃	"十二五"国家规划教材、土建学科"十二五"规划教材
V22020	混凝土结构基本原理（第二版）	48.00	张誉 等	21世纪课程教材、"十二五"国家规划教材
V21673	混凝土及砌体结构（上册）	37.00	哈尔滨工业大学、大连理工大学等	"十二五"国家规划教材
V10132	混凝土及砌体结构（下册）	19.00	哈尔滨工业大学、大连理工大学等	"十二五"国家规划教材
V20495	土木工程材料（第二版）	38.00	湖南大学、天津大学、同济大学、东南大学	21世纪课程教材、"十二五"国家规划教材、土建学科"十二五"规划教材
V18285	土木工程概论	18.00	沈祖炎	"十二五"国家规划教材
V19590	土木工程概论（第二版）	42.00	丁大钧 等	21世纪课程教材、"十二五"国家规划教材、教育部2011年度普通高等教育精品教材
V20095	工程地质学（第二版）	33.00	石振明 等	21世纪课程教材、"十二五"国家规划教材、土建学科"十二五"规划教材
V20916	水文学	25.00	雒文生	21世纪课程教材、"十二五"国家规划教材
V22601	高层建筑结构设计（第二版）	45.00	钱稼茹	"十二五"国家规划教材、土建学科"十二五"规划教材
V19359	桥梁工程（第二版）	39.00	房贞政	"十二五"国家规划教材
V23453	砌体结构（第三版）	32.00	蓝宗建等	21世纪课程教材、"十二五"国家规划教材、教育部2011年度普通高等教育精品教材